高职高专旅游专业"互联网+"创新规划教材

茶文化与茶艺
（第3版）

主　编　王莎莎
副主编　郭力嘉　安　宁
参　编　郑　微　于子贺　王　敏
　　　　孙　亮　王　洋　张颖新
　　　　李　婷　周　影　杨　毅

内容简介

"茶文化与茶艺"这门课程,是为了满足当前我国茶艺行业发展及旅游(酒店)职业教育与茶艺专业人才培养的需要而设立的。它结合茶艺师职业培训和职业技能鉴定的基本要求,以职业活动为导向,以职业技能为核心,理论与实践相结合,旨在普及茶叶知识,提高茶艺服务技能,学习茶艺企业的经营与管理知识。本书以"中国茶文化、茶叶基础知识、茶事服务、茶艺表演、茶艺馆的经营与管理、休闲茶饮"六部分为结构体系,系统地介绍了茶文化的产生与发展,以及现代茶艺服务与管理的现状、发展趋势。

本书内容丰富、通俗易懂、雅俗共赏、说古论今、由浅入深,融知识性、趣味性为一体,并配有多种形式的教学手段来帮助学习者加强记忆,使学习者在轻松、愉快的阅读中获得知识,提高修养,掌握技能。

本书既可作为高职高专院校教材使用,也可作为茶艺爱好者的参考用书。

图书在版编目(CIP)数据

茶文化与茶艺/王莎莎主编. —3 版. —北京:北京大学出版社,2021.1
高职高专旅游专业"互联网+"创新规划教材
ISBN 978-7-301-31567-5

Ⅰ. ①茶… Ⅱ. ①王… Ⅲ. ①茶文化—中国—高等职业教育—教材 ②茶艺—中国—高等职业教育—教材 Ⅳ. ①TS971.21

中国版本图书馆 CIP 数据核字(2020)第 156711 号

书　　　名	茶文化与茶艺(第 3 版) CHAWENHUA YU CHAYI(DI-SAN BAN)
著作责任者	王莎莎　主编
责 任 编 辑	刘国明　罗丽丽
数 字 编 辑	金常伟
标 准 书 号	ISBN 978-7-301-31567-5
出 版 发 行	北京大学出版社
地　　　址	北京市海淀区成府路 205 号　100871
网　　　址	http://www.pup.cn　新浪微博:@北京大学出版社
编辑部邮箱	pup6@pup.cn
总编室邮箱	zpup@pup.cn
电　　　话	邮购部 010-62752015　发行部 010-62750672　编辑部 010-62750667
印 刷 者	北京市科星印刷有限责任公司
经 销 者	新华书店
	787 毫米×1092 毫米　16 开本　15 印张　345 千字 2011 年 7 月第 1 版 2015 年 3 月第 2 版 2022 年 1 月第 3 版　2024 年 7 月第 6 次印刷
定　　　价	42.00 元

未经许可,不得以任何方式复制或抄袭本书之部分或全部内容。
版权所有,侵权必究
举报电话:010-62752024　电子邮箱:fd@pup.cn
图书如有印装质量问题,请与出版部联系,电话:010-62756370

第 3 版前言

中国是茶的原产地，中华民族是发现、栽培茶树和加工利用茶叶最早的民族。随着人类文明程度的提高，茶作为一种健康饮料，已经跻身于世界三大无酒精饮料行列，其内涵与功能也在与时俱进。党的二十大报告指出，"推进文化自信自强，铸就社会主义文化新辉煌"。茶叶是传承中华文化的重要载体之一，通过不断地挖掘、保护和弘扬中国茶文化，发挥茶文化的引领、铸魂作用，才能更好地传承弘扬与建设茶文化。目前许多本科和高职高专院校旅游（酒店）管理专业都将"茶文化与茶艺服务"作为专业的选修课、拓展课程，以培养学习者对茶知识的兴趣，加强自身塑造，为寻找新的就业方向打下基础。在第 3 版的编写中，本书努力突出以下特点。

（1）内容编排形式活泼。本书在编写中以学习者的实际需要为出发点，在编写中坚持"用什么，编什么"的原则，理论知识言简意赅，以够用为度，在实际操作环节中条理清晰，操作规范，让学习者通过探究的方法进行创造性的学习，也便于学习者提出问题，并通过研究和使用多种教学资源来发展学习者的思维技能。

（2）学习方式多样。本书以电子课件为载体，在每部分设计不同形式的单元教学模式，整理许多有意义的交互式学习、问题与讨论等。书中还设置了引导文、知识小链接、体验练习，以及让学习者参与社会活动、调查访问等内容，为学习者进行团队活动学习和研究性学习提供了方便。此外，书中录制了 104 条历史故事的音频资源，16 条常见茶艺表演操作的视频资源，并通过最新的 AR 技术与纸质书相融合；通过二维码技术，链接了 83 条拓展视频资源和 24 条在线答题资源。通过这些环节的实践，学习者可加深对所学内容的了解，加快职业能力的形成，同时也提高其实际操作能力。

（3）紧扣职业技能鉴定。本书以就业为导向，以能力为本位，以《茶艺师国家职业标准》中对高、中级茶艺师的要求为纲，试探性地采取职业活动导向教学法进行教学活动，按照本职业的活动为内容，直接为职业教育服务，可作为本科、高职高专旅游（酒店）管理专业学习教学用书，也可作为职业技能培训考核的创新教材。

本书在编写过程中参阅了大量的著作和书籍，在此对被参考与借鉴的书刊的作者表示诚挚的谢意。本书由王莎莎任主编，郭力嘉、安宁任副主编，周影（吉林省茶文化产业协会会长）、孙亮、王敏、张颖新、郑微、于子贺、王洋、杨毅（吉林市女子学校）、李婷任参编，特别鸣谢王春辉、李睿、张灵灵为本书音频资源的录制和整理，刘美涵同学为本书提供古筝配乐，全书由王莎莎老师统稿。由于编写时间仓促，作者水平所限，本书难免有疏漏之处，恳请读者不吝赐教，以便修订，使之日臻完善。

编　者

【资源索引】

目 录

1 中国茶文化 ……………………………… 1
学习单元一 了解茶文化传播知识 ……… 2
- 1.1.1 茶文化的溯源 ……………………… 2
- 1.1.2 茶在中国古代的传播与发展 ……… 3
- 1.1.3 茶的海外传播 ……………………… 5

学习单元二 分析中国茶文化的发展史 … 6
- 1.2.1 历代茶文化概况 …………………… 7
- 1.2.2 "茶"字的由来 …………………… 14
- 1.2.3 茶的各种称呼及字形 ……………… 14
- 1.2.4 茶文化的结晶——《茶经》 …… 15

学习单元三 掌握历史上的饮茶阶段 …… 17
- 1.3.1 原始的鲜叶咀嚼 …………………… 17
- 1.3.2 春秋时期的生煮羹饮 ……………… 18
- 1.3.3 唐代的煎茶 ………………………… 18
- 1.3.4 宋代的点茶 ………………………… 19
- 1.3.5 明代的泡茶 ………………………… 20
- 1.3.6 清代的品茶 ………………………… 22

学习单元四 了解中国贡茶的发展 ……… 23
- 1.4.1 贡茶的起源 ………………………… 24
- 1.4.2 历代贡茶概况 ……………………… 24

学习小结 …………………………………… 28

2 茶叶基础知识 ……………………………… 30
学习单元一 了解茶叶基础知识 ………… 31
- 2.1.1 茶树基本结构分析 ………………… 31
- 2.1.2 茶树的生长习性 …………………… 32
- 2.1.3 中国产茶区的分布 ………………… 32

学习单元二 掌握茶叶的分类知识 ……… 34
- 2.2.1 茶叶的分类方法 …………………… 35
- 2.2.2 茶叶的分类 ………………………… 37
- 2.2.3 茶叶深加工产品 …………………… 41

学习单元三 了解茶叶的种植与加工知识 … 43
- 2.3.1 茶叶的种植 ………………………… 43
- 2.3.2 茶叶的加工 ………………………… 45

学习单元四 茶叶的鉴别与品评 ………… 50
- 2.4.1 茶叶的品评方法 …………………… 50
- 2.4.2 茶叶的鉴别方法 …………………… 52

学习单元五 茶叶的保健功效 …………… 55
- 2.5.1 茶与养生保健 ……………………… 56
- 2.5.2 茶在生活中的妙用 ………………… 59
- 2.5.3 如何科学饮茶 ……………………… 60

学习单元六 茶叶贮藏知识 ……………… 65
- 2.6.1 影响茶叶品质的因素 ……………… 65
- 2.6.2 茶叶的贮藏方法 …………………… 66
- 2.6.3 贮藏茶叶的注意事项 ……………… 66

学习小结 …………………………………… 67

3 茶事服务 …………………………………… 69
学习单元一 了解茶事服务基本知识 …… 70
- 3.1.1 茶事服务的原则 …………………… 70
- 3.1.2 茶事服务的特点 …………………… 72
- 3.1.3 茶事服务职业道德 ………………… 72
- 3.1.4 茶事服务礼仪要求 ………………… 73

学习单元二 分析茶事服务心理 ………… 75
- 3.2.1 正确引导客人消费 ………………… 75
- 3.2.2 常见的针对性服务 ………………… 79

学习单元三 掌握茶事服务的主要环节 … 82
- 3.3.1 营业前的准备工作 ………………… 82
- 3.3.2 营业中的茶水服务 ………………… 84
- 3.3.3 结束工作 …………………………… 85
- 3.3.4 特殊情况的服务和处理 …………… 86

学习单元四 掌握品茶用具知识 ………… 87
- 3.4.1 茶具的起源与发展 ………………… 87
- 3.4.2 茶具的分类 ………………………… 88
- 3.4.3 常见茶具的选购 …………………… 91

学习单元五 茶的水、火情结 …………… 92
- 3.5.1 泡茶用水 …………………………… 93
- 3.5.2 泡茶与火候掌握 …………………… 96

学习单元六 茶事礼仪服务 ……………… 98
- 3.6.1 泡茶用具功能 ……………………… 98
- 3.6.2 茶事服务中的基本手法 …………… 99
- 3.6.3 奉茶之道 …………………………… 103
- 3.6.4 接待外宾服务 ……………………… 103

学习小结 …………………………………… 107

4 茶艺表演 …………………………………… 109
学习单元一 了解茶艺表演的基本要求 … 110

4.1.1 茶艺表演的特征 …………… 110
　　4.1.2 解说词的创作 ……………… 111
　　4.1.3 如何进行茶艺程序安排 …… 119
学习单元二 掌握各类茶的冲泡技巧 … 121
　　4.2.1 绿茶类的冲泡技巧 ………… 122
　　4.2.2 红茶类的冲泡技巧 ………… 122
　　4.2.3 乌龙茶(青茶)类的冲泡技巧 … 123
　　4.2.4 白茶类的冲泡技巧 ………… 124
　　4.2.5 黄茶类的冲泡技巧 ………… 124
　　4.2.6 黑茶类的冲泡技巧 ………… 125
　　4.2.7 花茶类的冲泡技巧 ………… 125
学习单元三 学会各类茶的生活待客型
　　　　　　茶艺 ……………………… 127
　　4.3.1 绿茶类茶艺 ………………… 127
　　4.3.2 红茶类茶艺 ………………… 128
　　4.3.3 乌龙茶(青茶)类茶艺 ……… 129
　　4.3.4 白茶类茶艺 ………………… 129
　　4.3.5 黄茶类茶艺 ………………… 130
　　4.3.6 黑茶类茶艺 ………………… 130
　　4.3.7 花茶类茶艺 ………………… 131
学习单元四 鉴赏名茶表演 …………… 133
　　4.4.1 西湖龙井茶艺表演 ………… 133
　　4.4.2 碧螺春茶艺表演 …………… 134
　　4.4.3 铁观音茶艺表演 …………… 135
　　4.4.4 祁门红茶茶艺表演 ………… 137
　　4.4.5 茉莉花茶茶艺表演 ………… 138
　　4.4.6 普洱茶茶艺表演 …………… 139
学习小结 …………………………………… 141

5 茶艺馆的经营与管理 ………………… 143
学习单元一 分析茶艺馆的经营特点及
　　　　　　内容 ……………………… 144
　　5.1.1 茶艺馆的起源与发展 ……… 144
　　5.1.2 茶艺馆的经营特点 ………… 145
　　5.1.3 茶艺馆的经营内容 ………… 147
　　5.1.4 茶艺馆的类型 ……………… 147
学习单元二 学会筹备、经营一家
　　　　　　茶艺馆 …………………… 149
　　5.2.1 茶艺馆选址 ………………… 150
　　5.2.2 消费定位 …………………… 151
　　5.2.3 装饰设计 …………………… 151
　　5.2.4 招聘与培训 ………………… 152

　　5.2.5 茶艺馆相关法律、法规 …… 154
学习单元三 了解茶艺馆的经营管理
　　　　　　知识 ……………………… 156
　　5.3.1 日常事务管理 ……………… 157
　　5.3.2 现场管理 …………………… 159
学习单元四 学会茶单的设计与制作 … 164
　　5.4.1 茶单的设计原则 …………… 164
　　5.4.2 茶单的内容 ………………… 165
　　5.4.3 茶单的制作 ………………… 166
　　5.4.4 茶单设计者的素质要求 …… 168
学习单元五 掌握茶艺馆的营销方法 … 170
　　5.5.1 茶艺馆营销活动的策划 …… 170
　　5.5.2 茶艺馆的营销方法 ………… 172
　　5.5.3 茶艺馆经营管理中需注意的
　　　　　问题 …………………………… 172
　　5.5.4 茶艺馆经营管理待解决的
　　　　　问题 …………………………… 173
学习小结 …………………………………… 175

6 休闲茶饮 ……………………………… 177
学习单元一 掌握花草茶品饮知识 …… 178
　　6.1.1 花草茶的源流 ……………… 178
　　6.1.2 花草茶的成分 ……………… 179
　　6.1.3 花草茶茶具 ………………… 179
　　6.1.4 花草茶的冲泡方法 ………… 181
　　6.1.5 常见花草分类 ……………… 182
学习单元二 学会茶叶的调饮 ………… 193
　　6.2.1 泡沫红茶 …………………… 194
　　6.2.2 花草茶与奶茶 ……………… 196
学习单元三 了解茶点与茶膳的制作 … 197
　　6.3.1 茶点的种类 ………………… 198
　　6.3.2 花草茶点制作 ……………… 199
　　6.3.3 花草茶膳 …………………… 201
学习小结 …………………………………… 203

附录一 中国茶叶博物馆介绍 ………… 205
附录二 茶艺师国家职业标准 ………… 212
附录三 中级茶艺师理论知识模拟
　　　　 试卷 ……………………………… 222
参考文献 …………………………………… 232

中国茶文化

 **学习任务**

通过本部分的学习：
- 了解茶文化的核心内涵
- 分析茶文化传播特点
- 掌握中国古代茶文化的发展历程
- 总结不同时期饮茶文化特征
- 了解中国贡茶发展的概况

 **知识导读**

中国茶文化是博大精深的中国文化在茶叶和茶事活动中的渗透和发展。"柴、米、油、盐、酱、醋、茶"，茶已完全融入了人们的日常消费和文化生活中。茶，是几千年中华文明发展的历史见证，也是中外文化的传播媒介。

学习单元一　了解茶文化传播知识

学习内容

- 茶文化的溯源
- 茶在中国古代的传播与发展
- 茶的海外传播

【开门七件事——茶】

贴示导入

"开门七件事"是指中国古代平民百姓每天为了生活而奔波的七件事,已成为中国的谚语。日常生活中离不开的七件必需品,分别是:柴、米、油、盐、酱、醋、茶。

深度学习

1.1.1　茶文化的溯源

1. 茶文化的定义

文化是"过程"学说,突破了历史的界限,茶文化反映了与茶相关的劳动、艺术和生活文化。在茶文化从无到有、从零碎到逐渐形成系统的过程中,人们普遍认识到茶文化是由"物质"和"精神"两方面构成的,这也可作为对茶文化的通解。

党的二十大报告中指出,要"传承中华优秀传统文化"。在中国传统文化中,茶被视为一种高雅的文化,代表着一种清净淡泊、和谐、自然的品质,成为中华民族优秀传统文化的重要组成部分。研究茶文化,必须充分认识茶,又要跳出茶的框架,确立文化的发生和发展的三个出发点:即人与自然的关系、人与人之间的和谐关系及人的创造性思维。只有这样,才能感应"茶中有深味,壶中天地长",使茶与人类的美好向往与崇高的追求相联系、相契合,并把握住中华茶文化与其他国家茶文化的区别。茶文化有广义和狭义之说。

(1) 广义的茶文化是指人类在社会历史过程中所创造的有关茶的物质财富和精神财富的总和。

(2) 狭义的茶文化是特指人类创造的有关茶的"精神财富"部分,如茶史、茶诗词、茶画、茶艺、茶道及茶树栽培、茶叶加工技术等。

2. 茶文化的内涵

"真、善、美"是抽象而又具体的,同时也是人类社会永恒的理想追求,是人类超脱于万物的根本。与茶相关的真、善、美,是茶文化和茶道的核心内涵,也是茶文化的魅力所在,具体见表1-1。

【传统文化与茶】

"真、善、美"在茶文化中所达到的和谐统一,实现了茶对人的修养和品性提高的积极作用,人类也因此受其恩泽。即使在西方,也有诗人称茶为"灵魂之饮",可见茶对人们的同化效用。

表 1-1 茶文化的内涵及表现形式

茶文化内涵	文 化 内 涵	表 现 形 式
真	道家的求真、求善、求美	朱熹:"上而无极、太极下而至于一草、一木、一昆虫之微,亦各有理。"
善	儒家的友善、和善	表现为民间形成的客来敬茶、茶礼及茶道。
美	物与心的相通(淡、美,由内而外)。	苏东坡:"戏作小诗君一笑,从来佳茗似佳人。"

1.1.2 茶在中国古代的传播与发展

中国是茶树的原产地,中国在茶业上对人类的贡献,主要在于最早发现并利用茶这种植物,并把它发展成为中国和东方,乃至整个世界的一种灿烂、独特的茶文化。

中国茶业最初兴于巴蜀,其后向东部和南部逐渐传播开来,以至遍及全国。到了唐代,茶业传至朝鲜和日本,16 世纪后被西方引进。所以,茶的传播史分为国内及国外两条线路。

1. 巴蜀是中国茶业的摇篮(先秦、两汉)

清·顾炎武曾在《日知录》中指出:"自秦人取蜀而后,始有茗饮之事,"即认为中国的饮茶是秦统一巴蜀之后才慢慢传播开来的,也就是说,中国和世界的茶文化最初是在巴蜀发展的。这一说法已为现在大多数学者认同。

【茶之起源】

巴蜀产茶,据文字记载和考证,至少可追溯到武王伐纣时期,此时巴蜀已形成一定规模的茶区,并以茶为贡品。关于巴蜀茶业在我国早期茶业史上的突出地位,直到西汉宣帝时王褒的《僮约》才始见诸记载,内有"烹茶尽具"及"武阳买茶"两句。前一句反映成都一带,西汉时不仅饮茶成风,而且出现了专门用具;后一句可以看出,茶叶已经商品化,出现了如"武阳"(今四川彭化地区)一类的茶叶市场。

根据相关文献记载,成都可能是最早的茶叶集散中心。西汉时,成都是我国茶叶的一个消费中心,秦汉至西晋时,巴蜀是我国茶叶生产的重要中心。

2. 长江中游或华中地区成为茶业中心(三国、西晋)

秦统一中国后,茶业的发展随巴蜀与各地经济文化交流的增多而增强,尤其是茶的加工、种植。它首先向东部、南部传播,湖南茶陵的命名就是很好的例证。茶陵是西汉高帝五年(前 202)时设的一个县,以其地出茶而闻名。茶陵邻近江西、广东边界,表明西汉时期茶的生产已经传到了湖南、广东、江西毗邻地区。

历史故事

三国、西晋时期,荆楚茶业和茶叶文化在全国日益传播和发展,加之地理上的有利条件,长江中游或华中地区,在中国茶文化传播上的地位明显重要起来,进而逐渐取代巴蜀地位。

三国时期,孙吴据有现在苏、皖、赣、鄂、湘、桂一部分和粤、闽、浙全部陆地的东南半壁江山,这一地区,也是当时中国茶业传播和发展的主要区域。此时,南方栽种茶树的规模和范围有很大的发展,而且茶的饮用也在北方名门豪族中流行。

西晋时长江中游茶业的发展还可从西晋时期《荆州土地记》得到佐证。其载曰"武陵七县通出茶，最好"，说明荆汉地区茶业的明显发展，巴蜀独冠全国的优势，似已不复存在。

3. 长江下游和东南沿海茶业的发展（东晋、南朝）

西晋南渡之后，北方豪门过江侨居，建康（今南京）成为我国南方的政治中心。这一时期，由于上层社会崇茶之风盛行，使得南方，尤其是江东，饮茶和茶叶文化有了较大的发展，也进一步促进了我国茶业向东南推进。这一时期，我国东南植茶由浙西进而扩展到现今温州、宁波沿海一线。不仅如此，如《桐君录》所载："西阳、武昌、庐江、晋陵好茗，皆东人作清茗。"晋陵即今常州一带，其茶出宜兴，表明东晋和南朝时，长江下游宜兴一带的茶业也著名起来。

三国两晋之后，茶业重心东移的趋势更加明显了。

4. 长江中下游地区成为中国茶叶生产和技术中心（唐代）

【唐代贡茶】

六朝以前，茶在南方的生产和饮用已有一定发展，但北方饮茶者还不多。及至唐代中期后，如《膳夫经手录》所载："今关西、山东、闾阎村落皆吃之，累日不食犹得，不得一日无茶。"中原和西北少数民族地区都嗜茶成俗，于是南方茶的生产随之空前蓬勃发展了起来，尤其是与北方交通便利的江南、淮南茶区，茶的生产更是得到了很快发展。

唐代中叶后，长江中下游茶区，不仅茶产量大幅度提高，就是制茶技术，也达到了当时的最高水平。这种高水准的结果使顾渚紫笋和常州阳羡茶成了贡茶。茶叶生产和技术的中心正式转移到了长江中游和下游。

江南茶叶生产集一时之盛。当时史料记载，安徽祁门周围，千里之内，各地种茶，山无遗土，业于茶者七八。现在赣东北、浙西和皖南一带，在唐代时，其茶业确实有一个特大的发展。同时由于贡茶设置在江南，大大促进了江南制茶技术的提高，也带动了全国各茶区的生产和发展。

 历史故事

由《茶经》和唐代其他文献记载来看，这时期的茶叶产区已遍及今之四川、陕西、湖北、云南、广西、贵州、湖南、广东、福建、江西、浙江、江苏、安徽、河南14个省区，达到了中国近代茶区约略相当的局面。

5. 茶业重心由东向南移（宋代）

从五代到宋代初年，全国气候由暖转寒，致使我国南方南部的茶业较北部更加迅速地发展起来，并逐渐取代长江中下游茶区，成为宋代茶业的重心。这主要表现在贡茶从顾渚紫笋改为福建建安茶，唐代时还不曾形成气候的闽南和岭南一带的茶业，明显地活跃和发展起来。

宋代茶业重心南移的主要原因是气候的变化，江南早春茶树因气温降低，发芽推迟，不能保证茶叶在清明前贡到京城。福建气候较暖，能保证茶业按期生产。作为贡茶，建安茶的采制必然要求精益求精，名声也愈来愈大，从而建安成了中国团茶、饼茶制作的主要技术中心，带动了闽南和岭南茶区的发展。

由此可见，到了宋代，茶已传播到全国各地。宋代的茶区基本上已与现代茶区范围相

符，明清以后只是茶叶制法和各茶类兴衰的演变问题了。

1.1.3 茶的海外传播

中国茶叶生产及人们饮茶风尚的发展还对外国产生了巨大的影响。一方面，朝廷在沿海的一些港口专门设立市舶司管理海上贸易，包括茶叶贸易，准许外商购买茶叶，运回自己的国土。

【茶的海外传播】

 历史故事

唐顺宗永贞元年（805），在中国研究佛学、学术的日本禅师、学者回国，将带回的茶籽种在近江（滋贺县）。公元815年，日本嵯峨天皇到滋贺县梵释寺，寺僧便献上清香的茶水，天皇饮后非常高兴，遂大力推广饮茶，于是茶叶在日本得到大面积栽培。在宋代，日本荣西禅师来中国学习佛经，归国时不仅带回茶籽播种，并根据中国寺院的饮茶方法，制定了自己的饮茶仪式，他晚年著的《吃茶养生记》一书，被称为日本第一部茶书。书中称茶是"圣药""万灵长寿剂"，这对推动日本社会饮茶风尚起了重大作用。

宋、元期间，中国对外贸易的港口增加到八九处，这时的陶瓷和茶叶已成为中国的主要出口商品。明代政府采取积极的对外政策，曾派遣郑和七次下西洋，郑和游遍东南亚、阿拉伯半岛，直达非洲东岸，加强了中国与这些地区的经济联系与贸易，使茶叶输出量大量增加。

在此期间，西欧各国的商人先后东来，他们购买中国茶叶运回国，并在本国上层社会推广饮茶。明万历三十五年（1607），荷兰海船自爪哇来中国澳门贩茶转运欧洲，这是中国茶叶直接销往欧洲的最早记录。此后，茶叶成为荷兰人最时髦的饮料。由于荷兰人的宣传与影响，饮茶之风迅速风靡英、法等国。

公元1631年，英国一个名叫威特的船长专程率船队东行，首次从中国直接运去大量茶叶。

清代之后，饮茶之风逐渐风靡欧洲其他国家，当茶叶最初传到欧洲时，价格昂贵，荷兰人和英国人都将其视为"贡品"和奢侈品。后来，随着茶叶输入量的不断增加，价格逐渐降下来，茶叶成为欧洲民间的日常饮料。此后，英国人成了世界上最大的茶客。

【英国下午茶】

印度是红碎茶生产和出口最多的国家，其茶种源于中国。印度虽然也有野生茶树，但是印度人并不知道种茶和饮茶，到了公元1780年，英国和荷兰人才从中国引入茶籽到印度，开始种茶。

 历史故事

现今最有名的红碎茶产地阿萨姆即是公元1835年由中国引进茶籽开始种茶的。中国专家曾前往指导种茶和制茶方法，其中包括小种红茶的生产技术。后发明了切茶机，红碎茶才开始出现，成了全球性的大众饮料。

到了19世纪，中国茶叶的传播几乎遍及全球，公元1886年，茶叶出口量达268万担。西方各国语言中"茶"一词大多源于当时海上贸易港口福建厦门及广东方言中"茶（te）"的读音。可以说，中国给了世界茶的名字、茶的知识、茶的栽培加工技术。世界各国的茶叶，直接或间接，与中国茶叶有千丝万缕的联系。总之，中国是茶叶的故乡，中国勤劳智慧的人民给世界人民创造了茶叶这一香美的饮料，这是值得我们后人引以为豪的。

课堂讨论

(1) 列出学习茶文化给人们带来的好处。

(2) 找出茶文化广义与狭义的含义。

(3) 总结茶文化的核心内涵。

(4) 按照中国古代茶叶发展的年代、地区，分析国内茶叶发展阶段。

(5) 了解茶叶在海外的传播路线，并能汇制简图（学习者课上完成，教师要提供相关资料）。

单元小结

通过本单元的学习，使学习者了解茶文化形成的过程，能够根据茶叶在中国古代和海外传播的过程，串联并汇制简图，便于记忆整个发展过程。

课堂小资料

中国茶传到非洲，以摩洛哥为例。据摩洛哥有关史料记载：早在14世纪，中国茶就传入了摩洛哥。茶在摩洛哥传播迅速，到19世纪，茶成为风靡全国的大宗消费品。摩洛哥与其他北非诸国地处世界上最大的撒哈拉沙漠周围，天旱少雨。北非人又以肉食为主，缺乏瓜果蔬菜，因而尤其需要喝茶，以解渴、去腻、消食、增加维生素。加上该地区普遍信仰伊斯兰教，严禁喝酒，使茶的饮用得以普及。茶在摩洛哥成为居家必备的物品，大体经历了4个阶段：大约在19世纪初，只有"有闲阶级"才能享用茶；在公元1830—1860年，茶的消费逐步推进到城市各阶层；公元1861—1878年，饮茶风刮到农村；公元1879—1892年，茶叶消费遍及整个王国。

考考你

(1) 茶文化广义和狭义的含义？

(2) 茶文化的核心内涵是什么？

(3) 中国古代茶业的发展经历了哪几个时期？

【1.1知识测试】

学习单元二　分析中国茶文化的发展史

学习内容

- 了解历代茶文化概况
- 掌握"茶"字的由来
- 知晓茶的各种称呼、字形
- 茶文化的结晶——《茶经》

贴示导入

茶与历代的社会、经济、文化等产生了紧密的联系，并逐渐融入人们的日常生活中。如今，茶已成为中国，乃至世界人民所喜好的保健饮料。茶文化也已成为世界人民追求和平、安宁的一种媒介和精神寄托，在国际交流中发挥着重要的作用。由此可见，茶的发现和利用，无疑是中国人民为世界所做出的一项重大贡献。

深度学习

1.2.1 历代茶文化概况

茶虽然被包含在茶文化之中,从某种意义上说,茶又是茶文化之源。正是有了神奇的茶树,才有后世茶的发现和利用。历朝历代许多文人饮茶成风,而这种饮茶风气的传承和扩大,便逐渐形成了中国的茶文化。

1. 茶文化的萌芽期(先秦到魏晋南北朝)

饮茶在中国有着源远流长的历史。中国是茶的原产地。据植物学家考证,地球上的茶树植物已有六七千万年历史,而茶的发现和利用至少也有数千年历史。茶文化,是人类参与物质、精神创造活动的结果。据说在四千多年以前,我们的祖先就开始饮茶了。秦汉之际,民间开始将茶当做饮料,这始于巴蜀地区。东汉以后,饮茶之风向江南一带发展,继而进入长江以北。至魏晋南北朝时期,饮茶的人渐渐多起来。

饮茶方法在经历含嚼吸汁、生煮羹饮阶段后,至魏晋南北朝时,开始进入烹煮饮用阶段。当时,饮茶的风尚和方式,主要有以茶品尝、以茶伴果而饮、茶宴、茶粥 4 种类型。这些都是茶进入文化领域的物质基础。

茶作为自然物质进入文化领域,是从它被当做饮料并发现其对精神有积极作用开始的。一般来说,作为严格意义上的文化,总是首先通过文化人和统治阶级倡导而形成的。当文化人和统治阶级将饮茶作为一种高级享受和精神力量,赋予它超出自然使用价值的精神价值后,茶文化才得以出现。这一过程起始于两晋时期。值得重视的是,茶文化一出现,就是作为一种健康、高雅的精神力量与两晋的奢侈之风相对抗。

1) 茶进入文化精神领域

  历史故事

魏晋南北朝以茶养廉示俭标志着茶进入了文化精神的领域。

两晋时代,"侈汰之害,甚于天灾",奢侈荒淫的纵欲主义使得世风日下,深为一些有识之士痛心疾首,于是出现了陆纳以茶为素业、桓温以茶替代酒宴、南齐世祖武皇帝萧赜以茶示简等事例。陆纳、桓温等一批政治家提倡以茶养廉示俭的本意在于纠正社会不良风气,这体现了当权者和有识之士的思想导向:以茶倡廉抗奢。其中最出名的就是陆纳以茶待客的故事。东晋陆纳有廉名,任吴兴太守时,谢安有一次去看他。对于这位贵客,陆纳不事铺张,只是清茶一碗,辅以鲜果招待而已。他的侄子非常不理解,以为叔父小气,有失面子,便擅自办了一大桌菜肴。客人走后,陆纳让人打了侄子40棍,边打边说,你不能给叔父增半点光,还要来玷污我俭朴的家风。陆纳认为,客来待之以茶就是最好的礼节,同时又能显示自己的清廉之风。

到了公元5世纪末期的南朝,齐武帝萧赜在他的遗诏中说:"我死了以后,千万不要用牲畜来祭我,只要供上些糕饼、水果、茶、饭、酒和果脯就可以了。"后人对此评价说是齐武帝慧眼识茶。从周武王到齐武帝,茶先后登上大雅之堂,被奉为祭品,可见人们对茶的精神与品格,早就有了认识。

2) 茶开始进入宗教领域

道家修炼气功要打坐、内省,茶对清醒头脑、舒通经络有一定作用,于是出现了一些

【茶与儒释道】

饮茶可羽化成仙的故事和传说。这些故事和传说在《续搜神记》《杂录》等书中均有记载。当时人们认为饮茶可养生、长寿，还能修仙。南北朝时佛教开始兴盛，当时战乱不已，僧人倡导饮茶，也使饮茶有了佛教色彩，促进了"茶禅一味"思想的产生。

3）茶开始成为文化人赞颂、吟咏的对象

魏晋时已有文人直接或间接地以诗文赞吟茗饮，如杜育的《荈赋》、孙楚的《出歌》、左思的《娇女诗》等。另外，文人名士既饮酒又喝茶，以茶助谈，开了清谈饮茶之风，出现了一些文人名士饮茶的逸闻趣事。总之，魏晋南北朝时期，饮茶已被一些皇宫显贵和文人名士看作是高雅的精神享受和表达志向的手段。虽说这一阶段还是茶文化的萌芽期，但已显示出其独特的魅力。

 历史故事

西晋刘琨用茶解除孤闷的事。其时晋室内讧，天下大乱，北方匈奴乘虚而入。刘琨眼见丧师失地，国无宁日，心中十分苦闷，所以常以喝茶解闷消愁。当时在北方边地坚守的刘琨曾在一封给他的侄子——南兖州刺史刘演的信中说："以前收到你寄来的安州干姜一斤、桂一斤、黄芩一斤，这些都是我所需要的。但是当我感到烦乱气闷之时，却常常要喝一些真正的好茶来消解，因此你可以给我买一些好茶寄来。"

2. 茶文化的形成时期（唐代）

【唐代茶文化】

唐代是中国封建社会发展的顶峰，它承袭汉魏六朝的传统，同时融合了各少数民族及外来文化之精华，成为中国文化史上的辉煌时期。随着饮茶风尚的扩展，儒、道、佛三教思想的渗入，茶文化逐渐形成独立完整的体系。在唐代以前，我国已有1000多年饮茶历史。这就为唐代饮茶风气的形成奠定了坚实的基础。唐代中期，社会状况为饮茶风气的形成创造了十分有利的条件，饮茶之风很快传遍全国，并开始向域外传播。

随着茶业的发展和茶叶产量的增加，茶已不再是少数人所享用的珍品，已经成了无异于米盐的，社会生活不可缺少的物品。所以陆羽在《茶经·六之饮》中说，茶已成为"比屋之饮"。

 历史故事

唐人上至皇宫显贵、王公朝士，下至僧侣道士、文人雅士、黎民百姓，几乎所有人都饮茶。唐中期以后的皇帝大多好茶，文人嗜茶者也众多，如大诗人白居易，他一生嗜茶，每天吃早茶、午茶、晚茶，有诗云"移榻树阴下，竟日何所为。或饮一瓯茗，或吟两句诗"。

《封氏见闻记》卷六《饮茶》中说："自邹、齐、沧、棣，渐至京邑，城市多开店铺，煎茶卖之，不问道俗，投钱取饮。"民间还有茶亭、茶棚、茶房、茶轩和茶社等设施，供自己和众人饮茶。当时的茶肆已经十分普遍。

随着饮茶日趋普遍，人们待客以茶蔚然成风，并出现了一种新的宴请形式——"茶宴"。唐人将茶看做比钱更重要的上乘礼物馈赠亲友，寓深情与厚谊于茗中。

有些文人、僧侣将吸茗与游玩茶山合而为一。有的文人从好饮、喜赏，进而深入观察、研究、总结种茶和制茶经验、品茗技艺，相关作品相继问世，代表性论著有陆羽的《茶经》、张又新的《煎茶水记》、温庭筠的《采茶录》等。

唐代是中国饮茶史上和茶文化发展史上一个极其重要的历史阶段,是中国茶文化的形成时期,是茶文化历史上的一座里程碑。

3. 茶文化的兴盛期(宋代)

茶业兴于唐而盛于宋。宋代的茶叶生产空前发展,饮茶之风非常盛行,既形成了豪华极致的宫廷茶文化,又兴起了趣味盎然的市民茶文化。宋代茶文化还继承唐人注重精神意趣的文化传统,将儒学的内省观念渗透到茶饮之中,又将品茶贯穿于各阶层日常生活和礼仪之中,由此一直到元明清各代。与唐代相比,宋代茶文化在以下三个方面呈现了显著的特点。

【宋代茶文化】

1) 形成以"龙凤茶"为代表的精细制茶工艺

宋代的气候转冷,常年平均气温比唐代低2~3℃,特别是在一次寒潮袭击后,众多茶树受到冻害,茶叶生产遭到严重破坏,于是生产贡茶的任务南移。太平兴国二年(977),宋太宗为了"取象于龙凤,以别庶饮,由此入贡",派遣官员到建安北苑专门监制"龙凤茶"。

知识小链接

龙凤茶是用定型模具压制茶膏并刻上龙、凤、花、草图案的一种饼茶。压模成型的茶饼上有龙凤的造型。龙是皇帝的象征,凤是吉祥之物。因而龙凤茶就不同于一般的茶,从而显示了皇帝的尊贵和皇室与贫民的区别。

宋徽宗在《大观茶论》中写道:"采择之精,制作之工,品第之胜,烹点之妙,莫不盛造其极。"

宋代创制的"龙凤茶",将中国古代蒸青团茶的制作工艺推向一个历史高峰,拓宽了茶的审美范围,即由对色、香、味的品尝,扩展到对形的欣赏,为后代茶叶形制艺术的发展奠定了审美基础。现今云南产的"圆茶""七子饼茶"和一些老字号茶店里还能见到的"龙团""凤髓"的名茶招牌,都是宋代"龙凤茶"遗留的一些痕迹。

2) "斗茶"习俗的形成和"分茶"技艺的出现

(1) "斗茶"又称"茗战",就是品茗比赛,把茶叶质量的评比当做一场战斗来对待。由于宫廷、寺庙、文人聚会中茶宴的逐步盛行,特别是一些地方官吏和权贵为讨帝王的欢心,千方百计献上优质贡茶,为此先要比试茶的质量,所以斗茶之风便日益盛行起来。

知识小链接

范仲淹描写"茗战"的情况说:"胜若登仙不可攀,输同降将无穷耻"(《和章岷从事斗茶歌》)。斗茶不仅在上层社会盛行,还普及到民间,唐庚《斗茶记》记其事说:"政和二年三月壬戌,二三君子相与斗茶于寄傲斋。予为取龙塘水烹之,而第其品。以某为上,某次之。"三五知己,各取所藏好茶,轮流品尝,决出名次,以分高下。

(2) 宋代还流行一种技巧性很高的烹茶技艺,叫作分茶。斗茶和分茶在点茶技艺方面有相同之处,但就其性质而言,斗茶是一种茶俗,分茶则主要是茶艺,两者既有联系,又相区别,都体现了茶文化丰富的文化意蕴。

知识小链接

宋代陶谷在《清异录·百茶戏》中说:"近世有下汤适匕,别施妙诀,使汤纹水脉成象物者。禽兽虫鱼花草之属，纤巧如画，但须臾即就散灭。此茶之变也。时人谓'茶百戏'。"玩这种游艺时，碾茶为末，注之以汤，以筅击拂，这时盏面上的汤纹就会变幻出各种图样来，犹如一幅幅水墨画，所以有"水丹青"之称。

3）茶馆的兴盛

茶馆，又叫茶楼、茶亭、茶肆、茶坊、茶室、茶居等，简而言之，是以营业为目的，供客人饮茶的场所。唐代是茶馆的形成期，宋代则是茶馆的兴盛期。五代十国以后，随着城市经济的发展和繁荣，茶馆、茶楼也迅速发展和繁荣。京城汴京是北宋时期政治、经济、文化中心，又是北方的交通要道，当时茶坊密密层层，尤以闹市和居民集中地为盛。

大城市里茶馆兴隆，山乡集镇的茶店、茶馆也遍地皆是，只是设施比较简陋。它们或设在山镇，或设于水乡，凡有人群处，必有茶馆。南宋洪迈写的《夷坚志》中，提到茶肆多达百余处，说明随着社会经济的发展，茶馆逐渐兴盛起来，茶馆文化也日益发达。

宋代文人著诗文歌吟茶事数量也众多，茶诗文中有涉及对茶政批判的，也有对茶艺、茶道进行细腻人物描写的。宋代的茶学专著也比较多，有25部，比唐代多19部。

4. 茶文化的延续发展期（元明清）

【明清时期茶文化】

在中国古代茶文化的发展史上，元明清也是一个重要阶段，无论是茶叶的消费和生产，还是饮茶技艺的水平、特色等各个方面，都具有令人陶醉的文化魅力。特别是茶文化自宋代深入市民阶层（最突出的表现是大小城市广泛兴起的茶馆、茶楼）后，各种茶文化不仅继续在宫廷、宗教、文人士大夫等阶层中延续和发展，茶文化的精神也进一步植根于广大民众之间，士、农、工、商都把饮茶作为友人聚会、人际交往的媒介。不同地区，不同民族有极为丰富的"茶民俗"。

（1）元代茶文化特色：元代虽然由于历史的短暂与局限，没能呈现文化的辉煌，但在茶学和茶文化方面仍然继续唐宋以来的优秀传统，并有所发展创新。原来与茶无缘的蒙古族，自入主中原后，逐渐接受茶文化的熏陶。

知识小链接

元代已开始出现散茶。饼茶主要为皇室宫廷所用，民间则以散茶为主。由于散茶的普及流行，茶叶的加工制作开始出现炒青技术，花茶的加工制作也形成完整系统。汉蒙饮食文化的交流，还形成具蒙古特色的饮茶方式，开始出现泡茶方式，即用沸水直接冲泡茶叶。这些为明代炒青散茶的兴起奠定了基础。

另外，元代许多文人以茶诗文自嘲自娱，还以散曲、小令等借茶抒怀。如著名散曲家张可久弃官隐居西湖，以茶酒自娱，写《寒儿令·春思》言其志；乔吉感慨大志难酬，"万事从他"却自得其乐地写道"香梅梢上扫雪片烹茶"。茶入元曲，茶文化因此多了一种文学艺术表现形式。

（2）明代饮茶风气鼎盛，是中国古代茶文化又一个兴盛期的开始。其特色主要有3个方面。

① 形成饮茶方法史上的一次重大变革。历史上正式以国家法令形式废除团、饼茶的是明太祖朱元璋。

历史故事

朱元璋于洪武二十四年（1391）九月十六日下诏："罢造龙团，惟采茶芽以进。"从此向皇室进贡的只要芽叶形的蒸青散茶。皇室提倡饮用散茶，民间自然蔚然成风，并且将煎煮法改为随冲泡随饮用的冲泡法，这是饮茶方法上的一次革新，从此改变了我国千年相沿成习的饮茶法。

这种冲泡法，对于茶叶加工技术的进步，如改进蒸青技术、产生炒青技术等，以及花茶、乌龙茶、红茶等茶类的兴起和发展，起了巨大的推动作用。由于泡茶简便、茶类众多，烹点茶叶成为人们一大嗜好，饮茶之风更为普及。

② 形成紫砂茶具的发展高峰。紫砂茶具始于宋代，到了明代，由于横贯各文化领域溯流的影响，文化人的积极参与和倡导、紫砂制造业水平提高和即时冲泡的散茶流行等多种原因，逐渐走上了繁荣之路。

历史故事

宜兴紫砂茶具的制作，相传始于明代正德年间，当时宜兴东南有座金沙寺，寺中有位被尊为金沙僧的和尚，平生嗜茶，他选取当地产的紫砂细砂，用手捏成圆坯，安上盖、柄、嘴，经窑中焙烧，制成了中国最早的紫砂壶。此后，有个叫龚(供)春的家僮跟随主人到金沙寺侍读，他巧仿老僧，学会了制壶技艺，所制壶被后人称为"供春壶"，视为珍品，有"供春之壶，胜于金玉"之说。供春也被称为紫砂壶真正意义上的鼻祖，即第一位制壶大师。到明万历年间，出现了董翰、赵梁、元畅、时朋"四家"，后又出现时大彬、李仲芳、徐友泉"三大壶中妙手"。

明代人崇尚紫砂壶几近狂热的程度。"今吴中较茶者，必言宜兴瓷"（周容《宜兴瓷壶记》），"一壶重不数两，价每一二十金，能使土与黄金争价"（周高起《阳羡茗壶系》），可见明人对紫砂壶的喜爱之深。

③ 为茶著书立说又形成了一个新的高潮。中国是最早为茶著书立说的国家，明代达到又一个兴盛期，而且形成鲜明特色。

历史故事

明太祖朱元璋第17子朱权于公元1440年前后编写《茶谱》一书，对饮茶之人、饮茶之环境、饮茶之方法、饮茶之礼仪等作了详细的介绍。陆树声在《茶寮记》中，提倡于小园之中，设立茶室，有茶灶、茶护，窗明几净，颇有远俗雅意，强调的是自然和谐美。张源在《茶录》中说："造时精，藏时燥，泡时洁。精、燥、洁，茶道尽矣。"这句话简明扼要地阐明了茶道真谛。

明代茶书对茶文化的各个方面加以整理、阐述和开发，创造性和突出贡献在于全面展示明代茶业、茶政空前发展和中国茶文化继往开来的崭新局面，其成果一直影响至今。明代在茶文化艺术方面的成就也较大，除了茶片、茶画外，还产生众多的茶歌、茶戏，有几首反映茶农疾苦、讥讽时政的茶诗，历史价值颇高，如高启的《采茶词》等。

(3) 清代沿承了明朝的政治体制和文化观念，其茶文化的主要特点有3个方面。

① 形成了更为讲究的饮茶风尚。民间大众饮茶方法的讲究表现在很多方面，如"杭俗烹茶，用细茗置茶瓯，以沸汤点之，名为撮泡"。当时，人们泡茶时，茶壶、茶杯要用开水洗涤，并用干净布擦干，茶杯中的茶渣必须先倒掉，然后再斟。闽粤地区，民间嗜饮工夫茶者甚众，故精于此"茶道"之人亦多。到了清代后期，由于市场上有六大茶类出售，人们已不再单饮一种茶类，而是根据各地风俗习惯选用不同茶类，如江浙一带人，大都饮绿茶，北方人喜欢喝花茶或绿茶。不同地区、民族的茶习俗也因此形成。

历史故事

清朝满族祖先本是中国东北地区的游猎民族,肉食为主,进入北京成为统治者后,养尊处优,需要消化功效大的茶叶饮料。于是普洱茶、女儿茶、普洱茶膏等深受帝王、后妃、吃皇粮的贵族们喜爱,有的用于泡饮,有的用于熬煮奶茶。嗜茶如命的乾隆皇帝,一生与茶结缘,品茶鉴水有许多独到之处,也是历代帝王中写作茶诗最多的一个,晚年退位后,在北海镜清斋内专设"焙茶坞",悠闲品茶。

② 茶叶外销的历史高峰形成。清朝初期,以英国为首的资本主义国家开始大量从中国运销茶叶,使中国茶叶向海外的输出量猛增。茶叶的输出常伴以茶文化的交流和影响。英国在16世纪从中国输入茶叶后,茶饮逐渐普及,并形成了特有的饮茶风俗,它们讲究冲泡技艺和礼节,其中有很多中国茶礼的痕迹。早期俄罗斯文艺作品中有众多的茶宴茶礼的场景描写,这也是中国茶文化在早期俄罗斯民众生活中的反映。

③ 茶文化开始成为小说描写对象。诗文、歌舞、戏曲等文艺形式中描绘"茶"的内容很多。

知识小链接

在众多小说话本中,茶文化的内容也得到充分展现。"一部《红楼梦》,满纸茶叶香"。《红楼梦》中言及茶的相关内容达260多处,咏茶诗词(联句)有10多首,它所载形形色色的饮茶方式、丰富多彩的名茶品种、珍奇的古玩茶具,讲究非凡的沏茶用水,是我国历代文学作品中记述和描绘最全面的。它集明后期至清代200多年间各类饮茶文化之大成,形象地再现了当时上至皇室官宦、文人学士,下至平民百姓的饮茶风俗。

在清末民初的社会中,城市乡镇的茶馆茶肆处处林立,大碗茶摊比比皆是,盛暑季节道路上的茶亭及好善乐施的大茶缸随处可见。"客来敬茶"已成为普通人家的礼仪美德,由于制作工艺的发展,基本形成了今天的六大类茶。

5. 茶文化的再现辉煌期(当代)

中华人民共和国成立后,百业待兴,茶文化活动未能成为重点提倡的文化事业。改革开放以后的现代茶文化与古代茶文化相比,更具时代特色,以中国茶文化为核心的东方茶文化在世界范围内掀起一个热潮。因此,这是继唐宋以来,茶文化出现的又一个新高潮,主要表现在以下几个方面。

(1) 茶艺交流蓬勃发展。20世纪80年代末以来,茶艺交流活动在全国各地蓬勃发展,特别是城市茶艺活动场馆迅猛涌现,已形成了一种新兴产业。目前,中国的许多省、直辖市、自治区,以及一些重要的茶文化团体和企事业单位都相继成立了茶艺交流团(队),使茶艺活动成为一种独立的艺术门类。

知识小链接

2009年11月,全国第五届民族茶艺大赛在云南思茅隆重举行,有21支茶艺队参赛;其中包括汉、傣、佤、拉祜、哈尼等多个民族。他们通过风格迥异且独具特色的茶艺表演形式来展现民族文化与茶文化的无穷魅力。植根于传统文化的多种饮茶技艺也已成为群众文化生活的一个重要组成部分。同时,各地还相继推出了许多富有创意的茶文化活动,如清明茶宴、新春茶话会、茗香笔会、新婚茶会、品茗洽谈会等，推动了社会经济文化的发展。

（2）茶文化社团应运而生。众多茶文化社团的成立对弘扬茶文化、引导茶文化步入健康发展之路和促进"两个文明"建设起到了重要作用。

知识小链接

1990年，在"茶圣"陆羽的故乡——湖北天门和陆羽多年从事茶事活动和著述《茶经》的居住地——浙江湖州成立了"陆羽茶文化研究会"；在北京，一个以团结中华茶人和振兴中华茶业为己任的全国性茶界社会团体——"中华茶人联谊会"宣告成立，并组织召开了"海峡两岸茶业研讨会"等多项茶事活动。1993年，一个以宣传、交流、推广、弘扬茶文化，促进社会文明，推动茶叶科研和茶业经济发展为宗旨的国际性茶文化社团组织——"中国国际茶文化研究会"成立，说明茶文化的发展正在稳步前进。

（3）茶文化节和国际茶会不断举办。每年各地都举办规模不一的茶文化节和国际茶会，如西湖国际茶会、中国溧阳茶叶节、中国广州国际茶文化博览会、武夷岩茶节、普洱茶国际研讨会、法门寺国际茶会、中国信阳茶叶节、中国重庆永川国际茶文化旅游节等，都已举办过多次。

这也符合了党的二十大报告提出的要"深化文明交流互鉴，推动中华文化更好走向世界"的精神。茶文化是中国传统文化的代表，通过茶文化传播活动和交流，增进各国人民之间的友谊和互信。

知识小链接

2005年，上海国际茶文化节已经连续举办了12届；中国国际茶文化研究会每两年举办一次国际茶文化研讨会，2006年在山东青岛举行了第9届国际茶文化研讨会。有的国际茶会从茶文化的不同侧面举办专题性学术研讨，如中国杭州和上海、美国、日本、韩国等相继围绕以茶养生，举行"茶—品质—人体健康"学术研讨会，这种茶学界与科研、医学界的对话，充分显示茶学与医学相结合所取得的可喜成果；有的国际茶文化活动还到国外去，如1998年9月底在美国洛杉矶召开的"走向21世纪的中华茶文化国际研讨会"，就是国内茶文化学者与美国当地文化界联合举办的；1996年第四届、2002年第七届的国际茶文化节分别是在韩国首尔和马来西亚吉隆坡举行的。

这些活动从不同侧面、不同层次、不同方位，深化了茶文化的内涵。

（4）茶文化书刊推陈出新。不少专家学者对茶文化进行系统的、深入的研究，已出版了数百部相关茶文化的著作，还有众多茶文化专业期刊和报纸、报道信息、研讨专题，使茶文化活动具有较高的文化品位和理论基础。

（5）茶文化教学研究机构相继建立。目前，中国已有20多所高等院校设有茶学专业，培养茶业专门人才。有的高等院校还成立茶文化研究所，开设茶艺专业和茶文化课程。一些主要的产茶省、直辖市、自治区也设立了相应的省级茶叶研究所。许多茶叶主要产销地还成立了专门的茶文化研究机构，如上海市茶业职业培训中心、香港中国国际茶艺会等。

知识小链接

日本的日中茶沙龙和日本中国茶协会，韩国的韩国茶道协会、韩国茶人联合会和韩国陆羽《茶经》研究会，以及北美茶科学文化交流协会等茶文化团体应运而生。它们与业已存在的各国茶文化团体一起开展交流活动，为全球范围的茶文化普及和提高做出了应有的贡献。

此外，随着茶文化活动的高涨，除了原有综合性博物馆有茶文化展示外，杭州的中国茶叶博物馆、上海的四海壶具博物馆、漳州的天福茶博物院、雅安的世界茶文化博物馆、等也相继建成。

1.2.2 "茶"字的由来

茶文化中，茶的别称、雅称很多，但"茶"则是正名，"茶"字在中唐之前一般都写作"茶"字。"茶"字有一字多义的性质，查《康熙字典》"茶"有非常多的注解，茶叶是其中一项。

知识小链接

【"茶"字的由来】

"茶"字从"茶"中简化出来的萌芽，始发于汉代，古汉印中，有些"茶"字已去一笔，成为"茶"字之形了。当时"茶"字出现有可能是错别字或是异体字，但日常使用都用"茶"字。由于茶叶生产和茶文化的发展，饮茶的普及程度越来越高，"茶"字的使用频率也越来越高，古人为了将茶的意义表达得更加清楚、直观，于是就把指"茶"的"茶"字读成"茶"音，所以是先改读音的。据《魏了翁集》记载，陆羽等人对茶的读法虽已转入"茶"音，但"茶"字写法没变，为了进一步再清楚、直观一点，因此，自陆羽后逐渐减去一划，则遂易"茶"为"茶"。其字从"艹"从"人"从"木"，成了现在我们看到的"茶"字。

1.2.3 茶的各种称呼及字形

茶在古代是一物多名，特别在陆羽《茶经》问世以前，除了"茶"以外，还有许多雅号别称，如槚、蔎、茗、荈等，如图1.1所示。

【"茶"字的演变】

图1.1 茶字的别称

知识小链接

我国最早解释词义的专著《尔雅·释木》载："槚，苦荼。"晋郭璞《尔雅注疏》："树小如栀子，冬生，叶可煮作羹饮。今呼早采者为荼，晚取者为茗，一曰荈，蜀人名之苦荼。"南朝宋·王微《杂诗》有句："待君竟不归，收颜今就槚。"诗人等候友人不至，只好收拾起待客物品，饮槚自慰了，诗人所饮的"槚"和前面《尔雅》所载的"槚"，显然都是茶。

除了茶、茗、荈、槚、诧、蔎、葭之外，茶的别称还有槁、皋芦、瓜芦、水厄、过罗、物罗、姹、葭荼、苦荼、酪奴等称呼。茶的别称在唐以后多数已不用，也有延续用的，如"茗"，用得还比较多，今人常称饮茶为"茗饮"或"品茗"。

知识小链接

茶的雅号也不少，如一名"不夜侯"，西晋张华《博物志》称"饮真茶，令人少眠，故茶美称不夜侯，美其功也"；一名"清友"，据宋苏易简《文房四谱》言，"叶嘉字清友，号玉川先生。清友谓茶也"；

一名"余甘氏",据宋·李郭《纬文琐语》称,"世称橄榄为余甘子,亦称茶为余甘子,因易一字,改称茶为余甘氏"。亦有雅称"森伯""涤烦子"的。随着名茶的出现,往往以名茶之名代称,如"龙井""乌龙""毛峰""大红袍""肉桂""铁罗汉""水金龟""白鸡冠""雨前"等,称谓极多,美不胜收。

有关专家认为,地球上北纬45°以南,南纬30°以北区域内的50多个国家和地区所种植的茶,全部源于云南、贵州、四川。俄语、英语、德语、日语、法语这几种语言中茶的发音,都是我国"茶叶"一词的音译。

知识小链接

"茶"字的音、形、义是中国最早确立的。茶叶由中国输往世界各地,1610年中国茶叶作为商品输往欧洲的荷兰和葡萄牙,公元1638年输往英国,1664年输往俄国,公元1674年输往美国纽约,因此世界各国对茶的称谓均源于中国"茶"字的音,如英语"Tea",德语"Tee",法语"The"等都是由闽南语茶(Te)字音译过去的,俄语的"yah"和印度语音"Cha"是由我国北方音"茶"音译的,而日语茶字的书写即汉字的"茶"字。

可以看出"茶"字最早出现于中国,世界各国对茶的称谓都是由中国"茶"字音译过去的,只是因各国语种不同发生变化而已,由此也可以说明,茶的称谓发源于中国。

中国茶种最早传入朝鲜(当时的新罗)是在公元632—646年之间;公元805年,传入日本;公元1618年,传入俄罗斯;公元1684年,传入印度尼西亚;公元1780年传入印度;以后又传到巴西、斯里兰卡、摩洛哥等地。世界各产茶国在引进中国茶种的同时,也引进了茶叶加工技术及品饮方式。

1.2.4 茶文化的结晶——《茶经》

《茶经》是中国乃至世界最完整、最全面介绍茶的第一部专著,被誉为"茶叶百科全书",由中国茶道的奠基人陆羽所著。此书是一部关于茶叶生产的历史、源流、现状、生产技术及饮茶技艺、茶道原理的综合性论著,是一部划时代的茶学专著。它不仅是一部精辟的农学著作,又是一本阐述茶文化的书。它将普通茶事升格为一种美妙的文化艺能。它是中国古代专门论述茶叶的一类重要著作,推动了中国茶文化的发展。

【茶经】

知识小链接

《茶经》全书共分3卷10节。上卷3节:"一茶之源",论述茶的起源、名称、品质,介绍茶树的形态特征、茶叶品质与土壤的关系,指出宜茶的土壤,茶地方位、地形、品种与鲜叶品质的关系,以及栽培方法,饮茶对人体的生理保健功能;还提到湖北巴东和四川东南发现的大茶树。"二茶之具"谈有关采茶叶的用具。详细介绍制作饼茶所需的19种工具名称、规格和使用方法,"三茶之造"讲茶叶种类和采制方法。指出采茶的重要性和采茶的要求,提出了适时采茶的理论。

《茶经》叙述了制造饼茶的6道工序:蒸熟、捣碎、入模拍压成形、焙干、穿成串、封装,并将饼茶按外形的匀整和色泽分为8个等级。

《茶经》中卷1节:"四茶之器"写煮茶饮茶之器皿,详细叙述了28种煮茶、饮茶用具的名称、形状、用材、规格、制作方法、用途,以及器具对茶汤品质的影响,还论述了各地茶具的好坏及使用规则。下卷6节:"五茶之煮"写煮茶的方法和各地水质的优劣,叙述饼茶茶汤的调制,着重讲述烤茶的方法,烤炙、煮茶的燃料,泡茶用水和煮茶火候,煮沸程度和方法对茶汤色香味的影响,提出茶汤显现雪白而浓厚的泡沫是其精英所在。"六茶之饮"讲饮茶风俗,叙述饮茶风尚的起源、传播和饮茶习俗,提出饮的方式方法。"七茶之事"叙述古今有关茶的故事、产地和药效，记述了唐代以前与茶有关的历史资料、传说、掌故、诗词、杂文、药方等。"八茶之出"评各地所产茶之优劣，叙说唐代茶叶的产地和品质，将唐代全国茶叶生产区域划分成8大茶区，每一茶区出产的茶叶按品质分上、中、下、又下4级。"九茶之略"谈哪些茶具茶器可省略，以及在何种情况下可以省略哪些制茶过程、工具或煮茶、饮茶的器皿。

《茶经》是中国第一部系统的总结唐代及唐代以前有关茶事的综合性茶业著作，也是世界上第一部茶书。作者详细收集历代茶叶史料、记述亲身调查和实践的经验，对唐代及唐代以前的茶叶历史、产地，茶的功效、栽培、采制、煎煮、饮用的知识技术都作了阐述，是中国古代最完备的一部茶书，使茶叶生产从此有了比较完整的科学依据，对茶叶生产的发展起过一定的推动作用。

知识小链接

【大观茶论】

1）《大观茶论》（宋·赵佶）

《大观茶论》是宋徽宗赵佶关于茶的专论，成书于大观元年（1107）。全书共20篇，对北宋时期蒸青团茶的产地、采制、烹试、品质、斗茶风尚等均有详细记述。其中"点茶"一篇见解精辟，论述深刻，从一个侧面反映了北宋以来我国茶业的发达程度和制茶技术的发展状况，也为认识宋代茶道留下了珍贵的文献资料。

2）《茶疏》（明·许次纾）

许次纾（1549—1604），字然明，号南华，明钱塘人。清历鹗《东城杂记》载："许次纾……方伯茗山公之幼子，跛而能文，好蓄奇石，好泉水，又好客，性不善饮……所著诗文甚富，有《小品室》、《荡栉斋》二集，今失传。予曾得其所著《茶疏》一卷，深得茶柯至理，与陆羽《茶经》相表里。"许次纾嗜茶之品鉴，并得吴兴姚绍宪指授，故深得茶理。该书撰于明万历二十五年（1597）。

课堂讨论

(1) 通过向学习者提问，思考中国茶叶的发源地及最早开始进行茶叶买卖的地区。
(2) 按照年代顺序，讲授茶叶的发展历史。
(3) 通过学习，分析茶叶的称呼、茶名的由来及传播。
(4) 掌握中国第一本"茶叶百科全书"的基本信息。

单元小结

通过本单元的学习，使学习者对茶文化的历史有所了解，从茶的称呼来分析茶叶的传播，掌握中国茶叶主要产地，向国内、国外传播的几个时期，并根据每个历史阶段的情况总结所学知识内容。

课堂小资料

中国人的茶事处处体现和谐，和合便热闹兴旺。南宋·苏汉臣画有《百子图卷》，一大群小孩一边调琴赏花、欢笑嬉戏，一边拿了小茶壶、茶杯品茶，孩子虽多并无打架，而能和谐共处。虽然有时没有乐事，但茶事依然，是追求乐生的精神还是对和合的留恋？恐怕两者都有。例如，誉满天下的古代情节连环画《韩熙载夜宴图》，画中主人公虽忧心忡忡，而茶事依然如欢快的主旋律，恐怕不完全是"强打起精神"。茶事有其奥妙和精妙所在，这也是见仁见智的。有人设计了一把茶壶，三个老树虬根，用一束整结为一体，左分枝为壶嘴，右出枝是把手，三根与共，同含一壶水，同用一只盖，立意鲜明，不仅有"共饮一江水"等寓意，而且还有"回归"的象征意义。

考考你

(1) 简述茶文化发展的几个阶段。
(2) 请写出至少5个茶的称呼。
(3)《茶经》中主要写了哪几部分内容？
(4) 你认为学习茶文化有何好处？
(5) 茶字由哪几部分组成，有何寓意？

【1.2 知识测试】

学习单元三　掌握历史上的饮茶阶段

学习内容

- 原始的鲜叶咀嚼
- 春秋时代的生煮羹饮
- 唐代的煎茶
- 宋代的点茶
- 明代的泡茶
- 清代的品茶

=========== 贴示导入 ===========

以"达摩眼皮变茶树"的故事引入，使学习者在接触茶叶历史前，能够开阔思维，发挥其想象力。

深度学习

1.3.1　原始的鲜叶咀嚼

古时中国人发现野生茶树并加以利用，是从咀嚼茶树的鲜叶开始的。而传说第一个品尝茶树的鲜叶并发现了它神奇解毒功能的人就是神农氏。传说："神农尝百草之滋味，水泉之甘苦，令民知所避就，当此之时，日遇七十二毒，得荼而解。"

【神农尝百草】

 传说故事

神农氏（见图1.2）是传说中的农业和医药的发明者。远古人民过着采集和渔猎的生活，他发明制作木耒、木耜，教会人民农业生产，反映了中国原始时代由采集、渔猎向农耕生产进步的情况。又传说他遍尝百草，发现药材，教会了人们医治疾病。传说神农一生下来就是个"水晶肚"，肚子几乎是全透明的，五脏六腑都能看得见，还能看得见吃进去的东西。

那时候，人们经常因乱吃东西而生病，甚至丧命。神农为此决心尝遍百草，能食用并对身体有益处的放在身体左边的袋子里，介绍给别人吃，作药用；不能够食用的就放在身体右边的袋子里，提醒人们注意不可食用。

图 1.2　神农氏

古人最初利用茶的方式是口嚼生食，后来便以火生煮羹饮，好比今天煮菜汤一样。在茶的利用之最早阶段是谈不上什么制茶的，那时人们将它做羹汤来饮用或以茶做菜来食用。

1.3.2 春秋时期的生煮羹饮

到了周朝的春秋时期，人们为了长时间保存茶叶，以用作祭品和进贡，开始把茶叶晒干，以便保存。这种晒干并用水煮羹的饮茶法，持续了很长时间。晋·郭璞为《尔雅》这部古代字典作注时还说，茶叶"可煮作羹饮"，说明晋朝人曾采用这种饮茶法。

现在的西南、两湖、两广的部分少数民族还保留着古代遗留下来的吃茶法。如在滇西德宏傣族、景颇族自治州瑞丽市的濮族支系的德昂族人往往吃"水茶"，也就是所谓的"盐腌"茶，将茶树鲜叶晒萎后放在小篓中，撒上盐巴，不日即可取出嚼食，嚼后将叶渣吐掉。据说，这种吃法不但可以消渴而且可以治病。

1.3.3 唐代的煎茶

中国的饮茶不仅能满足解渴的生理需要，而且是一门艺术，更是一种文化。具体表现在唐代的"煎茶"。煎茶这个词原先是表示一个制作食用茶的一道工序，即用水煮采集的嫩茶叶。

我们的祖先最先是将茶叶当做药物，从野生的大茶树上砍下枝条，采集嫩梢，先是生嚼，后是加水煮成汤饮。大约在秦汉以后，出现了一种半制半饮的煎茶法，这可以在三国魏·张辑的《广雅》中找到依据：荆、巴间采叶作饼，叶老者，饼成，以米膏出之。欲煮茗饮，先炙令赤色，捣末置瓷器中，以汤浇覆之，用葱、姜、橘子芼之。表明此时沏茶已由原来用新鲜嫩梢煮作羹饮，发展到将饼茶先在火上灼成"赤色"，然后斫开打碎，研成细末，过罗倒入壶中，用水煎煮，之后，再加上调料煎透的饮茶法。但陆羽认为，如此煎茶，犹如"沟渠间弃水耳"。而陆氏的煎茶法，与早先相比，则更讲究技法。按陆羽《茶经》所述，唐时人们饮的主要是经蒸压而成的饼茶，在煎茶前，为了将饼茶碾碎，就得烤茶，即用高温"持以逼火"，并且经常翻动，"屡其正"，否则会"炎凉不均"，烤到饼茶呈"蛤蟆背"状时为适度。烤好的茶要趁热包好，以免香气散失。至饼茶冷却再研成细末。煎茶需用风炉和釜作烧水器具，以木炭和硬柴作燃料，再加鲜活山水煎煮。煮茶时，当烧到水有"鱼目"气泡，"微有声"，即"一沸"时，加适量的盐调味，并除去浮在表面、状似"黑云母"的水膜，否则"饮之则其味不正"。接着继续烧到水边缘气泡"如涌泉连珠"，即"二沸"时，先在釜中舀出一瓢水，再用竹筴在沸水中边搅边投入碾好的茶末。如此烧到釜中的茶汤气泡如"腾波鼓浪"，即"三沸"时，加进"二沸"时舀出的那瓢水，使沸腾暂时停止，以"育其华"，这样茶汤就算煎好了。同时，他主张饮茶要趁热连饮，因为"重浊凝其下，精华浮其上"，茶一旦冷了，"则精英随气而竭，饮啜不消亦然矣"。书中还谈道，饮茶时舀出的第一碗茶汤为最好，称为"隽永"，以后依次递减，到第四、第五碗以后，如果不特别口渴，就不值得喝了。

唐人的煎茶法细煎品饮，将饮茶由解渴升华为艺术享受。一道道烦琐工序之后，才能获得一种轻啜慢品的享用之乐，使人忘情世事，沉醉于一种恬淡、安谧、陶然而自得的境界，得到了物质与精神的双重满足，因而煎茶之法创自陆羽后，在整个唐代风行不衰。

知识小链接

茶东渡日本以后，蒸汽杀青技术在中国基本就被淘汰了。炒青技术在中国绿茶生产中得以大行其道。所以煎茶这个词在中国也变得比较陌生起来。后来煎茶就逐渐被用来指代一个茶的品种了，即通过蒸汽杀青工艺而制的绿茶。蒸青煎茶的工艺过程分贮青、蒸青、粗揉、揉捻、中揉、精揉、干燥等工序。

1.3.4 宋代的点茶

【点茶】

宋代是中国历史上茶文化大发展的一个重要时期。宋代贡茶工艺的不断发展，以及皇帝和上层人士的精诚投入，已取代了唐代由茶人与僧人领导茶文化发展的局面。从唐代开始出现的散茶，到了宋代使民间茶风更为普及，而茶坊、茶肆的出现更使茶开始走向世俗，并形成了有关茶的礼仪。

如果说唐代是酒的时代，宋代则是茶的时代，那宁静淡泊的人生风范，那精雅脱俗的内向性格与茶香分外相契。于是宋王朝的时代心理和文化精神似乎都物化为这绿色的精灵。这无以复加的炽盛茶风也陶冶出一大批名副其实的文人茶客。在帝王的宣扬倡导下，品茗饮茶在宋代文人生活中的位置也日益重要，并大大助长了风雅茶事的流行，使宋人的饮茶风俗更为丰富多彩。斗茶、品茗、论器、试水之习气与当时硕学鸿儒淡性论道之风尚相表里，形成了独具一格的宋仕风范。

宋代福建北苑茶的兴起引发了"斗茶"技艺的形成。"斗茶"古时又称"茗战""点茶""点试""斗试""斗碾"，采用一种当代创作的点茶技法，既比试茶质的优劣，也比试点茶技艺的高低，而点茶技艺又比唐代煮茶技艺有了很大的提高。斗茶过程一般为：列具、炙茶、碾茶、罗茶、汤瓶煮水至二沸、盏、置茶、调膏、冲点击拂、观赏汤花、闻香、尝味等。其中列具、炙茶、碾茶、罗茶同唐代煮茶法一样，煮水则改用细小如茶壶的汤瓶，盏是用沸水将茶盏预热，调膏为冲入少许沸水调成膏状，冲点击拂是一边冲沸水，一边用茶筅击出汤花。所击出的汤花又称"饽沫"，要求"色白、行美、久而不散"。斗茶技法要求一赏汤花，二闻茶香，三尝滋味。苏轼有诗云："蟹眼已过鱼眼生，飕飕欲作松风鸣。蒙茸出磨细珠落，眩转绕瓯飞雪轻。"

除了斗茶，分茶也很盛行。分茶步骤有三：第一步要严格选茶，即茶取青白色而不取黄白色，取自然芳香者而不取添加香料者，这一步骤相当于评审茶样；第二步要对选好的茶叶进行炙烤碾罗再加工，即将取用的团茶先行炙烤以激发香气，然后进行碾罗，碾与罗是冲泡沫茶的特殊要求，即用净纸密裹团茶将其捶碎，再进行熟碾与罗筛（筛眼宜细不宜粗）；第三步是点汤，点汤要选好茶盏的质地、颜色，控制好茶汤与茶末的比例，掌握好投茶注水顺序和水温及击拂的手法。

宋人直接描写分茶的文学作品以杨万里的《澹庵坐上观显上人分茶》为代表。该诗写于孝宗隆兴一年（公元1163年），作者在临安胡铨（澹庵）官邸亲眼看见显上人分茶表演，深为这位僧人的技艺所折服，即兴实录了这一精彩镜头。诗道："分茶何似煎茶好，煎茶不似分茶巧。蒸水老禅弄泉手，隆兴元春新玉爪。二者相遭兔瓯面，怪怪奇奇真善幻。纷如擘絮行太空,影落寒江能万变。银瓶首下仍尻高,注汤作字势嫖姚……"经过显上人魔术般的调弄,兔毫盏中的茶汤幻化出了各种物象,时而像乱云飞渡,时而像寒江照影,那游动的线条又像龙飞凤舞的铁画银钩和书法杰作,为欣赏者开拓出了一片想象的空间。

知识小链接

图 1.3 宋代市井斗茶

文人们对茶具的选用也很讲究。而无论是斗茶还是分茶,唯有建窑之黑釉碗盏最为适宜。在封建社会,皇帝的好恶对瓷器的生产往往起着至关重要的作用,所谓"上有所好,下必甚焉。"宋徽宗对兔毫盏极为推崇,如《大观茶论》所云:"盏色贵青黑,玉毫条达者为上",即言兔毫盏。在当时一些文人士大夫的诗词里也屡屡见到"兔瓯""兔毫紫瓯""兔毫瓯""鹧鸪斑"等茶具名称,可见上至皇室,下至官宦、文人、士大夫皆偏爱黑釉茶盏。

图 1.3 见于南宋·刘松年《茗园赌市图》。图中的茶贩有注水点茶的,有提壶的,有举杯品茶的,这是宋代街头茶市的真实写照。

1.3.5 明代的泡茶

明洪武二十四年(公元 1391 年)九月,明太祖朱元璋下诏废团茶,改贡叶茶(散茶)。其时人于此评价甚高,明·沈德符撰《万历野获编补遗·卷一》载:"上以重劳民力,罢造龙团,惟采芽茶以进……按茶加香物,捣为细饼,已失真味……今人惟取初萌之精者,汲泉置鼎,一瀹便啜,遂开千古茗饮之宗。"

两宋时的斗茶之风消失了,饼茶为散形叶茶所代替。碾末而饮的唐煮宋点饮法变成了以沸水冲泡叶茶的瀹饮法,品饮艺术发生了划时代的变化。明人认为,这种品饮法"简便异常,天趣悉备,可谓尽茶之真味矣"。

这种瀹饮法应该说是在唐宋就存在于民间的散茶饮用方法的基础上发展起来的。早在南宋及元代,民间"重散略饼"的倾向已十分明显,朱元璋"废团改散"的政策恰好顺应了饼茶制造及其饮法日趋衰落,而散茶加工及其品饮风尚日盛的历史潮流,并将这种风尚推广于宫廷生活之中,进而使之遍及朝野。

散茶被诏定为贡茶,无疑对当时散茶生产的发展起了很大的推动作用。从此散茶加工的工艺更为精细,外形与内质都有了改善与提高,各种品类的茶和各种加工方法都开始形成。散茶的许多"名品"也在此时形成雏形。

茶叶生产的发展和加工及品饮方式的简化,使得散茶品饮这种"简便异常"的生活艺术更容易、更广泛地深入到社会生活的各个层面,植根于广大民间,从而使得茶之品饮艺术从唐宋时期宫廷、文士的雅尚与清玩转变为整个社会的文化生活的一个重要方面。从这个意义上来讲,正因为有散茶的兴起,并逐渐与社会生活、民俗风尚及人生礼仪等结合起来,才为中华茶文化开辟了一个崭新的天地;同时也提供了相应的条件,使得传统的"文士茶"对品茗境界的追求达到了一个新的高度。

明初社会不够安定,使得许多文人胸怀大志而无法施展,不得不寄情于山水或移情于棋琴书画,而茶正可融合于其中,因此许多明初茶人都是饱学之士。这种情况使得明代茶著极多,计有 50 多部,其中有许多为传世佳作。

知识小链接

夏树芳录南北朝至宋金茶事，撰《茶董》二卷，陈继儒又续撰《茶董补》；朱权撰《茶谱》，于清饮有独到见解；田艺蘅在前人的基础上撰《煮泉小品》；陆树声与终南山僧明亮同试天池茶，撰写《茶寮记》，反映高人隐士的生活情趣；张源以长期的心得体会撰《茶录》，自不同凡响；许次纾写《茶疏》，独精于茶理；罗廪自幼喜茶，便以亲身经历撰写《茶解》；闻龙撰《茶笺》；钱椿年编、顾元庆校的《茶谱》；等等。在这些人和书中，朱权及其《茶谱》尤有杰出贡献。

朱权（公元1378—1448年），为明太祖朱元璋第十七子，神姿秀朗，慧心敏悟，精于义学，旁通释老，年十三封为宁王。燕王朱棣夺得政权后，将朱权改封南昌。从此朱权隐居南方，深自韬晦，托志释老，以茶明志，鼓琴读书，不问世事。用他在《茶谱》中的话来说，就是"予尝举白眼而望青天，汲清泉而烹活火。自谓与天语以扩心志之大，符水火以副内炼之功。得非游心于茶灶，又将有裨于修养之道矣"。表明他饮茶并非只浅尝于茶本身，而是将其作为一种表达志向和修身养性的方式。

朱权对废除团茶后新的品饮方式进行了探索，改革了传统的品饮方法和茶具，提倡从简行事，开清饮风气之先，为后世产生一整套简便新颖的烹饮法打下了坚实的基础。

朱权认为团茶"杂以诸香，饰以金彩，不无夺其真味。然天地生物，各遂其性，莫若叶茶，烹而啜之，以遂其自然之性也"。他主张保持茶叶的本色、真味，顺其自然之性。朱权构想了一些行茶的仪式，如设案焚香，既净化空气，也净化精神，寄寓通灵天地之意。他还创造了古来没有的"茶灶"，此乃受炼丹神鼎之启发。茶灶以藤包扎，后盛颐改用竹包扎，明人称为"苦节君"，寓逆境守节之意。朱权的品饮艺术，后经盛颐、顾元庆等人的多次改进，形成了一套简便新颖的茶烹饮方式，对后世影响深远。自此，茶的饮法逐渐变成如今直接用沸水冲泡的形式。

与前代茶人相比，明代中期"文士茶"也颇具特色，其中尤以"吴中四才子"最为典型。所谓"吴中四才子"指的是唐寅（唐伯虎）、祝允明（祝枝山）、文徵明和徐祯卿四人。这都是一些大文人，又都嗜茶，因此他们能够开创明季"文士茶"的新局面。其中文徵明、唐寅于茶一事都有不少佳作传世，为后人留下了宝贵的资料。

【文士茶】

知识小链接

与前人相比，文徵明与唐寅更加强调品茶时自然环境的选择和审美氛围的营造，这在他们的绘画中得到了充分的反映，像文徵明的《惠山茶会图》《品茶图》等，以及唐寅的《烹茶画卷》《品茶图》《琴士图卷》《事茗图》等即为代表作。图中高士或于山间清泉之侧抚琴烹茶，泉声、风声、古琴之声与壶中汤沸之声合为一体；或于草亭中相聚品茗，又或独对青山苍峦，目送江水滔滔。茶一旦置身于自然之中，就不仅仅是一种物质的产品了，而成了人们契合自然、回归自然的媒介。

茶引导了明代无数在政治上失意的人、不得志的文人走向隐逸的道路，也是他们精神寄托的桃花源。

到了晚明，文士们对品饮之境的追求又有了新的突破，讲究"至精至美"之境。在他们看来，事物的至精至美的极致之境就是"道"，"道"就存在于事物之中。张源首先在其《茶录》一书中提出了自己的"茶道"之说："造时精，藏时燥，泡时洁。精、燥、洁，茶道尽矣。"他认为茶中有"内蕴之神"即"元神"，发抒于外者叫做"元体"，两者互依互存，互为表里，不可分割。

> **知识小链接**
>
> 元神是茶的精气，元体是精粹外现的色、香、味。只要在事茶的过程中做到纯任自然、质朴求真、玄微适度、中正冲和，便能求得茶之真谛。张源的茶道追求茶汤之美、茶味之真，力求进入目视茶色、口尝茶味、鼻闻茶香、耳听茶涛、手摩茶器的完美之境。

张大复则在此基础上更进一层，他在《梅花草堂笔谈·茶说》中说："世人品茶而不味其性，爱山水而不会其情，读书而不得其意，学佛而不破其宗。"他想告诉我们的是，品茶不必计较其水其味之表象，而要求得其真谛，即通过饮茶达到一种精神上的愉快、一种清心悦神、超凡脱俗的心境，以此达到超然物外、情致高洁的化境，一种天、地、人融通一体的境界。这可以说是明人对中国茶道精神的发展与超越。

1.3.6 清代的品茶

清·查为仁《莲坡诗话》中有一首诗：

书画琴棋诗酒花，

当年件件不离它。

而今七事都更变，

柴米油盐酱醋茶。

这就是清代时茶最生动的写照了。清代时期，康熙、乾隆皆好饮茶，乾隆首办了新华宫茶宴，于每年元旦的后3天举行。据记载，在新华宫举行的茶宴达60次之多，这种情况使得清代上层阶级品茶风气尤盛，进而也影响到民间。

清代伊始废弃了一些禁令，允许自由种植茶叶，或设捐统收。这样茶迅速地深入市井，走向民间。茶馆文化、茶俗文化取代了前代以文人领导茶文化发展的地位。难怪诗中云"柴米油盐酱醋茶"。茶已经成了百姓生活的必需品。

此时已出现蒸青、炒青、烘青等各茶类，茶的饮用方法也已改成"撮泡法"。

> **知识小链接**
>
> 清代饮茶方式主要有盖碗式、茶娘式、工夫茶法3种形式。盖碗式是清代皇帝最主要的饮茶方式，上至朝廷、官府，下至百姓都以盖碗饮茶，甚至招待外宾；茶娘式是指一把大茶壶，配置数只茶杯，这流行于居家生活及茶馆茶楼；工夫茶法是流行于闽粤地区冲泡乌龙茶的精致茶艺，讲究茶品、茶器、用水、火候，极尽茶具之精美，闲情逸致之烹饮，玉书煨、潮汕炉、孟臣罐、若琛瓯合称工夫茶四宝。

课堂讨论

(1) 给学习者一篇引导文，自行阅读（可以限定阅读时间）。

达摩禅定

传说菩提达摩自印度东使中国，誓言以9年时间不睡眠来进行禅定，前3年达摩坚持下来了，但后来因体力不支睡着了，达摩醒来后羞愤交加，遂割下眼皮，掷于地上。不久后掷眼皮处生出小树，枝叶茂盛，生机盎然。此后5年，达摩一直清醒，最后一年又险遭睡魔侵入，达摩采食了身旁的树叶，食后立刻头清目明，心志清楚，方得以完成9年禅定的誓言，达摩采食的树叶即为后代的茶，此乃饮茶起于达摩的说法。故事中提

【达摩与茶】

到了茶的特性，并说明了茶的提神效果。

(2) 阅读引导文后思考：茶叶最早的用途。
(3) 分析人类发现茶叶后的利用方式。
(4) 熟悉茶叶发展从兴盛到衰败的时期人类利用方式的转变。

单元小结

通过本单元的学习，使学习者了解茶树最早的发现和利用，掌握从鲜叶的咀嚼药用到今天的饮用中每个阶段的进步变化，记住对中国茶叶发展有贡献的人和书籍。

课堂小资料

王肃茗饮

唐代以前人们饮茶叫作"茗饮"，就和煮菜而饮汤一样，是用来解渴或用来佐餐的。这种说法可由北魏人杨衒之所著《洛阳伽蓝记》中的描写窥得。书中记载说，当时喜欢"茗饮"的主要是南朝人，北朝人日常则多饮用酪浆，书中尚记载了一则故事：南朝齐的一位官员王肃向北魏称降，刚来时，不习惯北方吃羊肉、酪浆的饮食，便常以鲫鱼羹为饭，渴则饮茗汁，一饮便是一斗，北魏首都洛阳的人均称王肃为"漏卮"，就是永远装不满的容器。几年后，北魏高祖皇帝设宴，宴席上王肃食羊肉、酪浆甚多，高祖便问王肃："你觉得羊肉比起鲫鱼羹来如何？"王肃回答道："邾莒附庸小国，鱼虽不能和羊肉比美，但正是表兰秋菊各有好处。只是茗叶熬的汁不中喝，只好给酪浆作奴仆了。"这个典故一传开，茗汁便有了"酪奴"的别名。这段记载说明当时的饮茶属牛饮，甚至有人饮至一斗二升，这与后来细酌慢品的饮茶不相同。

考考你

(1) 简述"神农有个水晶肚，达摩眼皮变茶树"的故事。
(2) 饮茶发展共经历了哪几个阶段，说明每个阶段饮茶发展的变化？
(3) 结合春秋时期的饮茶方式，试分析腌茶的形成与发展。
(4) 宋代斗茶有哪些称呼，其过程由几部分组成？
(5) 宋代如何对分茶的好坏进行评审？
(6) 唐代时研究泡茶用水有哪些要求？
(7) 说出至少两句古代文人赞美茶的诗句。

【1.3知识测试】

学习单元四 了解中国贡茶的发展

学习内容

● 研究贡茶的起源
● 分析历代贡茶发展的概况

贴示导入

根据老师给出的贡茶进行分析，思考马帮贡茶的由来（详细参照本节中课堂讨论）。

深度学习

贡茶是中国茶叶发展史上的一种特定现象,也是中国封建社会的特有产物。贡茶在客观上推动了茶叶生产技术的发展,是茶文化中的一个重要组成部分。

1.4.1 贡茶的起源

【贡茶的起源】

贡茶的起源与古代社会制度的建立密切相关,贡茶与其他贡品一样,其实质是古代社会里君主对地方有效统治的一种维系象征,也是古代社会礼制的需要。贡茶的产生,据史料记载,可追溯到公元前1000多年前的周武王时期。武王伐纣时,巴蜀就以茶等物品纳贡。这种现象有着极为明显的政治色彩,纳贡,即意味着君臣关系的确立。在中国古代社会中,贡品主要被用来满足君主及上层阶级的物质和文化生活的需要,即所谓的"致邦国之用"。

随着贡品需求量的增大,贡赋制度逐渐变得严密起来。从《尚书·禹贡》"随山浚川,任土作贡",发展到设官分职进行管理,出现了所谓的"九赋""九贡"。九贡即"祀贡、嫔贡、器贡、币贡、材贡、货贡、服贡、斿贡、物贡"。茶叶就是"物贡"中的一类。

> **知识小链接**
>
> 贡茶迄今已有3000多年的历史。周武王讨伐灭商后,将自己的一位宗亲爵封于巴。巴地是一个疆域不小的邦国。据《华阳国志·巴志》记载:"土植五谷,牲具六畜,桑、蚕、麻、纻、鱼、盐、铜、铁、丹、漆、茶、蜜、灵龟、巨犀、山鸡、白雉、黄润、鲜粉,皆纳贡之。"这是中国名茶最早作为王侯向天子进献贡品的记载。但这仅仅是贡茶的萌芽而已,既未形成制度,更未历代相沿袭。

贡茶的源起,一方面固然是古代社会政治的约定,另一方面也有地方上的主动贡献。入贡者一般都是优质的茶;进贡,无疑是古代优质茶叶昭名于世的最快捷方式,可促成优质茶的脱颖而出。

贡茶由民间进入上层社会后,形成了经济政权干预茶业的重要契机,特别是自唐代开始设立官焙后,贡茶对中国茶业生产和文化的影响与日俱增。

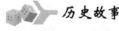 **历史故事**

隋文帝杨坚初登皇位时做了一个噩梦,梦见神人换了他的脑骨,自此后时常头痛。后来一个和尚告诉他说:"山中有茶树,将茶叶采来煮饮可治好陛下的头痛症。"杨坚便派人去采集茶叶,一试果然灵验,听说皇帝喜欢,便有不少人投其所好,向皇帝敬贡好茶,献茶者便可升官发财。时人嘲笑说:你钻通了《春秋》《周易》,还不如向皇帝送一车茶叶,可以马上封官晋爵。(见《潜确类书》)

1.4.2 历代贡茶概况

1. 唐代贡茶

唐代是我国茶叶发展的重要历史时期。中唐时期,社会安定,民富国强,儒、释、道三教鼎立,从外在修养(指修身处世的行为规范、礼仪要求)转向内在修养(指对道德意识和思想目的的实质追求)已成为他们的共识。茶性高洁清雅,是他们内在修养最理想的饮料，因而三教都爱饮茶。

唐代贡茶分民贡和官焙。

（1）民贡，即由地方主动贡献。朝廷要选择茶叶品质优异的州郡纳贡。当时的贡茶地区计有16郡。这16郡包括今天的湖北、四川、陕西、江苏、浙江、福建、江西、湖南、安徽、河南等省。因此，凡是当时有名的茶叶产区，几乎都要进贡茶。

（2）官焙，随着饮茶需求的不断扩大，朝廷又直接设立贡茶院，官营督造，专业制作贡茶，开辟了贡焙制，这是贡茶的另一个重要的来源和主要组成方式。唐大历五年（公元770年），一所著名的贡茶院在湖州长兴和常州宜兴交界的顾渚山建立。

顾渚山，东临太湖，西北依山，峰峦叠翠，云雾弥漫，土层深厚，土壤肥沃，茶树生态环境优越。顾渚贡茶院规模宏大，组织严密，管理精细，制作精良。除中央指派官吏负责管理外，当地州长官也兼有督造之责。每年初春时节，清明之前，贡焙新茶制成后，快马专程直送京师长安，献给皇帝。从长兴顾渚到京师长安行程三四千里，限期清明前送入京师，日夜兼程，快马加鞭，十日赶到，所以叫"急程茶"。

据《长兴县志》记载：顾渚贡院建于唐大历五年（公元770年），迄至明洪武八年（公元1375年），兴盛时期长达605年。

2. 宋代贡茶

宋代是我国茶业发展史上有较大改革和建设的时代。旧籍记载，茶业兴于唐，盛于宋。宋代贡茶在唐代的基础上有了较大的发展，在制造上更上一层楼，无论采摘、焙制、造型、包装、递运、进献等多方面都有明细规定，命名也十分讲究。

北宋初年，贡茶规模很大，尚未统一的割据政权南唐、吴越均向北宋大量贡茶。宋代焙局除保留顾渚贡茶院之外，在福建建州北苑又设专门采进贡茶的官焙，规模之大，役工之多，采造之繁远超前代。建州的地理环境与湖州顾渚相比，丛山深岙，云雾缭绕，纬度更低，更靠南面，气候决定茶叶质量更优异，保证了"建安三千五百里，三月尝新茶"。

宋代在建州大规模设置贡焙，客观上有力地推动和促进了闽南以至我国整个南部茶叶的生产和发展。另外，据记载，建州所产蜡茶已开始从海上向海外输出，一定程度上促进了中外经济文化的交流。

3. 元代贡茶

唐、宋时期，茶叶消费生产多以团饼茶为主。到了元代，除了继续前人的饼茶制造外，还生产了散茶，并且其地位越来越重要。元代以生产散茶、末茶为主，团饼茶数量相对较少。元代团饼茶仅限于充贡，主要是供皇室宫廷所用，民间饮茶之风趋向条形散茶。

元代是中国贡茶经过唐、宋发展高峰到明、清的继续发展之间的一个承上启下的过渡时期。

元代的统治阶级是游牧民族，在入主中原后，也逐渐接受了汉族茶文化的熏陶。到至元十五年（公元1278年），朝廷还设有专门官职，掌管内廷茶叶的供需。他们虽然对茶极为需要，但是没有唐宋王朝那样奢侈讲究。朝廷用茶虽然仍继续保留宋代遗留下来的一些御茶园和官焙，但是贡茶制有所削弱。据统计，大德三年（公元1299年），全国还有120处茶园受朝廷控制仍在造贡茶。

4. 明代贡茶

明代贡茶经历了一个变革时期。

明代贡焙制又有所削弱。明太祖朱元璋农民出身,于元末参加起义军,转战江南广大茶区,了解茶事,同情茶农。他在南京称帝后,见进贡的是精工细制的龙团凤饼茶,感叹不已。他认为这既劳民又耗国力,因而诏令罢造。这一举措实质上是把我国唐代炙烤煮饮团饼茶法改革为直接冲泡散条茶的"一瀹而啜"法,遂开我国数百年茗饮之宗,客观上将我国造茶法、品饮法推向一个新的历史时期,具有重要的历史意义和现实意义。

茶叶到了明代,产制方法又有一大的变革,不但将饼茶改成了散茶,而且将蒸青改为炒青,为绿茶生产奠定了基础。

5. 清代贡茶

清代茶业进入鼎盛时期,全国形成了以产茶著称的区域和区域化市场。贡茶产地进一步扩大,江南、江北的著名产茶地区都有贡茶,出现了大量的历史名茶,有些贡茶还是皇帝亲自指封的。

历史故事

康熙三十八年(公元1699年),圣祖南巡路过江苏太湖,巡抚宋荦将朱正元独家精质、极为优异的洞庭山所产"吓煞人香"茶进贡。圣祖品尝后大为赞赏,赐名为碧螺春。从此,该茶每年必采办进贡,并成为中国茶之代表。

乾隆十六年(公元1751年),高宗南巡,为搜刮地方名产,诏令曰:"进献贡品者,庶民可升官发财,犯人重刑减轻。"徽州名茶"老竹铺大方"就是当时老竹庙和尚大方创制的进贡。高宗就赐以"大方"为茶名,也岁岁精制进贡。浙江杭州的西湖龙井村,至今还保存着当年高宗游江南时封为御茶的18棵茶树。据传,乾隆十八年(公元1753年),高宗在杭州游览了天竺,观览了茶民采茶、焙制以后,又微服私访至龙井狮峰,品尝了胡公庙前茶树上所采茶叶制成的龙井茶,果然香味尤佳,遂将庙前18棵茶树封为御茶。从此龙井茶名声更大,岁岁更多。

虽然清代前期采取历代产茶州定额纳贡制,但到了中期,由于社会商品经济的发展,经济结构中资本主义因素进一步增长,贡茶制度则随之渐趋消亡。

课堂讨论

(1)观察图1.4~图1.7,找出何为"马帮贡茶"。

图1.4

图 1.5

【马帮贡茶】

图 1.6

图 1.7

(2) 讲述贡茶的起源及在当时社会中存在的必要性。
(3) 讲述唐代民贡和官焙的区别。
(4) 讲述宋代贡茶的进一步发展。
(5) 讲述元代贡茶与民间茶的区别。
(6) 讲述明代制茶方式的变革。
(7) 讲述贡茶地域的发展变化。

【茶马古道】

单元小结

通过本单元的学习,使学习者了解中国贡茶的起源与发展古代社会走向成熟的过程,以及贡茶的采摘、加工、制作与民间茶的区别。

课堂小资料

金瓜贡茶

金瓜贡茶(见图1.8)也称团茶、人头贡茶,是普洱茶独有的一种特殊紧压茶形式,因其形似南瓜,茶芽长年陈放后色泽金黄,得名金瓜,早年的金瓜茶是专为上贡朝廷而制,故名"金瓜贡茶"。原料精选于无量山海拔2000米以上的云南大叶种春茶,完全遵循古法工艺制作,常饮能促进脂肪的新陈代谢,降低血脂,平衡和抑制胆固醇,并有提神醒酒之功效;选用优质茶为原料,由我国传统工艺与现代工艺相结合,经高温蒸压而成,各种理化指标和云南贡茶相同,可压制发酵茶、滇青、滇绿、滇红4个花包品种,此茶滋味独特,具有明目清心,开胃健脾,润喉利咽,养生健体之特点,是品茶者的最佳选择。

图1.8 金瓜贡茶

考考你

(1) 贡茶起源于何时,最初人们对贡茶是如何解释的?
(2) 唐代贡茶的发展有哪些新的突破?
(3) 举出至少5个唐代贡茶的主要地区。
(4) 简述贡茶官焙的发展。
(5) 明代贡茶中制茶方式发生了哪些变化?

【1.4知识测试】

学 习 小 结

本部分主要以中国茶文化的发展年代为主线,通过了解茶文化的发展史,得知茶文化在中国和其他国家的传播过程,了解人们饮茶发展的过程,学会分析中国历史上贡茶与民间用茶的区别,掌握中国茶文化起源的相关知识,从而对茶文化有初步认识。

【知识回顾】

(1) 中国茶文化广义的含义是什么?

(2) 中国茶文化狭义的含义包括哪些？它与广义含义间有哪些内在的联系？
(3) 中国茶叶产地主要分布在哪些省区？
(4) 中国茶文化的内涵是什么？如何表现出来的？
(5)《茶经》对中国茶文化有哪些贡献？
(6) 你认为学习茶文化有哪些好处？
(7) 对中国饮茶发展阶段进行简要描述。
(8) 宋代的斗茶在古代还有哪些称呼？
(9) 关于点茶，古代文人们是如何描述的？
(10) 元代茶文化有哪些特色？
(11) 分析茶叶最早的称谓变化，说出至少 3 个国家对茶的称呼。

【体验练习】

选择你所在城市中的某茶艺馆或者是茶庄，了解该企业所经营的产品种类、开业时间、文化理念及面向消费者的档次，对茶艺服务有一个初步的认识。

茶叶基础知识

 **学习任务**

通过本部分的学习：
- 了解茶树的生长习性，茶叶的传播、发展历史及中国茶区的分布概况
- 掌握茶叶的基本分类及各大茶类的情况
- 学习茶叶的营养成分、保健功效，以及如何科学饮茶
- 熟悉制茶方式的演变、茶叶的种植与加工方法
- 掌握不同茶叶的鉴别、贮藏保管方法

 **知识导读**

中国是茶树的发源地，是世界上最早发现和利用茶的国家。中国不但茶区的分布较广，而且茶叶种类多样，每种茶叶在外形、香气或口感上都有细微的差别，因而造就了中国茶叶的多样风貌。本章主要介绍茶树的基本知识、茶叶的种植与加工、茶叶的分类、茶叶的成分与营养作用、茶叶的鉴别及茶叶的包装与贮存等知识。

学习单元一　了解茶叶基础知识

学习内容

- 了解茶树的基本结构及分类
- 熟悉茶叶的利用历史及传播情况
- 掌握中国茶区的具体分布情况

贴示导入

此部分内容可以分组进行。每小组发一张绘图纸，根据老师给出的提示，在讨论后画出茶树的树型简图。

深度学习

2.1.1　茶树基本结构分析

在植物分类学中，茶树属于被子植物门、双子叶植物纲，山茶目，山茶科，山茶属的多年生木本常绿植物。

知识小链接

早在唐代，陆羽在《茶经》中就有对茶树的性状做以形象的描述：茶者，南方之嘉木也。一尺二尺，乃至数十尺。其巴山峡川，有两人合抱者，伐而掇之。其树如瓜芦，叶如栀子，花如白蔷薇，实如栟榈，蒂如丁香，根如胡桃（原注：瓜芦木出广州，似茶，至苦涩。栟榈，蒲葵之属，其子似茶。胡桃与茶，根皆下孕。兆至瓦砾，苗木上抽）。

茶树原产于中国西南地区，包括云南、四川、贵州、重庆等省（市）都是茶树原产地的中心区域。在广西、广东、福建、湖南、台湾和海南等省（自治区）也发现有少量野生茶树。

1. 茶树的树型结构

茶树是由根、茎、叶、花、果实和种子等组成的，它们分别执行着不同的功能。其中根、茎、叶执行着养料及水分的吸收、运输、转化、合成和贮存等功能。而花、果实及种子是完成开花结果至种子成熟的过程。这种划分对茶种来说并不十分严格，因为茶树的根、茎、叶也可作繁殖新个体的材料，而花萼和果皮内含的叶绿体具有光合作用的能力，也兼具吸收营养的机能。茎、叶、花、果实和种子组成茶树的地上部分，根系组成地下部分，连接地上部分和地下部分的部位称根茎，它是茶树有机体比较活跃的部分。这些部分有机地结合为一个整体，共同完成茶树的新陈代谢及生长发育过程。

【茶树的基本知识】

【茶树的修剪与采摘】

知识小链接

茶树的枝干可分为主干、主轴、骨干枝、生产枝。分枝以下部分称主干，分枝以上部分称主轴，从主轴分生骨干枝，分布在骨干枝上的生产枝是着生芽叶的小枝条。生产枝越多，茶树发芽密度越大，产量越高。

2. 茶树的基本分类

到目前为止，茶树如何分类还没有统一的标准，目前普遍采用的分类方法有以下几种。

1）按照茶树的树型分类

（1）乔木型。有明显而高大的主干，可高达 20 多米，基部干围可达 1.5 米以上，树龄可长达数百年甚至上千年。在云南有一棵野生古茶树，据专家测定，此树高达 25.6 米，干径达 1.2 米，树龄约为 2700 年。

（2）小乔木型。这类茶树基部主干明显，可高达 4～9 米，干径可达数十厘米。

（3）灌木型。此类茶树无明显主干，茶树栽培广泛，各茶区均有种植。

2）按照叶片的大小分类

特大叶类：叶长大于 14 厘米，叶宽大于 5 厘米。

大叶类：叶长 10.1～14 厘米，叶宽 4.1～5 厘米。

中叶类：叶长 7～10 厘米，叶宽 3～4 厘米。

小叶类：叶长小于 7 厘米，叶宽小于 3 厘米。

3）按照发芽的迟早分类

早生种：春茶一芽三叶期活动积温小于 400℃。

中生种：春茶一芽三叶期活动积温为 400～500℃。

晚生种：春茶一芽三叶期活动积温大于 500℃。

2.1.2 茶树的生长习性

茶树的生长环境离不开光、热、气、土壤等条件。一般茶树都有喜温、喜湿、不耐寒、不耐旱的特点。气候温暖、湿润、雨量充沛，土壤为酸性，土层深厚，土质为沙壤土、壤土、黏壤土等皆是种茶树的基本条件。此外，茶树生长的小气候也有讲究，如孤山独峰，四周无屏障，冬季易受寒风袭击而降温，山间峡谷，易受冷空气流形成霜的，皆不宜种茶。因此《茶经》中提出，茶树应生长在向阳山坡，并最好有林木遮挡。

茶叶是以茶树上采摘的鲜嫩芽叶为原料加工而成的，因此，茶叶品质的优劣，与茶树品种及茶树生长环境关系密切，这一点在我国六大茶类之一的乌龙茶中体现得最为突出。

人们常说，名山名水出名茶。茶树与其生长环境是相互联系、相互影响的，因此，茶树的性状，茶叶的品质特征无不打上环境因素的烙印。"从来佳茗似佳人"，茶叶优良的品质形成离不开一方水土的养育。

2.1.3 中国产茶区的分布

我国的茶区分布东起东经 122°的台湾东岸的花莲县，西至东经 94°的西藏自治区米林，南起北纬 18°的海南省榆林，北至北纬 37°的山东省荣成，有浙江、湖南、湖北、安徽、重庆、四川、福建、云南、广东、广西、贵州、江西、江苏、陕西、河南、台湾、山东、西藏、甘肃、海南 20 个省（自治区、直辖市）的上千个县市。在垂直分布上，茶树最高种植在海拔 2600 米的高山上，最低仅海拔几十米。不同地区生长着不同类型和不同品种的茶树，从而决定着茶叶的品质和茶叶的适应性、适制性，形成了各类茶种的分布。

世界上有茶园的国家虽然不少,但是中国、印度、斯里兰卡、印度尼西亚、肯尼亚、土耳其等几国的茶园面积之和就占了世界茶园总面积的80%以上。世界上每年的茶叶产量大约有550万吨(以2017年为例),其中80%左右产于亚洲。中国的茶园面积有100余万公顷,茶区分布较广,每一茶区因土质、气候与人为因素的影响,生产出的茶叶无论是在外观、香气还是口感上,都有不小的差别,因而造就了中国茶叶的多样风貌与五花八门的名称。茶学界根据我国产茶区的自然、经济、社会条件,把全国划分为4大茶区。

1. 华南茶区

华南茶区位于中国南部,包括广东省、广西壮族自治区、福建省、台湾省、海南省等,是中国最适宜茶树种植的地区。这里年平均气温为19~22℃(少数地区除外),年降水量在2000毫米左右。华南茶区资源丰富,土壤肥沃,有机物质含量很高,土壤大多为赤红壤,部分为黄壤;茶树品种资源也非常丰富,集中了乔木、小乔木和灌木等类型的茶树品种,部分地区的茶树无休眠期,全年都可以形成正常的芽叶,在良好的管理条件下可常年采茶,一般地区一年可采7~8轮;适宜制作红茶、花茶、黑茶、乌龙茶等,六堡茶、铁观音、英德红茶、冻顶乌龙等名茶即产于这地区。

2. 西南茶区

西南茶区位于中国西南部,包括云南省、贵州省、四川省、西藏自治区东南部,是中国最古老的茶区,也是中国茶树原产地的中心所在。这里地形复杂,海拔高低悬殊,大部分地区为盆地、高原;气候温差很大,大部分地区属于亚热带季风气候,冬暖夏凉;土壤类型较多,云南中北地区多为赤红壤、山地红壤和棕壤,四川、贵州及西藏东南地区则以黄壤为主。本茶区所产茶类较多,主要有绿茶、红茶、黑茶和花茶等,普洱茶、都匀毛尖、蒙顶甘露等名茶即产于本茶区。

3. 江南茶区

江南茶区是我国茶叶的主要产区,位于长江中下游南部,包括浙江、湖南、江西等省和安徽、江苏、湖北三省的南部等地,其茶叶年产量约占我国茶叶总产量的2/3。这里气候四季分明,年平均气温为15~18℃,年降水量约为1600毫米。茶园主要分布在丘陵地带,少数在海拔较高的山区。茶区土壤主要为红壤、部分为黄壤。茶区种植的茶树多为灌木型中叶种和小叶种,以及少部分小乔木型中叶种和大叶种,该茶区是西湖龙井、洞庭碧螺春、黄山毛峰、君山银针、安化松针、古丈毛尖、太平猴魁、安吉白茶、白毫银针、六安瓜片、祁门红茶、正山小种、庐山云雾等名茶的原产地。

4. 江北茶区

江北茶区位于长江中下游的北部,包括河南、陕西、甘肃、山东等省和安徽、江苏、湖南三省的北部。江北茶区是我国最北的茶区,气温较低,积温少,年平均气温为15~16℃,年降水量约800毫米,且分布不均,茶树较易受旱。茶区土壤多为黄棕壤或棕壤,江北地区的茶树多为灌木型中叶种和小叶种,主要以生产绿茶为主,是信阳毛尖、午子仙毫、恩施玉露等名茶的原产地。

课堂讨论

(1) 根据贴示导入及提示画出树型简图(提示见茶树的树型结构中的"知识小链接")。
(2) 分析茶树的整个结构,了解茶树的习性知识,熟知茶树的地区分布。
(3) 根据地区分布,了解各类茶树适宜的环境和栽种的知识。

单元小结

通过本单元的学习,使学习者了解我国茶树树型结构及其特征,分析茶树的生长条件,掌握中国四大产茶区的分布情况。通过学习,能够培养学习者对于茶树的认知能力、小组的团队合作能力及审美能力等。

课堂小资料

图 2.1 所示的这棵古树位于云南哀牢山国家级自然保护区茫茫丛林中,其树身高 25.6 米,干径 1.2 米,树身挺拔,姿态优美。1996 年 11 月,云南农业大学、中国农科院等专家考察认证其树龄有 2700 年,

图 2.1 古茶树王

是世界上最古老的茶树之一。2001 年,该树经"大世界基尼斯之最"认证为"最大的古茶树"。古茶树王让无数茶叶专家激动不已,认为"除了形成秀丽的自然景观外,更重要的是它对茶史、茶叶种质资源等方面的研究提供了极其珍贵的样本。"一位茶叶专家说:"古茶树王在世界上是绝无仅有的,不可复制的。"

2700 年高龄的"古茶树王"引来了无数倾慕者,尽管地处偏僻,许多人仍跋山涉水前往哀牢山腹地朝拜它,其中就包括天福集团总裁李瑞河。李瑞河在考察之后决定出资认养古茶树王。

2001 年 10 月,天福集团与当地县人民政府签立协议,认养了这棵"古茶树王"。协议约定,天福集团出资 24 万元长期认养,每年另支付管理人员经费 3 万元。同时将以古茶树为中心的周围 100 亩地划为认养保护范围,由认养方采取保护措施。认养方还须出资在古树四周设置防护设施,并在保护范围内设立管理处,雇佣专人负责管理、照顾古茶树。协议签订后,天福集团在"古茶树王"周围修建了石碑等。

【2.1知识测试】

考考你

(1) 我国的四大产茶区分别位于哪些省份?都适宜种植哪些茶?
(2) 根据茶树的树型分类的相关知识,说出每种树型所适宜种植的茶类或茶叶。

学习单元二 掌握茶叶的分类知识

学习内容

- 了解茶叶的分类方法
- 熟悉基本茶类
- 认识再加工茶类和茶叶深加工产品

2 茶叶基础知识

> **贴示导入**
>
> 此部分内容可从案例方向引入,明确茶叶理论知识的重要性,案例可参照课堂讨论指导完成。

深度学习

2.2.1 茶叶的分类方法

我国是一个茶叶品种繁多的国家,茶类之丰富,茶名之繁多,在世界上是独一无二的。茶叶界有句行话:"茶叶学到老,茶名记不了",说的是这些琳琅满目的茶叶品名,即使从事茶叶工作一辈子也不见得能够全部记清楚。

凡是采用常规的加工工艺,茶叶产品的色、香、味、形符合传统质量规范的,叫做基本茶类,例如,常规的绿茶、红茶、乌龙茶等;以基本茶类为原料进一步加工,使茶叶的基本质量形状发生改变的,叫做再加工茶类,如茉莉花茶、速溶茶、易拉罐茶饮料、草药茶等,其加工过程或是使茶叶某些品质特征发生了根本性的改变,或是改变了茶叶产品的形态、饮用方式和饮用功效等。

> **知识小链接**
>
> 市场上关于茶类的划分有以下几种方法。
>
> (1) 依据茶叶的发酵程度分类,可分为全发酵茶、半发酵茶和不发酵茶3类。
>
> (2) 依据产茶的季节分类,可分为春茶、夏茶、秋茶和冬茶。
>
> ① 春茶——采茶时间在每年春天,惊蛰、春分、清明、谷雨等4个节气之间的茶,不管采收地点是高山、平地,也不管是绿茶、乌龙茶、红茶,均叫春茶。
>
> ② 夏茶——采茶时间在每年夏天,立夏、小满、芒种、夏至、小暑、大暑等6个节气之间采收的茶均叫夏茶。
>
> ③ 秋茶——采茶时间在每年秋天,立秋、处暑、白露、秋分等4个节气之间采收的茶均叫秋茶。
>
> ④ 冬茶——采茶时间在每年冬天,寒露、霜降、立冬、小雪等4个节气之间采收的茶均叫冬茶。
>
> (3) 依据茶叶的形状分类,可分为散茶和团茶等。
>
> ① 散茶,是一叶一叶散开的茶,如绿茶、红茶、乌龙茶等。
>
> ② 团茶,是挤压成块的茶,如饼茶、砖茶、沱茶等。
>
> (4) 依据茶叶的制造程度分类,可分为毛茶和精茶。
>
> ① 毛茶——又称粗制茶或初制茶。各种茶叶经初制后的成品因其外形比较粗放,故统称为毛茶。
>
> ② 精茶——又称精制茶、再制茶或成品茶。毛茶再经筛分、拣别等精制过程,使其成为外形整齐、品质稳定的成品。
>
> (5) 依据茶树品种分类,可分为小叶种茶和大叶种茶。
>
> (6) 依据茶叶的生产工艺分类,可分为基本茶类和再加工茶类两种,见表2-1。在影响茶叶品质的诸多因素中,生产工艺无疑是最直接也是最主要的,任何茶叶产品,只要是以同一种工艺进行加工,就会具备相同或相似的基本品质特征。因此依据茶叶的制作工艺划分茶类是目前比较常用的茶叶划分方法。

【茶叶的分类】

表2-1 中国茶叶分类表

基本茶类			
绿茶	蒸青绿茶	煎茶、玉露等	
	晒青绿茶	滇青、川青等	
	炒青绿茶	长炒青	特珍、珍眉、凤眉、雨茶、秀眉、贡熙等
		细嫩炒青	龙井、碧螺春、南京雨花茶、安华松针等
	烘青绿茶	普通烘青	闽烘青、浙烘青、徽烘青等
		细嫩烘青	黄山毛峰、太平猴魁、敬亭绿雪等
白茶	白芽茶	白毫银针等	
	白叶茶	白牡丹、寿眉等	
黄茶	黄芽茶	君山银针、蒙顶黄芽、霍山黄芽等	
	黄小茶	北港毛尖、沩山毛尖、平阳毛尖等	
	黄大茶	霍山黄大茶、广东大叶青等	
青茶（乌龙茶）	闽北乌龙	大红袍、水仙、肉桂等	
	闽南乌龙	铁观音、黄金桂、本山、毛蟹、奇兰等	
	广东乌龙	凤凰单枞、凤凰水仙、岭头单枞等	
	台湾乌龙	冻顶乌龙、包种乌龙等	
红茶	小种红茶	正山小种、外山小种等	
	功夫红茶	滇红、祁红、川红、闽红、宁红等	
	红碎茶	叶茶、碎茶、片茶、末茶等	
黑茶	湖南黑茶	安化黑茶等	
	湖北老青茶	蒲圻老青茶等	
	四川边茶	南路边茶、西路边茶等	
	滇桂黑茶	普洱茶、六堡茶等	
再加工茶类			
花茶	玫瑰花茶、珠兰花茶、茉莉花茶、桂花茶等		
紧压茶	黑砖、茯砖、沱茶、方茶、饼茶等		
萃取茶	速溶茶、浓缩茶、罐装茶等		
果味茶	柠檬红茶、荔枝红茶、水蜜桃茶、猕猴桃茶等		
药用保健茶	杜仲茶、罗布麻降脂茶、苦丁茶、银杏叶茶等		
茶叶深加工产品	茶可乐、茶汽水、茶鸡尾酒等		

2.2.2 茶叶的分类

1. 基本茶类

基本茶类一般都是以茶的鲜叶为原料，经过不同的工艺加工制作而成的。如同一批茶树鲜叶用红茶的加工工艺制作，生产出的茶叶就具有红叶红汤的红茶品质；如采用绿茶的加工工艺制作，制作出的茶叶就具有绿叶绿汤的品质特点。不同茶叶所具有的基本品质特征是在不同的加工过程中得以完成的。习惯上按干茶或茶汤的色泽不同，将基本茶类划分为绿茶、红茶、乌龙茶、黄茶、白茶和黑茶6种类型。

1) 绿茶

用茶树新梢的芽、叶、嫩茎，经过杀青、揉捻、干燥等工艺制成的初制茶（或称毛茶）和经过整形、归类等工艺制成的精制茶（或称成品茶）保持绿叶绿汤特征，可供饮用的茶则均称为绿茶，属于不发酵茶类（发酵度为0）。

【绿茶】

绿茶是我国分布最广、品种最多、消费量最大的茶类。绿茶又可细分为以下4类。

（1）炒青绿茶。杀青、揉捻后用滚烫方式为主干燥的绿茶称为炒青绿茶。炒青绿茶在干燥过程中由于机械或手工力的作用不同，又可细分为长炒青、圆炒青和细嫩炒青。

① 长炒青。长炒青是一种初制茶，因其外形酷似少女的弯眉，故又被称为眉茶。一般外形条索细嫩紧结有锋苗，色泽润绿，内质香气高鲜，汤色绿明，滋味浓而爽口，富有收敛性，叶底嫩绿明亮。主要品种有珍眉、贡熙、雨茶、秀眉等，以珍眉为主要品种。

知识小链接

珍眉的品质特征是：条索细紧挺直，色泽绿润起霜，香气高鲜，滋味浓爽，汤色、叶底嫩绿微黄。

贡熙是长炒青精制过程中分离出来的圆形茶，形似珠茶，产量不大。

雨茶原系珠茶中分离出来的长形茶，其品质特征是：外形条索细短、尚紧，头圆脚细，色乌绿，香气纯，滋味浓，汤色黄绿，叶底嫩匀。

秀眉呈片状，身骨轻，是精制过程中分离出来部分嫩梗、筋、细条和片状茶拼配而成。

② 圆炒青。圆炒青又称平炒青，因起源于浙江省绍兴市平水镇而得名。圆炒青颗粒细圆紧实，色泽润绿，香味醇和，宛如绿色的珍珠，故也被称为珠茶，主要有平水珠茶等。

③ 细嫩炒青。细嫩炒青是采摘细嫩茶芽加工而成的炒青绿茶，按照外形可以分为扁形、卷曲形、针形、圆珠形、直条形等，主要有西湖龙井、洞庭碧螺春、南京雨花茶、安化松针等。

（2）烘青绿茶。杀青、揉捻后用烘焙方式干燥的绿茶称为烘青绿茶。烘青绿茶外形挺秀，条索完整显锋苗，色泽润绿，冲泡后汤色青绿，香味香醇。烘青绿茶根据原料的老嫩和制作工艺的不同又可以分为普通烘青和细嫩烘青两类。烘青茶吸香能力较强，普通烘青多用来制作花茶，直接饮用者不多。

知识小链接

市场上常见的茉莉花茶多是以烘青茶作为原料制作的,各产茶省都有生产,如福建的闽烘青、浙江的浙烘青、安徽的徽烘青、四川的川烘青、江苏的苏烘青及湖南的湘烘青等。细嫩烘青绿茶是以细嫩的芽叶为原料精工细作而成的,多为名茶。大多数烘青绿茶条索紧细卷曲、白毫显露、色绿、香高、味鲜醇、芽叶完整,如黄山毛峰、太平猴魁、敬亭绿雪等。

(3) 晒青绿茶。杀青、揉捻后用日晒方式干燥的绿茶称为晒青绿茶,主要产自云南、广西、四川、贵州、陕西等省(自治区)。色泽墨绿或黑褐,汤色橙黄,有不同程度的日晒气味。其中以云南大叶种制成的品质较好,称为滇青。其条索肥壮多毫,色泽深绿,香味较浓,收敛性强。

(4) 蒸青绿茶。先用蒸汽将茶叶蒸软,而后揉捻、干燥而成的绿茶称为蒸青绿茶,有中国蒸青、日本蒸青和印度蒸青之分。蒸青绿茶一般具有三绿的特征,即干茶深绿色、茶汤黄绿色、叶底青绿色。大部分蒸青绿茶外形做成针状。

2) 红茶

通过萎凋、揉捻、充分发酵、干燥等基本工艺程序生产的茶叶称为红茶。红茶属于全发酵茶类(发酵度为100%),其品质特点是"外形红、汤水红、叶底红"。干茶色泽黑褐油润,略带乌黑,所以英语称红茶为"black tea"。红茶收敛性很强,性情温和,具有很好的兼容性,能和牛奶、果汁、糖、柠檬、蜂蜜等物质相互交融,相得益彰,深受欧美人的喜爱。红茶是世界上消费量最大的茶类,国际市场上红茶的贸易量占世界茶叶总贸易量的70%以上。红茶按照生产工艺可以分为小种红茶、功夫红茶和红碎茶3类。

(1) 小种红茶。小种红茶是世界红茶的始祖,原产于福建省。由于加工过程中采用松柴明火加温萎凋和干燥,因此干柴中带有浓烈的松烟香。小种红茶以福建省崇安县星村桐木关一带出产的品质为佳,被称作正山小种或星村小种。福安、政和等县生产的称为外山小种,品质较为逊色。

【祁门红茶】

(2) 功夫红茶。功夫红茶是在小种红茶的基础上演变发展成的一类红茶,按产地的不同有祁红(产于安徽祁门)、滇红(产于云南)、宁红(产于江西)、闽红(产于福建)、湖红(产于湖南)、川红(产于四川)等不同的品种。其中以安徽祁门出产的祁红和云南出产的滇红最为著名。祁红是小叶种功夫红茶,外形条索细嫩紧秀、色泽乌黑油润、汤色红艳明亮、香气高鲜嫩甜,具有类似玫瑰花的甘香,被称作"祁门香"而享誉国际市场。滇红是大叶种功夫红茶,条索肥壮重实,汤色红艳,滋味浓醇,带有花果香。

(3) 红碎茶。在加工过程中,茶青经过萎凋、揉捻后再揉切或以揉切代替揉捻,然后经过发酵、烘干而制成的红茶称为红碎茶。切碎的目的在于充分破坏茶叶组织,使干茶中的成分更容易泡出。红碎茶的特点:茶汁浸出快、浸出量大,适合做成"袋泡茶"。

【乌龙茶和红茶】

3) 乌龙茶

乌龙茶又名青茶,属于半发酵茶(发酵度为10%~70%),是介于不发酵的绿茶和全发酵的红茶之间的一大茶类,主要产区为福建、广东、台湾三省。乌龙茶既有绿茶的清香,又有红茶的浓醇,并有绿叶红镶边的美称。根据产地不同可将乌龙茶分为以下4类。

（1）闽北乌龙。产于福建省北部武夷山一带的乌龙茶都属于闽北乌龙，主要有武夷岩茶、闽北水仙、闽北乌龙，其中以武夷岩茶最为著名。根据GB/T 18745—2006"独特的武夷山自然生态环境条件下选用适宜的茶树品种进行无性繁育和栽培，用独特的传统加工工艺制作而成，具有岩韵（岩骨花香）品质特征的乌龙茶。"武夷岩茶产品分为大红袍、名枞、肉桂、水仙、奇种等。

（2）闽南乌龙。产于福建省南部安溪、华安、永春、平和等地的乌龙茶统称为闽南乌龙茶。闽南是我国最主要的乌龙茶产区，仅安溪一个县乌龙茶的产量就占全国乌龙茶总产量的1/4。乌龙茶的优良品种也很多，其中铁观音、黄金桂、毛蟹和本山被称为闽南四大名枞。安溪县地处福建沿海，这里群山环抱，峰峦延绵，属亚热带季风气候，土壤大部分为酸性红壤，非常适宜种茶。

（3）广东乌龙。广东乌龙主要产于广东汕头地区的潮安和饶平等县，主要品种有水仙和梅占等。潮安乌龙茶的主要产区为凤凰乡，所以一般以水仙的品种结合地名称为凤凰水仙。凤凰水仙根据原料的优次、制作工艺的不同可以分为凤凰单枞、凤凰浪菜和凤凰水仙3个品级。

【凤凰单枞】

（4）台湾乌龙。台湾乌龙原产于福建，但是制茶的工艺传到台湾地区后有所改变，使得台湾的乌龙茶别具一格。台湾乌龙茶根据制作工艺和发酵程度的区别可以分成以下两类。

① 重发酵的白毫乌龙茶。白毫乌龙茶发酵程度较重，一般为50%~60%，芽叶肥壮、显白毫、色泽绚丽、香气浓郁，汤色橙红，与红茶类似。

② 轻发酵的文山包种茶和冻顶乌龙茶。文山包种茶和冻顶乌龙茶发酵程度较轻，一般为8%~25%，外观呈深绿色，接近于绿茶，汤色黄绿清澈、具有香、浓、醇、韵、美五大特点。

4）黄茶

黄茶属于轻微发酵茶（发酵度为10%），黄茶的制作与绿茶有很多相似之处，不同点是多了一道闷堆工序。这个闷堆过程是黄茶制作的主要特点，也是它和绿茶的根本区别。成品黄茶多数芽叶细嫩，色泽金黄，汤色橙黄，香气清高，叶底嫩黄，具有"黄叶、黄汤"的特点。黄茶的品种不同，闷茶的方法也不尽相同，一般分为湿坯闷黄和干坯闷黄两种。湿坯闷黄就是将杀青后的茶叶或经过揉捻后的茶叶进行堆闷；干坯闷黄则是初烘后再进行装篮堆积闷黄，大约需要7天左右才能达到要求。黄茶按照茶叶的嫩度和芽叶的大小可以分为黄芽茶、黄小茶和黄大茶3类。

（1）黄芽茶。可分为银针和黄芽两种，如君山银针和蒙顶黄芽。

（2）黄小茶。如湖南的北港毛尖、沩山毛尖、浙江的平阳毛尖等。

（3）黄大茶。产量较多，主要有安徽霍山黄大茶和广东大叶青。

5）白茶

白茶属于轻微发酵茶（发酵度为10%），是我国茶类中的精品。其成品茶多为条状的白色茶叶，满身披毫，如银似雪，因此而得名。白茶是我国的特产，主产于福建省的福鼎、政和、建阳等县。产于福鼎的银针汤色呈淡杏黄色、味道清新甘爽，被称为北路银针；产于政和的银针汤味醇厚，香气清芬，被称为西路银针。白茶分为白芽茶和白叶茶两类。采用单芽加工而成的芽茶称为白芽茶；采用完整的一芽一、二叶加工而成的叶茶称为白叶茶。

【白茶和黑茶】

（1）白芽茶。白芽茶完全采用大白茶的肥壮芽头制成，其代表品种有产于福建福鼎的"北路白毫银针"和产于福建政和的"南路白毫银针"。

（2）白叶茶。采摘一芽一、二叶或用嫩梢、单片叶按白茶生产工艺制成的白茶统称为"白叶茶"，其代表品种有白牡丹、贡眉、寿眉等。

6）黑茶

黑茶属于后发酵茶类，是通过杀青、揉捻、渥堆发酵、干燥等工艺程序生产的茶，因其渥堆发酵时间较长，成品色泽呈油黑色或黑褐色，故名黑茶。黑茶主要销往我国边疆少数民族地区或出口到俄罗斯等国家，因此习惯上把以黑茶为原料制成的紧压茶称为边销茶。黑茶按照产地的不同可以分为4类。

（1）湖南黑茶。湖南黑茶主产于湖南安化，益阳、桃江、宁乡、汉寿等地也有少量生产。湖南黑茶经过蒸压装篓称天尖，蒸压后成砖形的称为黑砖、花砖或茯砖。

（2）湖北老青茶。湖北老青茶主产于湖北省咸宁地区的咸宁、通山、崇阳、通城等地。用来压制青砖茶的老青茶分为面茶和黑茶两种。面茶较精细，黑茶较粗放，压制成的砖茶主要销往内蒙古自治区。

（3）四川边茶。四川边茶主产于雅安的天全、荥经等地的称为南路边茶，蒸压后的产品称为康砖、金尖，专销往康藏地区；主产于灌县、崇州、大邑等地的称为西路边茶，蒸压后一般制成"方包茶"或"茯砖"，专销往川西各地。

（4）广西黑茶。广西黑茶主产于广西苍梧县六堡乡，所以也称"六堡茶""六堡茶"具有红、醇、浓、陈四大特点，是黑茶中著名的珍品。

黑茶按照加工方法和形状的不同还可以分为散装黑茶和压制黑茶。

【普洱茶】

散装黑茶也称黑毛茶，主要有湖南黑毛茶、湖北老青茶、四川边茶、广西六堡散茶和云南普洱茶等。

压制黑茶主要以湖南黑毛茶、湖北老青茶、四川边茶、广西六堡散茶和云南普洱茶，以及红茶的片末等副产品为原料，经过加工整理后，蒸压成形。根据压制的形状不同，又可分为砖形茶，如茯砖茶、花砖茶、黑砖茶、青砖茶、米砖茶、云南砖茶等；枕形茶，如康砖茶、金尖茶等；碗臼形茶，如沱茶等；篓装茶，如六堡茶、方包茶等；圆形茶，如七子饼茶等。

2．再加工茶类

以基本茶类为原料经过进一步的加工，在加工过程中茶叶的某些品质特征（形态、饮用方式、饮用功效等）发生了根本性变化的茶叶统称为再加工茶类。

1）花茶

根据生产工艺的不同可以分为窨制花茶、工艺造型花茶和花草茶。

（1）窨制花茶。窨制花茶是中国最传统的花茶，又名香片，是将茶叶和香花拼和窨制，利用茶叶的吸附性，使茶叶吸收花香而成。

一般而言，花茶多以绿茶窨花为主，中国台湾地区多以乌龙茶、红花也可以制作花茶。花茶具有独特的花香，一般是以窨的花种进行命名，如茉莉花茶、珠兰花茶、白兰花茶、玫瑰花茶、桂花茶等。窨制花茶时，将茶坯及正在吐香的鲜花一层层地堆放，使茶叶吸收花香，待鲜花的香气被吸尽后，再换新的鲜花按上法窨制。

花茶香气的高低，取决于所用鲜花的数量和窨制的次数。窨制次数越多，香气越高。市场上销售的普通花茶一般只经过一两次窨制，花茶香气浓郁，饮后给人以芬芳开窍的感觉，特别深受我国华北和东北地区人民的喜爱，近年来还远销海外。

（2）工艺造型花茶。工艺造型花茶是近年新发展起来的一类花茶，工艺花茶集观赏、饮用、保健为一体，不但外形美观，而且经冲泡后，茶叶吸水膨胀，如同鲜花怒放，绚丽多彩，令人赏心悦目，深受中外茶人的喜爱。

【工艺造型花茶】

（3）花草茶。花草茶主要是用植物的根、茎、叶、花、果等部位，单独或综合干燥后，加以煎煮或冲泡的饮料。一经冲泡，杯中的茶叶与花草相互辉映，花形娇美、花色艳丽，闻起来香气怡人、沁人心脾，味道甘爽清醇、回味无穷，不但极具观赏性而且具有一定的营养保健功能。花草茶的茶叶一般选用红茶、绿茶或普洱茶，花草可选用的品种较多，可以是干花草也可以是鲜花草。

知识小链接

常用的花草主要有杭白菊、贡菊、茉莉花、玫瑰花、金盏花、梅花、金莲、丁香花、红花、锦葵花等；常用的草叶主要有柿叶、荷叶、紫苏、薄荷、甜叶菊、蒲公英、覆盆子等；其他的还可选用一些植物的根、茎、果实，如陈皮、甘草、茴香、枸杞、生姜、白豆蔻、肉桂皮等。常见的花草茶口味有单一花草茶、综合花草茶、果粒混合花草茶、香料调味花草茶等。

2）紧压茶

紧压茶是以红茶、绿茶、青茶、黑茶为原料，经加工、蒸压成型而成。中国目前生产的紧压茶主要有沱茶、普洱方茶、竹筒茶、米砖、花砖、黑砖、茯砖、青砖、康砖、金尖砖、方包砖、六堡茶、湘尖、紧茶、圆茶和饼茶等。

3）萃取茶

萃取茶是以成品茶或半成品茶为原料，用热水萃取茶叶中的可溶物，再过滤去除茶渣来制作。获得的茶汁可以按需要制成固态或液态。萃取茶主要有罐装茶饮料、浓缩茶和速溶茶等。

4）药用保健茶

药用保健茶是指将茶叶和某些中草药拼合调配后制成的各种保健茶饮。茶叶本来就具有营养保健的作用，再经过与一些中草药的调配，更是增强了它的某些防病治病的功效。

2.2.3 茶叶深加工产品

随着科学技术的不断进步，以及人们对茶叶综合利用价值认识的不断深入，茶叶产品正在不断地开发扩展，目前茶叶的深加工产品主要有以下4类。

1. 茶饮料

含茶饮料是现代高科技开发出来的新型饮品，在饮料中添加各种茶汁，就成了别具特色的茶饮料。例如：瓶装茶饮料、茶汽水、茶可乐、鸡尾酒茶、罐装茶水等。

2. 茶食品

例如：茶瓜子、茶糕点、茶蜜饯、茶糖果、茶果冻、茶汤圆、茶面条等。

3. 茶日用品

例如：含茶牙膏、茶香皂、茶浴包、茶洗发剂、茶药枕和茶叶除臭剂等。

4. 茶药品

目前市场上的茶药品种类繁多，功效也不尽相同，主要有茶多酚和抗氧化剂等。

课堂讨论

(1) 阅读引导文，找出学习茶文化理论知识的重要性。

某高校酒店管理专业的小李是一位人见人爱的漂亮女孩。由于形象条件很好，因此被学校茶艺表演队选中，进行茶艺表演训练。小李本人也对茶艺专业非常感兴趣，训练也十分刻苦。但是美中不足的是，小李对茶文化理论知识不太感兴趣，每次测验时，理论成绩总是差很多。在学校组织实习时，小李选择了茶艺馆作为实习单位。但是在茶艺馆工作期间，其他同学很快由助手升任主泡服务员，只有她由于理论知识有限，不能很好地服务于客人，被实习单位退回了学校。

(2) 通过实物展示，直观地了解每种茶类的代表茶。

(3) 举例说明在生活中，除清饮外，还有哪些地方用到茶。

(4) 根据学习者的举例，讲述茶叶的深加工技术。

单元小结

通过本单元的学习，使学习者了解茶叶的分类方法及学习茶叶理论知识的重要性，掌握六大基本茶类的品质和特性，认识主要茶类中的代表茶。通过学习、分析再加工茶类的制作过程，思考茶叶深加工产品在生活中的运用。

 课堂小资料

中国茶文化之"最"

当你美美地品一杯茶时，你可知道我国茶文化之"最"？

(1) 最早发现和利用茶的国家。据《茶经》记载："茶之为饮，发乎神农氏。"可见，神农氏是我国乃至世界上发现和利用茶的第一人。茶叶为世界三大饮料(另两种为咖啡、可可)之"圣品"，享有"东方恩物""绿色金子"的美誉。举世公认中国是茶的发源地。

(2) 最早的种茶专著。唐代陆羽撰述的《茶经》是我国也是世界上最早的一部关于茶叶生产的专著。《茶经》已被译成十几国文字，在世界各地广为流传。

(3) 最早的咏茶诗。据史载，西晋诗人张载"芳茶冠六清，溢味播九区，人生苟安乐，兹士聊可娱"的诗，被称为第一首咏茶妙诗。

(4) 最早的茶话会。据史书云，三国时吴国皇帝孙皓赐宴群臣必使之大醉。大臣韦曜酒量小，孙皓为照顾韦曜，便秘赐"以茶代酒"。后来，逐渐产生集体饮茶的茶宴，类似于今天的"茶话会"。

(5) 最完备的茶叶科研教育体系。自《茶经》问世至今，我国十分重视茶叶的理论研究。现在我国有56所高等院校设有茶叶相关专业，在校学生居世界第一位；我国有两所全国性的茶叶研究所，成为世界上茶叶科研教育体系最完备的国家。

考考你

(1) 按照茶叶的制作程度,将茶叶分成哪几类?
(2) 什么叫精茶?
(3) 世界上有哪三大无酒精饮料?
(4) "累日不食犹得,不得一日无茶"这句话是唐朝皇帝所言吗?
(5) 国际茶叶市场70%是哪类茶?
(6) 中国生产的茶叶70%是哪类茶?
(7) 我国喜欢红茶的是哪省人?
(8) 边销茶一般是哪类茶?
(9) 选择一家或几家有代表性的茶叶商店进行参观考察,熟悉各种茶叶种类及各类茶的品质特征。

【2.2知识测试】

学习单元三　了解茶叶的种植与加工知识

学习内容

● 熟悉茶叶的种植与加工方法
● 了解制茶方式的演变过程
● 掌握不同茶叶的生产制作方法

贴示导入

茶树属山茶科山茶属,为多年生常绿木本植物,一般为灌木,在热带地区也有乔木型茶树高达15～30米,基部树围1.5米以上,树龄可达数百年至上千年。栽培茶树往往通过修剪来抑制纵向生长,所以树高多在0.8～1.2米。茶树经济学树龄一般在50～60年。茶树的叶子呈椭圆形,边缘有锯齿,叶间开五瓣白花,果实扁圆,呈三角形,果实开列后露出种子。可采摘茶树的嫩叶制茶,种子可以榨油,茶树材质细密,其木可用于雕刻。

深度学习

2.3.1　茶叶的种植

茶叶是采摘茶树的鲜叶,经过加工制作而成的,因此茶叶的品质好坏主要取决于茶树的品种和自然环境。一般来说,茶树种植需要一定的土壤、雨量、温度、海拔与日照等自然因素条件。

1. 土壤条件

从理论上讲,茶树适合在任何土壤中进行种植,但是人工种植的茶树,为了保证产量及茶叶品质达到标准要求,就应选择最合适的土壤条件。优良茶区的土壤应排水良好,表土深厚,在成分上应以含腐殖质及矿物质为好,在化学反应方面以pH4.5～6最合适。一般湿而多雨的地区,土壤的化学反应均呈现为酸性,干燥少雨的地区则呈现为碱性。酸性土壤由低纬到高纬又可分为红壤、热带红壤、灰棕壤、灰壤、冰沼土5类,茶园则多分布于前3种土壤。

2. 雨量充沛

茶树性喜潮湿，需要量多而均匀的雨水，凡长期干旱、湿度太低或年降雨量少于1500毫米的地区，都不适合茶树的生长。全年雨量分配均匀无明显旱季，2/3以上的雨水集中于主要生长的春季、夏季，并且年平均气温在16～20℃的地区适合栽培茶树，这样的地区不仅有利于茶树的生长而且茶叶品质极佳。

> **知识小链接**
>
> 根据测验分析表明，茶园一年间耗水量主要集中于春季、夏季，如果年降雨量超过3000毫米，而蒸发量不及1/2或1/3，即湿度太大时，容易发生霉病、茶饼病等，所以雨量及湿度对茶叶的发育有着重要的影响。如我国安徽祁门茶区年降雨量为1700～1900毫米，相对湿度为70%～90%，武夷山茶区年降雨量为1900毫米，相对湿度为80%，分布极为均匀。有些地区虽然年降雨量很大，但由于蒸发量也很大，所以并不妨碍茶树的生长。如印度阿萨密邦的乞拉朋吉，年降雨量高达12000毫米，但由于当地气温较高，雨水蒸发量很大，所以茶树生长非常茂盛，出产的红茶茶叶品质极佳。

3. 温度

茶树生长最适宜的平均温度为16～20℃。低于5℃时，茶树停止生长；高于40℃时，茶树容易死亡。其适应性因茶树品种而不同，一般来说，小叶种茶树的生命力较大叶种强。温度较低的茶区茶叶产量不及温度较高的茶区，但品质却较好。

4. 海拔

海拔高低对茶叶品质的优劣有着显著的影响。所说的"高山出好茶"，翻开名优茶谱，一串串高山茶的名字让人目不暇接，如黄山毛峰、蒙顶甘露、武夷岩茶等，其色、香、味、形都是普通平地茶不能比拟的。

> **知识小链接**
>
> 以武夷岩茶为例，同样品种的茶叶可分为3类：产于山岭的为"正岩茶"，产于半山腰的为"半岩茶"，产于平地溪谷的为"洲茶"，3类茶品质迥异，价格相差悬殊，皆因茶树海拔不同而形成。高山出好茶的主要原因就在于高山上优越的生态条件，正好满足了茶树生长的需要，这主要体现在以下3个方面。
>
> （1）茶树生长在高山多雾的环境中，有利于茶叶色泽、香气、滋味、嫩度的提高。由于光线受到雾珠的影响，高山森林茂盛，有利于茶叶中含氮化物，诸如叶绿素、全氮量和氨基酸含量的增加，从而使茶树芽叶光合作用形成的糖类化合物缩合困难，纤维素不易形成，茶树新梢可以在较长时间内保持鲜嫩而不易粗老。在这种情况下，对茶叶的色泽、香气、滋味、嫩度的提高，特别是对绿茶品质的改善，十分有利。
>
> （2）高山土壤有机质含量丰富。高山植被繁茂，不但土壤质地疏松、结构良好，而且土壤有机质含量丰富，从生长在这种土壤的茶树上采摘下来的新梢，有效成分特别丰富，加工而成的茶叶当然是香高味浓。
>
> （3）高山气温对改善茶叶的内质有利。茶树新梢中茶多酚和儿茶素的含量随着海拔的升高、气温的降低而减少，从而使茶叶的苦涩味减轻；而茶叶中氨基酸和芳香物质的含量却随着海拔升高、气温的降低而增加，这就为茶叶滋味的鲜爽甘醇提供了物质基础。

当然，任何事物都是有一定限度的。所谓高山出好茶，是与平地相比而言，并非是山越高，茶越好。高山出好茶乃是由于高山的气候与土壤综合作用的结果。所以判定茶叶的品质,除海拔外,还要顾及其他因素,如湿度、雨量、土壤及茶叶品种的适应性。只要气候温和、雨量充沛、云雾较多、湿度较大,以及土壤肥沃、土质良好,即使不是高山,也同样会生产出品质优良的茶叶。

5. 日照

日照的长短、强弱都直接影响茶叶的品质和产量。在日光充足照射下,茶树生长健全,茶单宁增多,适宜制作红茶;在弱光之下,如茶树适当的遮阳,则茶单宁减少,茶叶内组织发育被抑制,叶质较软,叶绿素含氮量提高,适宜制作绿茶;对于半发酵茶而言,日光更是重要到可以支配茶叶的品质,所以乌龙茶一般以上午10点及下午3点采摘的茶叶品质为最优。

2.3.2 茶叶的加工

中国制茶历史悠久,自发现野生茶树,从生煮羹饮到饼茶散茶,从绿茶到多茶类,从手工操作到机械化制茶,其间经历了复杂的变革。各种茶类的品质特征形成,除了茶树品种和鲜叶原料的影响外,加工条件和制造方法也是重要的决定因素。

1. 制茶方式的演变

(1) 晒干收藏。茶之为用,最早从咀嚼茶树的鲜叶开始,发展到生煮羹饮。有《晋书》记"吴人采茶煮之,曰茗粥",到了唐代,仍有吃茗粥的习惯。三国时,魏朝已出现了茶叶的简单加工,采来的叶子先做成饼,晒干或烘干,这是制茶工艺的萌芽。

(2) 蒸青制造。蒸青即将茶的鲜叶经过洗涤,蒸后碎制压榨,去汁制饼,饼茶穿孔贯串烘干去其茶叶的青草气,从而使茶叶的苦涩味大大降低。自唐至宋贡茶兴起,先后成立了贡茶院(即制造厂),组织官员研究制茶技术,从而促使茶叶生产技术不断改革。蒸青制茶主要分为蒸青饼茶和蒸青散茶两种制作模式。

知识小链接

(1) 蒸青饼茶。唐代蒸青做饼已经日趋完善,陆羽在《茶经·三之造》中记述了完整的蒸青茶饼制作工序:蒸发、解块、捣茶、装模、拍压、出模、列茶晾干、穿孔、烘焙、成穿、封茶。宋代由于盛行斗茶,因此制茶技术发展很快,新品种不断涌现。北宋年间,做成团片状的龙凤团茶盛行。宋代熊蕃《宣和北苑贡茶录》记述:"太平兴国初,特制龙凤模,遣使即北苑造团茶,以别庶饮,龙凤茶盖始于此。"龙凤团茶的制造工艺,据宋代赵汝砺《北苑别录》记述,有6道工序:蒸茶、榨茶、研茶、造茶、过黄、烘茶。即茶芽采回后,先浸泡在水中,挑选匀整芽叶进行蒸青,蒸后冷水清洗,然后小榨去水,大榨去茶汁,去汁后置瓦盆内兑水研细,再入龙凤模压饼、烘干。龙凤团茶的工序中,冷水快冲可保持绿色,提高了茶叶的质量,而水浸和榨汁的做法,由于夺走真味,使茶香损失极大,且整个制作过程耗时费工,这些均促使了蒸青散茶的出现。

(2) 蒸青散茶。在茶叶的生产中,为了改善苦味难除、香味不正的缺点,逐渐采取蒸后不揉不压,直接烘干的做法,将蒸青团茶改造为蒸青散茶,以保持茶的香味。由宋至元,饼茶、龙凤团茶和散茶同时并存,到了明代,明太祖朱元璋于洪武二十四年(1391)年下诏,废龙凤团茶兴散茶,使得蒸青散茶大为盛行。

(3) 炒青制茶。与饼茶和团茶相比,蒸青散茶使茶叶的香味得到了更好的保留。然而使用蒸青方法,依然存在香味不够浓郁的缺点,于是出现了利用干热发挥茶叶优良香气的炒青技术。炒青技术自唐代始而有之。

知识小链接

唐·刘禹锡《西山兰若试茶歌》中言"山僧后檐茶数丛……斯须炒成满室香",又有"新芽连拳半未舒,自摘至煎俄顷馀"之句,说明嫩叶经过炒制而满室生香,这是至今发现的关于炒青绿茶最早的文字记载。

经过唐、宋、元代的进一步发展,炒青茶逐渐增多,到了明代炒青制法日趋完善,在《茶录》《茶疏》《茶解》中均有详细记载。其制法大体为高温杀青、揉捻、复炒、烘焙制干,这种工艺与现代炒青绿茶制法非常相似。

2. 现代制茶的基本工艺

茶叶在加工过程中,由于注重确保茶叶自然的香气和滋味,因此茶农们在茶叶鲜叶从不发酵、半发酵到全发酵这一系列引起茶叶内质的变化程序中,探索到了一些规律,从而使茶叶通过不同的制造工艺,逐渐形成了在色、香、味、形等方面具有不同品质特征的6大茶类。虽然不同类别的茶叶其加工方法是因茶而异,但是因为所有茶叶都是采摘茶树的鲜叶加工而成,所以在制茶过程中有一些加工方法是相通的,见表2-2。

知识小链接

表2-2 现代茶叶的制作主要步骤

制茶主要步骤	制作方式及步骤
采 茶	(1) 可分为人工采茶和机器采茶两种方式 (2) 茶叶的采摘主要以嫩叶和嫩芽为主,依据茶叶的品质的不同有一芽一叶、一芽二叶、一芽三叶之分 (3) 采摘过程中不能损伤叶片,否则会降低茶叶的品质 (4) 机器采摘最大的缺点就是叶形不完整,因此人工采茶仍是高级茶叶的主要采摘方式
萎 凋	(1) 茶叶鲜叶经过阳光晾晒"日光萎凋",或用机器进行热风萎凋,使茶青细胞内的水分部分蒸发,随着氧化的化学变化促使茶叶发酵 (2) 经过萎凋的茶青色泽由原先的青绿色逐渐转为暗绿色,叶片变软后放置室内进行"室内萎凋",用双手轻轻搅动茶青,使茶青经相互摩擦而破坏部分叶缘细胞,使发酵作用顺利产生
发 酵	(1) 茶叶内的细胞消失部分水分后,所含成分与空气接触而氧化便是发酵 (2) 茶叶有不发酵茶、部分发酵茶和全发酵茶之分,当茶叶发酵达到所需程度时,发酵过程便可停止。茶叶的发酵程度决定了成茶的风味 (3) 萎凋过于快速,叶片细胞来不及发酵便干死,称为"失水",这种茶泡起来没什么味道 (4) 叶缘细胞消失水分后,因搅拌不慎过于用力,结果氧化作用让叶缘先行变红,使得叶片内的细胞无法顺利送出水分进行发酵作用,那么这种茶叶泡起来会有苦涩味。所以在采茶与制茶过程中,力道与方法相当重要
杀 青	(1) 高温将茶叶炒熟或蒸熟,破坏有发酵作用中酶的活性 (2) 杀青可使茶叶原有的青臭味消失,茶叶香气逐渐生成,茶梗和叶脉变得柔软而有黏性,叶中水分适度蒸发,这样在进行揉捻时,茶叶不易破碎

【茶叶制作的主要步骤】

续表

制茶主要步骤	制作方式及步骤
揉 捻	（1）为了使茶叶中的成分容易借水滋出，将茶叶放入揉捻机中，让茶叶随机器的运转而滚动，使原先枝叶独立的茶叶逐渐卷曲紧缩 （2）由于揉捻的压力导致叶片内汁渗出，附着于叶片上，这样在冲泡时茶液可很快溶解于热水中，成为一杯滋味香醇的茶汤 （3）不同茶叶的揉捻程度有别，半球形的包种茶在揉捻时还要增加包揉步骤。一般重复的次数越多，茶叶就越结实 （4）茶叶经揉捻后所形成的条形、半球形、球形外观，统称为条索
干 燥	（1）揉捻后的茶叶要经干燥机进行烘干处理，使茶叶体积收缩便于收藏 （2）揉捻成型的茶叶平铺在茶盘中，分批分次放入干燥机 （3）含水量低于5%，一般分两次进行干燥。第一次干燥约七八分后，取出茶叶回潮，待冷却后再进行第二次干燥。干燥后的茶叶称为粗制茶或毛茶
精 制	（1）对茶叶进一步筛选分类，使茶叶的品质趋于同级化 （2）外观整齐划一的茶叶是消费者选购茶叶的重要参考依据 （3）对茶叶进行筛分，将茶叶的大小整齐化，利用切断机将太粗或太厚的茶叶切割成标准大小，以便分类 （4）将茶梗等杂物剔除，用整形机加工处理 （5）运用风吹原理将制作过程中产生的茶屑剔除，成为品质优良且外形整齐的茶叶
焙 火	（1）对精制后的茶叶进行慢慢烘焙，以便使茶叶散发出清香的气味 （2）茶叶依据种类的不同而有着不同的焙火程度，一般分为轻火、中火和重火3种
窨 花	（1）窨花是制作花茶的重要工序。依据茶叶所具有的吸附性的特点，在茶叶中掺入茉莉、桂花、菊花等鲜花进行窨制，让茶叶充分吸收鲜花的香气，然后再将花干剔除 （2）高级花茶一般会反复窨制数次，次数越多，茶叶所带的花香越浓
包 装	茶叶的包装方式很多，有用纸袋、纸筒或其他材质茶叶罐包装的，也有采用塑料袋真空包装的

3. 常见茶类的加工工艺介绍

1）绿茶加工工艺

绿茶属于不发酵茶叶，其生产加工工艺为：杀青→揉捻→干燥。

（1）杀青。杀青对绿茶品质起着决定性作用，是形成绿叶绿汤品质的关键环节。鲜叶通过高温，破坏鲜叶中酶的活性，直至多酚类物质氧化，防止叶片变红，同时蒸发叶内的部分水分，使叶片变软，为揉捻造型创造条件。随着水分的蒸发，鲜叶中具有青草气的低沸点芳香物质挥发消失，从而使

【信阳毛尖的制作】

茶叶香气得到改善。除特种茶外,该过程均在杀青机里进行。影响杀青质量的因素主要有杀青温度、投叶量、杀青机种类、时间、杀青方式等,它们是一个整体,互相牵连制约。

(2)揉捻。揉捻是绿茶塑造外形的一道关键工序。通过外力作用,使叶片揉破变轻,卷转成条,体积缩小,便于冲泡。同时部分茶汁附着在茶叶表面,对提高茶味浓度也有重要作用。制作绿茶的揉捻工序有冷揉与热揉之分。所谓冷揉,即杀青叶经过摊凉后揉捻;热揉则是杀青叶不经摊凉而趁热进行的揉捻。嫩叶宜冷揉以保持黄绿明亮之汤色与嫩绿的叶底,老叶宜热揉以利于条索紧结,减少碎末。目前,除名茶仍用手工操作外,大宗绿茶的揉捻作业已实现机械化。

(3)干燥。干燥的目的是蒸发水分,并整理外形,充分发挥茶香。干燥方法有烘干、炒干和晒干3种形式。绿茶的干燥工序一般先经过烘干,然后再进行炒干。因揉捻后的茶叶含水量仍很高,如果直接炒干,会在炒干机的锅内很快结成团状,茶叶易粘结锅壁。故此,茶叶要先进行烘干,使含水量降至符合锅炒的要求。

【红茶的加工技术】

2)红茶加工工艺

红茶属于全发酵茶叶,我国的红茶包括小种红茶、功夫红茶和红碎茶,其制法大同小异,生产加工工艺为:萎凋→揉捻→发酵→干燥。下面以功夫红茶为例,简介红茶的生产工艺。

(1)萎凋。萎凋是红茶初制的第一道程序。经过萎凋可以适当蒸发水分,叶片柔软,韧性增强,便于造型。此外这一过程可使青草味消失,茶叶清香欲现,是形成红茶香气的重要加工阶段。红茶的萎凋方法有自然萎凋和萎凋槽萎凋两种。自然萎凋即将茶叶薄摊在室内或室外阳光不太强处,搁放一定的时间。萎凋槽萎凋是将鲜叶置于通气槽体中,通以热空气,以加速萎凋过程,这是目前普遍使用的萎凋方法。

(2)揉捻。红茶揉捻的目的与绿茶相同,茶叶在揉捻过程中成形并增进色、香、味浓度,同时,由于叶细胞被破坏,便于在酶的作用下进行必要的氧化,利于发酵的顺利进行。

【滇红茶传统制作工艺】

(3)发酵。发酵是红茶制作的独特阶段,经过发酵,叶色由绿变红,形成红茶红叶红汤的品质特点。其机理是叶子在揉捻作用下,组织细胞膜结构受到破坏,透性增大,使多酚类物质和氧化酶充分接触,在酶的作用下产生氧化聚合作用,其他化学成分亦相应发生变化,使绿色的茶叶产生红变,形成红茶的色、香、味品质。目前普遍使用发酵机控制温度和时间进行发酵。发酵适度,嫩叶色泽红润,老叶红里泛青,青草气消失,具有熟果香。

(4)干燥。干燥是将发酵好的茶坯采用高温烘焙,迅速蒸发水分,达到保持干度的过程。其目的有三:利用高温迅速钝化酶的活性,停止发酵;蒸发水分,缩小体积,固定外形,保持干度以防霉变;散发大部分低沸点青草气味,激化并保留高沸点芳香物质,获得红茶特有的甜香。

3)乌龙茶加工工艺

【乌龙茶传统技艺】

乌龙茶是介于绿茶(不发酵茶)和红茶(全发酵茶)之间的一类半发酵茶,有条形茶(福建的武夷岩茶、广东的凤凰单枞、台湾的文山包种茶)和半球形茶(安溪铁观音、台湾冻顶乌龙茶)两种类型。乌龙茶的生产加工工艺为:萎凋→做青→炒青→揉捻→干燥,半球形茶在加工过程中还增加了一道包揉的程序。

（1）萎凋。乌龙茶制作过程中的萎凋与红茶制作过程中的萎凋是有所区别的。红茶萎凋不仅失水程度大，而且萎凋、揉捻、发酵工序分开进行；而乌龙茶的萎凋和发酵工序不分开，两者相互配合进行。通过萎凋，以水分的变化控制叶片内物质适度转化，达到适宜的发酵程度。乌龙茶进行萎凋的方法主要有4种：凉青（室内自然萎凋）、晒青（日光萎凋）、烘青（加温萎凋）、人控条件萎凋。

（2）做青。做青是乌龙茶制作的重要工序，特殊的香气和绿叶红镶边的叶片特征就是在做青中形成的。萎凋后的茶叶置于摇青机中摇动，叶片互相碰撞，擦伤叶缘细胞，从而促进氧化作用。摇动后，叶片由软变硬。再静置一段时间，氧化作用相对减缓，使叶柄叶脉中的水分慢慢扩散至叶片，此时，鲜叶又逐渐膨胀，恢复弹性，叶子变软。经过如此有规律的动与静的过程，使茶叶发生一系列生物化学变化：叶缘细胞被破坏，发生轻度氧化，叶片边缘呈现红色；叶片中央部分，叶色由暗绿转变为黄绿，即所谓的"绿叶红镶边"；同时水分的蒸发和运转，有利于香气、滋味的发展。

（3）炒青。乌龙茶的内质已在做青阶段基本形成，炒青是承上启下的转折工序，如同绿茶的杀青一样，主要是抑制鲜叶中的酶的活性，控制氧化进程，防止叶子继续变红，固定做青形成的品质；使低沸点青草气味挥发和转化，形成馥郁的茶香；同时，通过湿热作用破坏部分叶绿素，使叶片黄绿而鲜亮。此外，还可以挥发一部分水分，使叶子柔软，便于揉捻。

（4）揉捻。其作用与绿茶相同。

（5）干燥。干燥可以抑制酶性氧化、蒸发水分和氧化叶子，并起到热化作用，清除苦涩味，促进滋味醇厚。

课堂讨论

（1）阅读引导文，了解欧洲茶树种植过程。

欧洲最早的茶树

欧洲大陆最早植茶者是瑞典植物学家林奈。

1737年，林奈为制定茶树学名，托奥斯比克船长顺道来中国采集茶树标本，这位瑞典船长不负所托，购得茶树标本，但回程经好望角时被飓风吹入海中。林奈又托瑞典东印度公司董事拉格斯托姆来中国买得茶树2株，但经1年培育后才发现是山茶。林奈不气馁，第三次托赴中国经商的厄克堡船长买茶籽，种于花盆中，茶籽在航海途中发芽，中途枯死一半，林奈将少数存活的茶苗带去乌鲁萨拉培植，于是欧洲有了茶树。那个值得纪念的日子是1763年10月3日。

（2）讲述茶树种植具备的条件。

（3）讲述各类茶的主要加工步骤，学生可分组画出不同茶类制作过程的简图。

单元小结

通过本单元的学习，使学习者掌握茶树种植需要受到土壤、阳光、温度、雨量等因素的影响，了解从古至今制茶工艺的演变过程，学会几种主要茶类和其代表茶的加工工艺。

课堂小资料

饮茶十德（唐·刘贞亮）

以茶散郁气，以茶驱睡气。以茶养生气，以茶除病气。以茶利礼仁，以茶表敬意。以茶尝滋味，以茶养身体，以茶可行道，以茶可雅志。

考考你

（1）简述茶树的种植需要哪些条件。
（2）说出蒸青茶的分类，并叙述其内容。
（3）简述绿茶的加工步骤。
（4）简述乌龙茶的加工过程。

【2.3知识测试】

学习单元四　茶叶的鉴别与品评

学习内容

- 茶叶品评方法
- 茶叶的鉴别方法

贴示导入

组织学习者绕桌嗅闻几种泡好茶汤的味道，进行初次判断后，将闻到的茶汤味道记录下来。

深度学习

茶叶品质的鉴别，包括茶叶品质的感官品评和茶叶检验两项内容。其中茶叶检验又分为茶叶包装、衡量检验；茶叶品质规格检验；理化检验和卫生检验。在茶艺馆工作的茶艺师学会茶叶的感官品评即可。茶叶的感官品评是主要依赖于学习茶艺者的经验与感受来评定茶叶品质的一项难度较高、技术性较强的工作，也是每一个从事茶艺工作的人员必须掌握的基本技能。要掌握这一技能，一方面要通过长期的实践来锻炼自己的嗅觉、味觉、视觉、触觉，使自己具备敏锐的审辨能力；另一方面要学习有关理论知识，并通过反复练习，掌握不同茶叶的鉴别方法。本节将从茶叶鉴别方法入手，重点介绍品评方法、品评程序、品评项目，以及目前茶叶市场上常见的真茶与假茶、新茶与陈茶、高山茶与平地茶、窨花茶与拌花茶的鉴别方法。

2.4.1　茶叶的品评方法

茶叶的感官品评是根据茶叶的形、质特性对感官的作用来分辨茶叶品质的高低的。具体的品评方法可以概括为三看、三闻、三品和三回味，见表2-3。品评时，先进行干茶品评，即首先通过观察干茶外形的条索、色泽、整碎、净度来判断茶叶的品质高低，然后再开汤品评，即对干茶进行开汤冲泡，看汤色、嗅香气、品滋味、察叶底，进一步判断茶叶的品质高低。

2 茶叶基础知识

表 2-3 茶叶品评条件对照表

茶叶品评	品评条件	品评点	品评结果
一看	茶叶是否干燥	品质优良的茶叶含水量低,可以通过手指来辨别	如果轻轻捏一下茶叶就碎,而且皮肤会有轻微刺痛的感觉,就说明茶叶的干燥程度良好。如果茶叶已经受潮变软,就不易捏碎,喝起来的口感较差,茶的香气也不会太浓郁
	因茶而异	要看茸毫(毛)的多少,或看条索的松紧	茸毫(毛)多的茶叶是上品,反之就是次品;条索紧的茶叶是上品,反之就是次品。质量好的茶叶外形应均匀一致。好的茶叶,茶梗、茶角、黄片等杂质含量不会过多
	干茶色泽	红茶乌黑油润、绿茶翠绿、乌龙茶青褐色、黑茶黑油色等	无论何种茶类,好茶均要求色泽一致、光泽明亮、油润鲜活;如果色泽不一、深浅不同、暗而无光,说明原料老嫩不一,做工差,品质劣
二看	茶汤亮度	茶汤清澈,明亮	在同种茶叶中,浓度较高的茶叶品质比较好。品质不好的茶叶,茶汤颜色暗淡、混浊不清
	茶汤色泽	红色、橙色、黄色、黄绿色、褐紫色等	红茶汤色是红艳明亮;青茶汤色是橙黄色、蜜黄色;绿茶汤色是黄绿色;白茶汤色是浅杏色;黑茶汤色是褐紫色
三看	从茶叶展开快慢辨别好坏	茶叶老嫩	(1)冲泡后很快展开,多为老叶,味道平淡且不耐泡 (2)冲泡数次后展开,多为嫩叶,做工精良,茶汤味道浓郁且耐冲泡
	从形状辨别种类	绿叶红镶边	叶底肥厚柔软,叶面黄亮,叶缘为红边,茶水呈金黄色、清澈明亮,有清香味,是质量好的乌龙茶
	从形状辨别好坏	根据不同茶类形状要求辨别	(1)茶的采摘分细嫩采、适中采和粗采 (2)毛尖、毛峰或银针细嫩采;红、绿茶适中采;乌龙茶粗采
一闻	干闻	细闻干燥茶叶的香味	抓取一些茶叶放在掌心,细闻有无陈味、霉味和其他异味
二闻	热闻	冲泡瞬间闻香气	质量好的茶叶一般香味纯正,沁人心脾,反之是不好的茶叶
三闻	冷闻	温度降低后闻茶盖或杯底留香	可以闻到高温时掩盖的气味
一品	品火功	茶叶加工过程的火候	火候是老火、足火还是生青,是否有晒味
二品	品滋味	茶汤的滋味	茶味浓烈、鲜爽、甜爽、醇厚、醇和还是苦涩、淡薄

续表

茶叶品评	品评条件	品评点	品评结果
三品	品韵味	品评茶汤的内质特征	将茶含在口中，慢慢咀嚼，细细品味（香、清、甘活），咽下去时感受茶汤流过喉咙时的爽滑
三回味	品茶后的感觉	香气的持久性等	（1）舌根回味甘甜，满口生津 （2）齿颊回味甘醇，留香尽日 （3）喉底回味甘爽，气滋润畅通

知识小链接

常用的评审滋味术语有以下几种。

回甘：回味较佳，略有甜感。

浓厚：茶汤味厚，刺激性强。

醇厚：茶味醇正浓厚，有刺激性。

浓醇：浓爽适口，回味甘醇。刺激性比浓厚弱而比醇厚强。

醇正：清爽正常，略带甜。

平和：茶味正常，刺激性弱。

醇和：醇而平和，带甜。刺激性比醇正弱而比平和强。

淡薄：入口稍有茶味，以后就淡而无味。

涩：茶汤入口后，有麻嘴厚舌的感觉。

苦：入口即有苦味，后味更苦。

2.4.2 茶叶的鉴别方法

1. 真假茶叶的鉴别

真茶与假茶一般可用感官品评的方法去鉴别，就是通过人的视觉、感觉和味觉器官，抓住茶叶固有的本质特征，用眼看、鼻闻、手摸、口尝的方法，最后综合判断出是真茶还是假茶。

知识小链接

鉴别真假茶时，通常首先用双手捧起一把干茶放在鼻端，深深吸一下茶叶气味，凡具有茶香者为真茶；凡具有青腥味或夹杂其他气味者即为假茶。同时，还可结合茶叶色泽来鉴别。用手抓一把茶叶放在白纸或白盘子中间，摊开茶叶精心观察，倘若绿茶深绿，红茶乌润，乌龙茶乌绿，且每种茶的色泽基本均匀一致，当为真茶。若茶叶颜色杂乱，很不协调，或与茶的本色不相一致，即有假茶之嫌。如果通过闻香观色还不能做出抉择，那么，可以取适量茶叶放入玻璃杯或白色瓷碗中，冲上热水，进行开汤品评，进一步从汤的香气、汤色、滋味上加以鉴别，特别是可以从已展开的叶片上加以辨别。

茶叶的真假可以从以下4个方面进行鉴别。

（1）真茶的叶片边缘锯齿，上半部密，下半部稀而疏，近叶柄处平滑无锯齿；假茶叶片则多数叶缘四周布满锯齿，或者无锯齿。

（2）真茶主脉明显，叶背叶脉凸起。侧脉7～10对，每对侧脉延伸至叶缘1/3处向上弯曲呈弧形，与上方侧脉相连，构成封闭形的网状系统，这是真茶的重要特征之一；而假茶叶片侧脉多呈羽毛状，直达叶片边缘。

（3）真茶叶片背面的茸毛，在放大镜下可以观察到它的上半部与下半部是呈45°～90°角弯曲的；假茶叶片背面无茸毛，或与叶面垂直生长。

（4）真茶叶片在茎上呈螺旋状互生；假茶叶片在茎上通常是对生，或几片叶簇状生长的。

2．新茶与陈茶的鉴别

购买茶叶一般说来是求新不求陈。当年采制的茶叶为新茶，隔年的茶叶为陈茶。陈茶是由于茶叶在贮藏过程中受湿度、温度、光线、氧气等诸多外界因素的单一或综合影响，加上茶叶本身就具有陈化性所形成的。茶叶在贮藏过程中，其内含成分的变化是产生陈气、陈味和陈色的根本原因。

【新茶与陈茶的鉴别】

> **知识小链接**
>
> 茶叶中的类脂物质的氧化或水解可产生陈味；氨基酸的氧化和脱氨、脱羧作用使其含量降低，导致鲜味下降。一些多酚类化合物因发生氧化、聚合作用而含量减少，结果茶叶的收敛性减弱，滋味变淡而出现陈味，同时干茶色泽由鲜变枯，汤色、叶底也由亮变暗。

判断新茶与陈茶的方法如下。

（1）观看茶色泽。绿茶色泽青翠碧绿，汤色黄绿明亮；红茶色泽乌润，汤色红橙泛亮，是新茶的标志。茶在贮藏过程中，构成茶叶色泽的一些物质会在光、气、热的作用下，发生缓慢分解或氧化，如绿茶中的叶绿素分解、氧化，会使绿茶色泽变得枯灰无光，而茶褐素的增加则会使绿茶汤色变得黄褐不清，失去了原有的新鲜色泽；红茶贮存时间长，茶叶中的茶多酚产生氧化缩合，会使色泽变得灰暗，而茶褐素的增多，也会使汤色变得混浊不清，同样会失去新红茶的鲜活感。

（2）嗅闻茶干香。科学分析表明，构成茶叶香气的成分有300多种，主要是醇类、酯类、醛类等特质。它们在茶叶贮藏过程中既能不断挥发，又会缓慢氧化。因此，随着时间的延长，茶叶的香气就会由浓变淡，香型就会由新茶时的清香馥郁而变得低闷混浊。

（3）品饮茶滋味。因为在贮藏过程中，茶中的酚类化合物、氨基酸、维生素等构成滋味的特质有的分解挥发，有的缩合成不溶于水的物质，从而使可溶于茶汤中的有效滋味物质减少。因此，不管何种茶类，大凡新茶的滋味都醇厚鲜爽，而陈茶却显得淡而不爽。

3．春茶、夏茶和秋茶的鉴别

茶树由于在年生长发育周期内受气温、雨量、日照等季节气候的影响，以及茶树自身营养条件的差异，使得加工而成的各季茶叶自然品质发生了相应的变化。"春茶苦，夏茶涩，要好喝，秋白露（指秋茶）"，这是人们对季节茶自然品质的概括。春茶、夏茶和秋茶的品质特征分为两部分。

【春茶、夏茶、秋茶的辨别方法】

（1）干看。从茶叶的外形、色泽、香气上加以判断。凡是绿茶、红茶条索紧结，珠茶颗粒圆紧，红茶色泽乌润，绿茶色泽绿润，茶叶肥壮重实，或有较多毫毛，且又香气馥郁的，是春茶的品质特征。凡是红茶、绿茶条索松散，珠茶颗粒松泡，红茶色泽红润，绿茶色泽灰暗或乌黑，

【明前茶】

茶叶轻飘宽大，嫩梗瘦长，香气略带粗老者，则是夏茶的品质特征。凡是茶叶大小不一，叶张轻薄瘦小，绿茶色泽黄绿，红茶色泽暗红，且茶叶香气平和的，是秋茶的品质特征。

（2）湿看。湿看就是进行开汤审评，通过闻香、尝味、看叶底来进一步做出判断。

【金骏眉的鉴别】

冲泡时茶叶下沉较快，香气浓烈持久，滋味醇厚；绿茶汤色绿中透黄，红茶汤色红艳显金圈；茶底柔软厚实，正常芽叶多，叶张脉络细密，叶缘锯齿不明显者，为春茶。绿茶滋味苦涩，汤色青绿，叶底中夹有铜绿色芽叶；红茶滋味欠厚带涩，汤色红暗，叶底较红亮；不论红茶还是绿茶，叶底均显得薄而较硬，对夹叶较多，叶脉较粗，叶缘锯齿明显，泡时茶叶下沉较慢，香气欠高，此为夏茶。凡香气不高，滋味淡薄，叶底夹有铜绿色芽叶，叶张大小不一，对夹叶多，叶缘锯齿明显的，属于秋茶。

4. 窨花茶与拌花茶的鉴别

花茶，又称香花茶、窨花茶、香片等。它以精致加工而成的茶叶（又称茶坯），配以鲜花窨制而成，是我国特有的一种茶叶品类。花茶既具有茶叶的爽口浓醇之味，又具有鲜花的纯清雅香之气。所以，自古以来，茶人对花茶就有"茶引花香，花益茶味"之说。目前市场上的花茶主要有窨花茶与拌花茶。

（1）香花茶。窨制花茶的原料一是茶坯，二是鲜花。茶叶疏松多细孔，细孔具有毛细管的作用，容易吸收空气中的水汽和气体。它含有高分子棕榈酸和萜烯类化合物，也具有吸收异味的特点。花茶窨制就是利用茶叶吸香和鲜花吐香两个特性，一吸一吐，使茶味花香合二为一，这就是窨制花茶的基本原理。花茶经窨制后要进行提花，就是将已经失去的花香的花干进行筛分剔除，尤其是高级花茶更是如此。只有少数鲜花的片、末偶尔残留于花茶之中。

（2）拌花茶。拌花茶就是未经窨花的花茶，拌花茶实则是一种错觉而已。所以从科学角度而言，只有窨花茶才能称作花茶，拌花茶实则是一种假冒花茶。

知识小链接

品评窨花茶与拌花茶时，双手捧上一把茶，用力吸一下茶叶的气味，凡有浓郁花香者，为窨花茶；茶叶中虽有花干，但只有茶味，却无花香者乃是拌花茶。

品评花茶香时，通常多用闻嗅，重复2~3次进行。花茶经冲泡后，每嗅一次为使花香气得到诱发，都得加盖用力抖动一下品评杯。花茶香气达到浓、鲜、清、纯者，就属正宗上品。如茉莉花茶的清鲜芬芳，珠兰花茶的浓浓清雅，玳玳花茶的浓厚净爽，玉兰花茶的浓烈甘美等，都是正宗上等花茶的香气特征。倘若花茶有郁闷混浊之感，自然称不上上等花茶了。一般说来，上等窨花茶头泡香气扑鼻，二泡香气纯正，三泡仍留余香。所有这些，在拌花茶中是无法达到的，最多在头泡时尚能闻到一些低沉的香气，或者是根本闻不到香气。但也有少数假花茶，将茉莉花香型的一类香精喷于茶叶表面，再放上一些窨制过的花干，这就增加了识别的困难。不过，这种花茶的香气只能维持1~2个月，以后就消失殆尽。即使在香气有效期内，有一定饮花茶习惯的人，一般也可凭对香气的感觉将其区别出来。

课堂讨论

（1）将泡好的几种茶汤放在桌上，组织学习者绕桌嗅闻每种茶汤的味道，绕桌可采用循环方式，直到全体学习者对茶汤味道进行初次判断后，停止该活动。每位学习者要拿好记录本，将闻到的茶汤味道记录下来。

（2）由老师讲解茶叶的品评方法。

（3）抽取学号，请该学习者到"识茶台"上做识茶练习。

(4) 分析茶叶的真、假，新、陈，并分辨季节。

单元小结

通过本单元的学习，使学习者对茶叶的选择有了更深层的认识，能够根据所学习的知识，运用观察法、小组讨论方法等来对比分辨茶叶的优劣，达到学习目标。

课堂小资料

品评普洱茶的技巧

品评普洱茶应注意3个问题：一是合理利用舌头；二是把握好茶汤的"评味温度"；三是评茶前不吃刺激性食物。

人体的味觉器官——舌头，各部分的味蕾对不同味感的感受能力是不一样的。舌尖主要品评茶叶的"甜味"；舌的两侧前端主要评定茶的醇和度；舌两侧的后端主要评判普洱茶是否"发酸"；舌心（中央部位）主要感受普洱茶的"涩味"；舌根则重点体会普洱茶的"苦味"。由于舌的不同部位对滋味的感觉不同，品评普洱茶时，茶汤入口后，应在舌头上循环滚动，充分感受各种滋味物质的状况，这样才能正确地、较全面地辨别普洱茶的滋味。

品评普洱茶一般以50℃左右较适合。茶汤太烫，味觉受高温刺激而麻木，影响正常评味；茶汤温度过低，使低温滋味不协调，影响评定的准确性。

品评普洱茶之前，最好不要服食具有强烈刺激味觉的食物，如辣椒、葱蒜、烟酒、糖果等，以保持味觉和嗅觉的灵敏度。

【普洱茶的基础鉴赏】

考考你

(1) 英荷立顿茶叶公司进入中国市场，主推的茶叶商品是哪类茶？
(2) 优质红碎茶加牛奶后，碗边呈现"金圈"。这种现象称作什么？
(3) 根据农药残留量和重金属含量等卫生指标，茶叶可分为无公害茶、绿色食品茶和什么茶？
(4) 英荷立顿茶叶公司，在产品包装上，结合中国的传统佳节，推出了哪两种形状的茶叶包装？
(5) 红茶的关键工序是什么？
(6) 黄茶的关键工序是什么？

【2.4知识测试】

学习单元五　茶叶的保健功效

学习内容

- 茶与养生保健
- 生活中茶的妙用
- 学习如何科学饮茶
- 品饮茶的禁忌

贴示导入

此部分内容引入"今日有水厄"故事，思考故事带给我们的启示，故事内容详见课堂讨论。

深度学习

茶长久以来受到人们的喜爱,除了因为它是受人们欢迎的一种好饮料之外,还因为它对人体能起到一定的保健和治疗作用。人们将茶称为"万病之药",并不是说它能治愈每一种疾病,而是从传统中医学的角度去归纳和总结茶的医疗保健功效。经常饮茶可以使人元气旺盛,精力充沛,心情舒畅,这样自然百病难侵,有病自然容易恢复。通过品茶,人们的精神得以放松,心境平静豁达,心情舒畅愉悦,所以自然可以长寿。

2.5.1 茶与养生保健

1. 补充多种营养元素

茶叶内富含的 500 多种化合物大部分被称为营养成分,是人体所需要的成分,如蛋白质、维生素类、氨基酸、类脂类、糖类及矿物质元素等,它们对人体有较高的营养价值。还有一部分化合物被称为有药用价值的成分,对人体有保健和药效作用,如茶多酚、咖啡因、茶氨酸等。

1) 饮茶可以补充人体需要的多种维生素

茶叶中含有丰富的维生素类。但茶叶中的维生素因为茶叶的生产工艺不同而有较大差别。一般来说,绿茶因为不经过发酵,所以各种维生素的含量均高于其他茶类。

知识小链接

鲜茶叶中的维生素 A 的含量很高,可与菠菜相比;维生素 K 的含量可与鱼肉相比;维生素 C 的含量可与柠檬相比;茶叶中还含有丰富的维生素 B1、B2、B3、B5、B9、B11 和维生素 E;烟酸(维生素 B3)的含量是 B 族中含量最高的,约占 B 族中含量的一半,它可以预防癞皮病等皮肤病;茶叶中维生素 B1 含量比蔬菜高。维生素 B1 能维持神经、心脏和消化系统的正常功能。维生素 B2(核黄素)的含量约每 100 克干茶含 10~20 毫克,每天饮用 5 杯茶即可满足人体每天需要量的 5%~7%,它可以增进皮肤的弹性和维持视网膜的正常功能。叶酸(维生素 B9)含量很高,约为茶叶干重的 0.5~0.7ppm,每天饮用 5 杯茶即可满足人体需要量的 6%~13%。它参与人体核苷酸生物合成和脂肪代谢功能。茶叶中维生素 C 含量很高,高级绿茶中维生素 C 的含量可高达 0.5%,维生素 C 能防治坏血病,增加机体的抵抗力,促进创口愈合。维生素 E 是一种抗氧化剂,可以阻止人体中脂质的过氧化过程,因此具有抗衰老的效应。茶叶中维生素 K 的含量约每 100 克成茶含 300~500 毫克,因此每天饮用 5 杯茶即可满足人体的需要。维生素 K 可促进肝脏合成凝血素。

2) 饮茶可以补充人体需要的蛋白质和氨基酸

大量资料表明,茶叶中能通过饮茶被直接吸收利用的水溶性蛋白质含量为 2% 左右,大部分蛋白质为不溶水性物质,存在于茶渣内。

茶叶中的氨基酸种类多达 20 余种,其中茶氨酸的含量最高,占氨基酸总量的 50% 以上。众所周知,氨基酸是人体必需的营养成分。有的氨基酸和人体健康有密切关系,如谷氨酸能降低血氨,治疗肝昏迷;蛋氨酸能调整脂肪代谢;茶氨酸能够调节脑内神经传导物质的变化,提高学习能力,保护神经细胞,有利于人体的生长发育,调节脂肪代谢,减肥等。

3) 饮茶可以补充人体需要的矿物质元素

茶叶中含有多种矿物质元素,如磷、钾、钙、镁、锰、铝、硫等。这些矿物质元素中

2 茶叶基础知识

的大多数对人体健康是有益的，茶叶中的氟含量很高，平均为100～200ppm左右，远高于其他植物，氟对预防龋齿和防治老年骨质疏松有明显效果。局部地区茶叶中的硒含量很高，如我国湖北恩施地区的茶叶中硒含量最高可达3.8ppm。硒对人体具有抗癌功效，它的缺乏会引起某些地方病，如克山病。

2. 饮茶可以强身健体

1）喝茶可以护心

研究结果表明，每天至少喝一杯茶可使心脏病发作的危险率降低44％。喝茶之所以具有如此有效的作用，主要是由于茶叶中含有大量类黄酮和维生素等可使血细胞不易凝结成块的天然物质。类黄酮还是最有效的抗氧化剂之一，它能够抵消体内氧气的不良作用。

知识小链接

类黄酮不仅在茶叶中保存，还存在于蔬菜和水果中，它对心脏保健的益处与红葡萄酒同样有名。哈佛大学的心脏病专家在一次会议上介绍了他的研究结果。这项研究包括常见的红茶，以及与红茶进行对比的绿茶或草药茶。研究人员说，红茶中的类黄酮含量比绿茶多，而草药茶中没有发现含有任何类黄酮。国外另有专家说，其他一些研究已表明，在茶中加牛奶、糖或柠檬不会减弱类黄酮的作用。而且，喝热茶或凉茶，用散装茶叶、袋茶还是制成颗粒状晶体的茶，都对类黄酮的含量没有影响。我国有专家分析说，茶叶里主要含有茶碱、咖啡因、茶素鞣质、叶绿素和多种维生素。咖啡因和茶碱都有强心、利尿作用。有一些冠心病人伴有窦房结功能不全，出现持久的窦性心动过缓，或者伴有房室传导阻滞时，每分钟的心率在60次以下，喝浓茶可以增快心率，配合药物治疗颇有好处。茶碱的利尿作用对心脏功能不好的病人也是有益的。通过利尿排出一些水分和盐，可以减轻心脏负担。茶叶能降低血中胆固醇的浓度，这对有高血脂的人是有利的。茶叶里的某些物质能保护毛细血管的弹性，有助于防止血管硬化。

2）喝茶可降低胆固醇

根据医学研究资料证实，胆固醇过多的人，若服用适量的维生素C，可降低血液中的胆固醇、中性脂肪。维生素C除了可预防老化之外，还可预防胆固醇过高，对维持身体健康与器官功能的正常，具有良好的效果。

茶叶中由于含有丰富的维生素C，因此，饭前、饭后及平常的休息时间，若能适度喝茶，则可抑制胆固醇的吸收。目前最受欢迎的乌龙茶，根据研究分析，具有分解脂肪、燃烧脂肪、利尿的作用，能将沉淀在血管中的胆固醇排出体外。

3）喝茶可增强免疫力

人体的免疫功能抵抗外来微生物的侵袭，保持人体的健康。人体免疫防御系统是通过免疫球蛋白体的形成，识别入侵的病原，再由白细胞和淋巴细胞产生抗体和巨噬细胞消灭病原。

经常喝茶能够提高人体中白细胞和淋巴细胞的数量和活力，能够促进脾脏细胞中的白细胞间介素的形成，提高人体的免疫力。

4）喝茶能防慢性胃炎

幽门螺杆菌（HP）感染已成为全球关注的公共卫生问题。由杭州市卫生监督所承担，浙江大学医学院附属第一医院协作完成的"胃病患者幽门螺杆菌感染危险因素的研究"提出：多吃豆类食物，多饮茶，少吃辛辣食物，可免遭幽门螺杆菌的感染。幽门螺杆菌是世界上感染率最高的细菌之一，是慢性活动性胃炎的直接病因。

5) 喝茶可解毒醒酒、补充营养

茶的解毒作用是多方面的，对于细菌性中毒，茶叶中的茶多酚等物质可与细菌结合，使细菌的蛋白质凝固变性，以此杀菌解毒；对于金属中毒，茶叶可使这些重金属沉淀并加速排出体外。

茶的醒酒作用主要是由于人在饮酒后主要靠肝脏将酒精分解成水和二氧化碳，而这个过程需要维生素C作为催化剂，饮茶一方面可以补充维生素C，另一方面茶叶中的咖啡因有利尿的功能，可以促使人体通过尿液将酒精排出体外。

6) 喝茶可保肝明目、减肥健美

茶的保肝作用主要是茶中的儿茶素可防止血液中胆固醇在肝脏部位的沉积。而且实验证明，儿茶素对病毒性肝炎和酒精中毒引起的慢性肝炎有明显疗效。

茶的明目作用主要是因为茶叶中含有维生素C和胡萝卜素，胡萝卜素被人体吸收可转化为维生素A，维生素A可与赖氨酸作用形成视黄醛，增强视网膜的变色能力。而维生素C如果摄入不足就易患白内障。因此应该适量的多饮一些茶。

7) 喝茶可抗氧化、抗衰老

人类衰老的主要原因是人体内产生过量的"自由基"。自由基是人体在呼吸代谢过程中产生的一种化学性质非常活跃的物质，它在人体内使不饱和脂肪酸氧化并产生丙二醛类化合物，丙二醛类可聚合成脂褐脂色素，这种脂褐脂色素在人的手和脸上沉积，就形成所谓的"老年斑"，在内脏和细胞表面沉积就促使脏器衰老。

茶叶之所以具有抗衰老的作用，一是由于茶多酚具有很强的抗氧化性和生理活性，能有效阻断人体内自由基活性作用；二是由于儿茶素具有抗氧化作用，也有助于抗衰老。

8) 喝茶可防治糖尿病

糖尿病是以高血糖为特征的代谢内分泌疾病，由于胰岛素不足和积压糖过多引起糖、脂肪和蛋白质等代谢紊乱。临床试验证明，茶叶(特别是绿茶)有明显的降血糖作用。这是因为茶叶中含有复合多糖(包括葡萄糖、阿拉伯糖和核糖3种)、儿茶素类化合物和二苯胺等多种降血糖成分。

饮茶对降低血糖水平、预防和治疗糖尿病有一定作用。饮茶对中、轻度糖尿病有一定疗效。中国传统医学中有以茶为主要方剂用以降低血糖的治疗方法。

知识小链接

茶叶中的维生素B1、维生素C具有促进体内糖分代谢的作用。为此，先天性糖尿病患者可以采用常饮绿茶作为辅助疗法之一，而正常人常饮绿茶则可以预防糖尿病的发生。

【普洱茶的功效与作用】

日本学者经临床观察证实，淡茶和浓茶能治疗轻、中度糖尿病，使病人尿糖明显减少以至完全消失，对重度患者可使其尿糖降低，各种主要症状明显减轻。与注射胰岛素相比，用淡茶和浓茶治疗糖尿病，有简单易行、费用低廉等优点。茶叶中含有的多酚类物质和维生素C，能保持微血管的正常坚韧性、通透性，可使微血管脆弱的糖尿病人，经饮茶恢复原有的功能，对治疗糖尿病有利。更重要的是，茶中含有预防糖代谢障碍的成分，如水杨酸甲酯、维生素B1等物质。

2.5.2 茶在生活中的妙用

1. 喝茶可以提神醒脑、促进消化

【茶在生活中的妙用】

茶中含有咖啡因,可以提神醒脑,茶叶含有多种天然抗氧化物,对身体健康有利。

茶叶中的咖啡因含量为2%~5%,它的主要功能是:兴奋神经中枢,消除疲劳,有较强的强心作用;能增强肾脏的血流量,提高肾血小球过滤率,有利尿功能;对平滑肌有弛缓作用,能消除支气管和胆管的痉挛。此外,咖啡因还有帮助消化、解毒和消除人体内有害物质的作用等。值得说明的是,茶叶中咖啡因不但能提高人体大脑的思维活动能力、消除睡意、清醒头脑、提高工作效率,而且这种兴奋作用不像酒精、烟、吗啡之类对人体产生毒害作用。

2. 喝茶可防辐射、抗癌变

茶叶具有防辐射的作用,其中主要起作用的是茶叶中的多酚类物质。整天坐在计算机前的计算机一族们,如果想避免辐射的侵害,保护好眼睛,那么可以坚持每天喝上4杯茶,喝茶时间见表2-4。

表2-4 时间与茶叶的选择对照表

喝茶时间	茶类品种	保健功效
上午	绿茶	清除体内的自由基,缓解压力,振奋精神
下午	菊花茶	明目清肝(可加入枸杞冲泡)
疲劳时	枸杞茶	补肝、益肾、明目,对眼睛涩、疲劳效果较好
晚上	决明子茶	晚餐后使用,有清热、明目、镇肝气、益筋骨、治便秘等作用

3. 喝茶可减轻吸烟危害

喝茶能够降低吸烟诱发癌症的概率。茶叶中的茶多酚能抑制自由基的释放,控制由于吸烟可能造成的癌细胞增殖。

4. 残茶的妙用

在日常生活中,经常有泡饮过的茶叶或因为种种原因不能再饮用的茶叶,倒掉非常可惜。其实残茶有很高的再利用价值。

【残茶的妙用】

(1)湿茶叶可以去掉容器里的腥味和葱味。做完鱼或海鲜后,锅上或烤箱内会残留腥味。这时,可以趁铁锅或烤箱还热的时候,在上面放一撮茶叶,待其冒烟后,茶的香味便能驱除腥臭味。之后再用水清洗干净,便不会留任何异味。

(2)将残茶叶晒干,铺撒在潮湿处,能够去潮。因为茶叶具有很强的吸附作用。

(3)残茶叶干后,还可以装入枕套充当枕芯,枕之非常柔软,又去头火,对高血压患者、失眠者有辅疗作用。但是这种茶叶很容易受潮,需要经常晾晒。

(4)把茶叶撒在地毯上,再用扫帚扫去,茶叶能带走全部尘土。茶叶的吸附作用不但可以吸收水分还可以吸附灰尘。

(5) 将残茶叶浸入水中数天后,将水浇在植物根部,可以促进植物生长。但是最好不要把茶叶倒在花盆里,因为不便打扫,会腐烂,有异味、生虫。

(6) 把茶叶晒干,放在厕所或沟渠里燃熏,可消除恶臭,还具有驱除蚊蝇的功能。制作蚊香的人都在蚊香中掺入了茶叶。

(7) 干残茶渣做鞋垫,可清除湿汗臭味,从而减少一些人脚臭的烦恼。

(8) 饭后用喝剩的茶水漱口,可漱出有害微生物。让茶水在口腔内反复运动,能消除牙垢,提高口唇轮匝肌和口腔黏膜的生理功能,增强牙齿的抗酸防腐能力。

(9) 用残茶擦洗镜子、玻璃、门窗、家具、胶质板,以及皮鞋上的泥污,去污效果好。

(10) 用茶叶水洗头,久之,能使头发乌黑发亮。

知识小链接

人一天能喝多少茶?饮茶量的多少决定于饮茶习惯、年龄、健康状况、生活环境、风俗等因素。一般健康的成年人,平时又有饮茶习惯的,一日饮茶5~10克,分次冲泡是适宜的。对于体力劳动量大、消耗多、进食量也大的人,尤其是高温环境、接触毒害物质较多的人,一日饮茶20克左右也是适宜的。吃油腻食物较多、烟酒量大的人也可适当增加茶叶用量。孕妇和儿童、神经衰弱者、心动过速者,饮茶量应适当减少。

5. 隔夜茶的益处

医学界研究发现,隔夜茶如果使用得当,对人体有一定益处。因为隔夜茶里含有丰富的氧元素和氟素,可以阻止毛细血管出血,如患口腔炎、舌痛、湿疹、牙龈出血、皮肤出血等症都可以用隔夜茶来医治,既简单又经济。另外,眼睛出现红血丝或是习惯性见风流泪,如果能坚持每天用隔夜茶洗眼数次,可以起到一定的治疗作用。

另外,每天早上刷牙前后或吃饭以后,含漱几口隔夜茶,不但可以口腔清新,最主要的是茶中的氟素可以起到固齿的作用。隔夜茶可用来洗头,可有效地止痒、生发和清除头屑,使头发顺滑飘逸。如果感觉眉毛稀少,总有脱落现象发生,可以坚持每天用刷子蘸上隔夜茶刷眉,长期使用,眉毛会变得浓密光亮。

2.5.3 如何科学饮茶

所谓科学饮茶,就是最有效地发挥饮茶对人体的有益作用,避其不利的一面。茶能提神醒脑,对某些疾病还有很好的疗效。但饮茶也并不是完美无缺的,应因时因地因人而异,既不能笼统地提倡饮茶越多越好,也不能简单地拒绝饮茶。科学饮茶不仅要选择适合自己的茶叶,更要做到现泡现饮、饮茶适量、饮茶适人和饮茶适时。

1. 科学饮茶应该遵循的原则

1) 现泡现饮

自古以来,人们都习惯了用茶壶、茶杯,先在茶壶冲泡,然后注入茶杯再饮,古人谓之点茶。当今饮茶,无论自饮或为客人冲泡,不少人习惯将茶叶直接冲泡在杯内随杯而饮,这是很不合理的。因为茶叶浸泡的时间过长,化学成分起了变化,微量元素也浸泡出来了,不仅色、香、味变质,而且有些不利于健康的物质(如锌、铜、铬、氟等)累积超过卫生标准也会对人们的身体产生影响。现在社会上有喝隔夜茶会致癌的说法，这是没有根据的。尽管如此，日常生活中还是不喝隔夜茶为好，这是因为，在温度适宜时，特别是在夏天，由于维生素的作用，茶汤已经变色，甚至发馊，变成深褐色，像这样的茶，从健康角度看，也是不符合卫生标准的。

2）饮茶适量

饮茶有益健康，这是无可非议的。但凡事总有个度，没有度的限定，事情往往会走向反面，饮茶也是如此。我国中医学研究证明，依各人体质不同，脾胃虚弱，饮茶不利；脾胃强壮，饮茶有利。这是因为饮茶有刺激中枢神经的作用：茶中含有咖啡因，如在人体中积累过多，超过卫生标准就会中毒，损害神经系统，饮茶易失眠的道理即在于此。严重者还会造成脑力衰退，降低思维能力。一般来说，每人每天用茶5～10克，分3次泡饮为好，夏季可适量增加。注意，切不可用茶水服药，服药前后不要饮茶。

3）饮茶适人

不同体质的人适宜饮用不同的茶，尤其是身体不太好的人更应注意。一般来说，身体健康的成年人饮用红、绿茶均可；老年人则以饮用红茶为宜，也可间接饮用一杯绿茶或花茶，但是更年期的妇女以饮用花茶为宜；孕妇可以适当饮用一些绿茶，产前宜饮添加红糖的红茶；胃病或者患有十二指肠溃疡的人以喝红茶为好，不宜饮用过浓的绿茶。此外，如果患有下列疾病的病人不宜饮茶：感冒发烧的病人忌喝茶，因为感冒发烧的病人喝热而浓的茶不利于病情的康复。英国药理学家证明，茶叶中所含的茶碱会提高人体温度，还能使降温药物的作用消失或大大降低，因此感冒发烧时不宜饮茶。贫血病人不宜饮茶，贫血患者中以缺铁性贫血者最多，如果饮茶，茶叶中的鞣酸极易与低价铁结合而形成不溶性鞣酸铁，阻碍铁的吸收，使贫血病情加剧。患有尿道结石的病人应多喝水以帮助排石，但不宜饮茶。

4）饮茶适时

从科学饮茶的角度而言，一年四季，气候变化不一，不但寒暑有别，而且干湿各异，在这种情况下，人的生理需求是各有不同的。因此，从人的生理需求出发，结合茶的品性特点，最好能做到四季不同择茶，使饮茶达到更高的境界。

知识小链接

（1）春季饮花茶。春天大地回春，万物复苏，人体和大自然一样，处于抒发之际，此时宜喝茉莉、桂花等花茶。花茶性温，春饮花茶可以散发漫漫冬季积郁于人体之内的寒气，促进人体阳气生发。花茶香气浓烈，香而不浮，爽而不浊，令人精神振奋，消除春困，提高人体机能效率。

（2）夏季饮绿茶。夏天骄阳高温，溽暑蒸人，出汗多，人体内津液消耗大，此时宜饮龙井、毛峰、碧螺春等绿茶。绿茶味略苦，性寒，具有消热、消暑、解毒、去火、降燥、止渴、生津、强心、提神的功能。绿茶绿叶绿汤，清鲜爽口，滋味甘香并略带苦寒味，富含维生素、氨基酸、矿物质等营养成分，饮之既有消暑解热之功，又具增添营养之效。

（3）秋季饮乌龙茶。秋天天气干燥，"燥气当令"，常使人口干舌燥，宜喝铁观音等乌龙茶。乌龙茶性适中，介于红、绿茶之间，不寒不热，适合秋天气候，常饮能润肤、益肺、生津、润喉，有效清除体内余热，恢复津液，对金秋保健大有好处。乌龙汤色金黄，外形肥壮均匀，紧结卷曲，色泽绿润，内质馥郁，其味爽口甘甜。

（4）冬季饮红茶。冬天气温低，寒气重，人体生理机能减退，阳气渐弱，对能量与营养要求较高。养生之道，贵在御寒保暖，提高抗病能力，此时宜喝祁红、滇红等红茶和普洱、六堡等黑茶。红茶性味甘温，含有丰富的蛋白质，冬季饮之，可补益身体，善蓄阳气，生热暖腹，从而增强人体对冬季气候的适应能力。

2. 饮茶的宜忌

1）儿童饮茶要科学适度

茶水对儿童健康同样有好处，但要科学适度。儿童适度饮淡茶，可以补充机体对维生素、蛋白质、糖及无机物锌、氟的需要；又可以消食除腻，助胃消化；用茶水漱口，可以强化骨骼，预防龋齿。如果饮用过量，会增加其心、肾的负担；茶水过浓，会使孩子过度兴奋，心跳加快，小便次数增多，引起失眠。

2）女性饮茶特殊的"五期"

（1）月经期——经血中含有比较高的血红蛋白、血浆蛋白和血色素，所以女性在经期或是经期过后不妨多吃含铁比较丰富的食品。而茶叶中含有大量的鞣酸，它妨碍肠黏膜对于铁分子的吸收和利用，在肠道中较易同食物中的铁分子结合，产生沉淀，易导致缺铁性贫血。但对在经期前后情绪不稳、烦躁且喜欢喝茶的女性来说，可以适当饮用花茶，起到疏肝解郁、理气调经的作用。

（2）妊娠期——孕妇并不是绝对不能喝茶的。缺锌会影响儿童发育，孕妇缺锌，轻则会影响胎儿发育，重则有可能导致先天性畸形儿。绿茶的含锌量较多，所以孕妇每天可以饮用3克绿茶，冲泡2～3杯茶水，切忌过量、过浓。

（3）临产期——在此期间喝茶，会因咖啡因的作用而引起心悸、失眠，导致体质下降，还可能导致分娩时产妇筋疲力尽、宫缩无力，造成难产。

（4）哺乳期——茶中的鞣酸被胃黏膜吸收，进入血液循环后，会产生收敛的作用，从而抑制乳腺的分泌，造成乳汁的分泌障碍。此外，由于咖啡因的作用，母亲不能得到充分的睡眠，而乳汁中的咖啡因进入婴儿体内，会使婴儿发生肠痉挛，出现烦躁啼哭。

（5）更年期——女性进入更年期后，除了头晕、乏力，有时还会出现心率过速，或睡眠不足、月经紊乱等症状，如常饮茶，会加重这些症状，不利于顺利度过更年期。

女性在特殊时期不宜饮茶，可以改用浓茶水漱口，会感到口腔内清爽舒适，口臭消失，并可以防治牙周炎。

3）老年人喝茶"因人而异"

许多老人都养成了喝茶养生的习惯。然而，一切事物都有两面性，喝茶也有禁忌和讲究，特别是对于老人来说，如果没有节制，反而可能有损健康。总的来说，老年人喝茶，宜淡不宜浓。同时，要根据自己的身体状况选择茶的种类。

（1）高血压病患者最好喝绿茶，因为在各类茶叶中，绿茶所含咖啡因较少，茶多酚较多，而茶多酚可消除咖啡因的升压作用；体质较好、肥胖的老年人宜饮绿茶，而体质较弱、胃寒的老年人宜饮红茶。

（2）饭后不宜饮茶，以免冲淡胃液，影响消化；睡前不宜饮茶，以免过于兴奋，造成失眠；隔夜茶不宜喝，因为隔夜茶易被微生物污染，且含有较多的有害物质。泡茶不宜用滚开水，以免破坏茶叶中的维生素等营养成分。

总之，饮茶要适时适量，做到淡茶温饮，即泡即饮，饭后不饮，睡前不饮，有病慎饮；不喝劣质茶、发霉茶或有农药污染的茶叶。喝茶前应清洗掉茶杯上的茶垢，再用70～80℃的开水沏泡清茶后饮用。

4）病人喝茶须谨慎

（1）发烧发热不喝茶。茶叶中含有茶碱，有升高体温的作用，发烧病人喝茶无异于"火上浇油"。

（2）溃疡病人慎用茶。茶叶中的咖啡因可促进胃酸分泌，升高胃酸浓度，诱发溃疡甚至穿孔。消化性溃疡病人、胃肠功能差的慢性胃炎病人不宜多饮茶。

（3）用药治病时不喝茶。如心率过速的冠心病人不宜饮茶；使用某些药物如红霉素、四环素、碳酸氢钠（小苏打）、健胃片、地高辛、双嘧达莫（潘生丁）、地西泮（安定）、甲丙氨酯、利福平、维生素B1、乳酶生、蛋白酶及中药威灵仙、土茯苓等时均不宜饮茶，否则易使所用药物降效、失效，甚至引发不良反应。

5）饮茶注意事项

（1）由于新茶存放时间短，含有较多的未经氧化的多酚类、醛类及醇类等物质，对人的胃肠黏膜有较强的刺激作用，易诱发胃病。所以新茶宜少喝，存放不足半个月的新茶更应忌喝。

（2）空腹时不宜饮茶。茶有消食健胃的作用，空腹饮茶会增强胃肠蠕动，时间长了易致胃肠功能紊乱。

（3）煮茶及久泡的茶不宜饮。煮茶及茶水浸泡过久，不仅茶的色香味消失，其中所含的维生素也被破坏，容易染菌，而茶中的鞣质等有害物质大量溶出，使茶色变浑，味变苦涩，不利肠胃。此外，隔夜茶、保温杯泡的茶均不宜饮，这样饮茶同样会使茶中的维生素等损失，并且使有害变质成分增多。

（4）不宜嚼食未泡过的茶叶。茶叶中常残留农药成分，加工过程经加温炒作，还会污染上致癌物质，因此不宜抓来即嚼。

（5）不喝头遍茶。由于茶叶在栽培与加工过程中受到农药等有害物的污染，茶叶表面总有一定的残留，所以，头遍茶有洗涤作用，应弃之不喝。

（6）饭后喝茶有说道。茶叶中含有大量鞣酸，鞣酸可以与食物中的铁元素发生反应，生成难以溶解的新物质，时间一长容易使人体缺铁，甚至诱发贫血症。正确的方法是餐后一小时再喝茶。

（7）饮茶的随时应变。一年四季节令气候不同，喝茶种类宜做相应调整。参见61页的知识小链接。

知识小链接

常见的饮茶误区与效果分析见表2-5。

表2-5 饮茶误区与效果分析

饮茶误区	效果分析	专家建议
绿茶与枸杞	绿茶中的鞣酸会吸附枸杞中的微量元素	上午喝绿茶，提神开胃；下午饮枸杞改善体质，利于晚间睡眠

续表

饮茶误区	效果分析	专家建议
茶与狗肉	茶中的鞣酸与狗肉中的蛋白质结合，生成鞣酸蛋白质，使肠胃蠕动减弱，大便燥结	不可同时享用
茶与高度酒	饮酒使阳气上升，肺气更强，促进气血流通。茶味苦，属阴，主降，若酒后饮茶会将酒性驱于肾形成寒滞。寒滞则导致小便频浊、大便燥结等症状	不可同时享用
菊花茶与糖	对患有糖尿病或血糖偏高的人，饮茶时最好别加糖。脾虚的人也不宜加糖，因为过甜的茶会导致口黏或口发酸、唾液多	应单喝菊花茶
茶与鸡蛋	茶叶中的鞣酸与蛋白质合成具有收敛性的鞣酸蛋白质，使肠蠕动减慢，易造成便秘，还会增加有毒物质和致癌物质被人体吸收的可能性，危害人体健康	相隔两小时左右

课堂讨论

(1) 阅读引导文，思考故事带给我们的启示。

今日有水厄

茶有代用语叫"水厄""厄"作困苦、艰难解释，喝茶成了"水难"，何也？

原来在东晋时有个叫王濛的人特好饮茶，凡从他门前经过者必请进去喝上一阵儿，碍于面子只好相陪。嗜茶者还则罢了，不嗜茶者简直苦不堪言，不饮又怕得罪了主人，只好皱着眉头喝。久而久之，士大夫们一听说"王濛有请"，便打趣道："今日又要遭水厄了！"

(2) 讲述茶叶养生知识。

(3) 学习者开动脑筋，发现茶叶在生活中的妙用。

(4) 分组讨论，收集平时看到或听到一些人喝茶的习惯，分析这样的喝茶方式是否科学，每组可拿出3~5个例子说明，最后由老师总结、补充说明。

(5) 老师与学习者共同总结在喝茶时需要注意的问题。

单元小结

通过本单元的学习，分析了茶叶对人体有益的成分，了解了茶叶的养生知识，能知晓茶叶的各种保健功效，通过认识茶、了解茶，掌握茶叶的品饮、鉴别知识，学会科学饮茶。

考考你

(1) 茶叶中有哪些药用成分与营养成分？

(2) 哪些人不适宜饮茶？

(3) 毛茶就是毛尖茶吗？

(4) 素以"色绿、香高、味爽、形秀"而闻名的是什么茶？

(5) "坐、请坐、请上坐；茶、敬茶、敬香茶"是谁的楹联？

【2.5知识测试】

学习单元六　茶叶贮藏知识

学习内容

- 了解影响茶叶变质的主要因素
- 学会正确贮藏茶叶的方法

贴示导入

此部分引入案例"茶叶为什么变色了",思考给我们带来什么启示。案例详见课堂讨论。

深度学习

对于一个喜爱饮茶的人来说,不可不知道茶叶的贮藏方法。因为品质很好的茶叶,如不善加以贮藏,就会很快变质,颜色发暗,香气散失,味道不良,甚至发霉而不能饮用。

为防止茶叶吸收潮气和异味,减少光线和温度的影响,避免挤压破碎,损坏茶叶美观的外形,就必须了解影响茶叶变质的原因并且采取妥善的贮藏方法。

2.6.1　影响茶叶品质的因素

茶叶品质劣变的主因在于受潮与感染异味。成品茶的吸湿性很强,很容易吸收空气中的水分。根据试验,将相当干燥的茶叶放置于室内,经过一天,茶叶的含水量可达7%左右;放置五、六天后,则上升到15%以上。在阴雨的天气里,每放置一小时,含水量就增加1%。在气温较高、适合微生物活动的季节里,茶叶含水量超过10%时,茶叶就会因发霉而失去饮用价值。

【影响茶叶品质的因素】

1. 温度

氧化、聚合等化学反应与温度的高低成正比。温度越高,反应的速度越快,茶叶陈化的速度也就越快。实验结果表明,温度每升高10℃,茶叶色泽褐变的速度就加快3～5倍。如果将茶叶存放在0℃以下的地方,就可以较好地抑制茶叶的陈化和品质的损失。

2. 水分

水分是茶叶陈化过程中许多化学反应的必需条件。当茶叶中的水分在3%左右时,茶叶的成分与水分子呈单层分子关系,可以较有效地延缓脂质的氧化变质;而茶叶中的水分含量超过6%时,陈化的速度就会急剧加快。因此,要防止茶叶水分含量偏高,既要注意购入的茶叶水分不能超标,又要注意贮存环境的空气湿度不可过高,通常保持茶叶水分含量在5%以内。

3. 氧气

氧气能与茶叶中的很多化学成分相结合而使茶叶氧化变质。茶叶中的多酚类化合物、儿茶素、维生素C、茶黄素、茶红素等的氧化均与氧气有关。这些氧化作用会产生陈味物质,严重破坏茶叶的品质。所以茶叶最好能与氧气隔绝开来,可使用真空抽气或充氮包装贮存。

4. 光线

光线对茶叶品质也有影响,光线照射可以加快各种化学反应,对茶叶的贮存产生极为不利的影响。特别是绿茶放置于强光下太久,很容易破坏叶绿素,使得茶叶颜色枯黄发暗,品质变坏。光能促进植物色素或脂质的氧化,紫外线的照射会使茶叶中的一些营养成分发生光化反应,故茶叶应该避光贮藏。

2.6.2 茶叶的贮藏方法

【茶叶的保存方法】

明代许次纾在《茶疏》中,将茶的保鲜和贮藏归纳成三句话:"喜温燥而恶冷湿,喜清凉而恶郁蒸,宜清触而忌香惹。"唐代韩琬的《御史台记》写道:"贮于陶器,以防暑湿。"明代屠长卿《考槃余事》中谈道:"以中坛盛茶,约十斤一瓶。每年烧稻草灰入大木桶内,将茶瓶座于桶中,以灰四面填桶,瓶上覆灰筑实。用时拨灰开瓶,取茶些少,仍复封瓶覆灰,则再无蒸坏之患。"明代许次纾在《茶疏》中也有述及:"收藏宜用瓷瓮,大容一二十斤,四围厚箬,中则贮茶,须极燥极新,专供此事,久乃愈佳,不必岁易。"说明我国古代对茶叶的贮藏就十分讲究。

(1) 普通密封保鲜法,也称为家庭保鲜。将买回的茶叶立即分成若干小包,装进事先准备好的茶叶罐或筒里,最好一次装满盖上盖子,在不用时不要打开,用完将盖子盖严。有条件可在器皿筒内适当放些用布袋装好的生石灰,以起到吸潮和保鲜的作用。

(2) 真空抽气充氮法。将备好的铝箔与塑料做成的包装袋,采取一次性封闭真空抽气充氮包装贮存,也可适当加入些保鲜剂。但一经启封后,最好在短时间内用完,否则开封保鲜解除后,时间久了同样会陈化变质。此法在常温下贮藏一年以上,仍可保持茶叶原来的色、香、味;在低温下贮藏,效果更好。

(3) 冷藏保鲜法。用冰箱或冰柜冷藏茶叶,茶叶必须是干燥的,温度保持在-4~2℃不变,必须要经过抽真空保鲜处理,可以收到令人满意的效果。但要注意防止冰箱中的鱼腥味污染茶叶。否则,茶叶与空气接触后返潮,会加速茶叶变质。

知识小链接

茶叶受潮后有哪些处理办法呢?盛夏多雨,茶叶如保管不善,吸水受潮,轻者失香,重者霉变。此时,若将受潮茶叶放在阳光下曝晒,阳光中的紫外线会破坏茶叶中的各种成分,影响茶叶的外形和色、香、味。正确的方法是,将受潮的茶叶放在干净的铁锅或烘箱中用微火低温烘烤,边烤边翻动茶叶,直至茶叶干燥发出香味,就可以"妙手回春"了。

2.6.3 贮藏茶叶的注意事项

茶叶在贮藏中的含水量不能超过5%(绿茶)~7%(红茶),如在收藏前茶叶的含水量超过这个标准,就要先炒干或烘干,然后再收藏。而炒茶、烘茶的工具要十分洁净,不能有一点油垢或异味;并且要用文火慢烘,要十分注意防止茶叶焦糊和破碎,以防止柴炭的烟味或其他异味污染茶叶。

2 茶叶基础知识

课堂讨论

(1) 阅读引导文，思考给我们带来什么样的启示。

茶叶为什么变色了

王先生最近出差去杭州买回来一些明前的西湖龙井，为了便于观赏龙井茶叶独特的外形，特地买回一个晶莹剔透的玻璃茶罐贮存茶叶，但是放置了一段时间后却发现茶叶的色泽不如原先绿了，甚至有的还变成了褐色。这让王先生很是纳闷。请教过一些茶艺专家才明白，原来茶叶是不能放在透明的贮存罐中的，更不能放在阳光直射的地方，这样会加快茶叶的氧化，导致茶叶色泽的褐变。

(2) 准备一些盛茶叶的容器，里面装上同一类但放置时间不同的茶，展示给学习者，让学习者分组观察容器内茶叶的形态，讨论后将每组认为的从优到劣排列顺序，派一名代表说明这样排列的理由。

(3) 试述影响茶叶变质的原因。

(4) 演示几种贮存茶叶的方法。

(5) 分析茶叶贮存时的注意事项。

单元小结

通过本单元的学习，使学习者了解影响茶叶变质的主要因素，学会正确贮藏茶叶的方法，寻找更好的贮藏技巧。

课堂小资料

《红楼梦》中有这样一段：贾母带刘姥姥参观大观园，到了妙玉居住的栊翠庵。贾母让妙玉把她的好茶拿出来吃，妙玉忙烹了茶，亲自奉与贾母。贾母道："我不吃六安茶。"妙玉笑说："知道，这是老君眉。"贾母接了，又问是什么水。妙玉笑回："是旧年蠲的雨水。"贾母吃了半盏，便笑着递与刘姥姥说："你尝尝这个茶。"刘姥姥便一口吃尽，笑道："好是好，就是淡些，再熬浓些更好了。"众人都笑起来。

为什么众人都笑，因为大家都和妙玉一样懂得淡茶养生的道理。刘姥姥只知品尝茶味，却忽略了饮茶养生的个中规矩。茶可以养生保健，但应建立在喝淡茶的基础上，如果经常喝很浓的茶，就起不到好的效果。所以我们平常饮茶，还是要以淡茶为主。清茶一杯，才能细品养生的滋味。

考考你

1. 舌头最易感受_____味，舌心对鲜味、_____最敏感；前部对咸味较敏感，后部对酸味较敏感；舌根对_____味较敏感。

2. 茶叶中的主要药用成分有_____、_____、维生素类、_____、氨基酸。

3. 绿茶香气一般为_____、烘烤香或清香。红茶香气呈_____。乌龙茶香气有_____，分为清香、_____、果香、甜香等类型。

4. "茶室四宝"是指_____、_____、_____、_____。

【2.6知识测试】

学习小结

本部分主要讲述茶叶相关基础知识，使学习者能够通过学习，了解茶叶的生长环境，知晓茶树的种植要求，重点掌握茶叶的分类知识，能学会运用茶叶的鉴别理论知识分析各类茶叶品质的优劣，结合实际生活需要，了解茶叶的保健功效，学会科学品茶评茶。

【知识回顾】

(1) 茶汤正常的"冷后浑"现象是茶叶品质好的表现吗？
(2) 人一天饮多少茶为宜？
(3) 在一天的时间里，喝茶分时间段吗？每个时间段应喝什么样的茶最合适？
(4) 将下列表现味道与起决定作用的化学成分对应画线

    涩　味　　　　　　　　糖
    鲜爽味　　　　　　　　咖啡因
    甜　味　　　　　　　　氨基酸
    苦　味　　　　　　　　儿茶素

(5) 常喜欢吃腊肉、火腿的人可以喝茶吗？为什么？
(6) 饭后宜立即饮茶吗？为什么？
(7) 制成一斤干茶通常用多少鲜叶？
(8) 茶树有哪几部分组成？
(9) 茶叶的深加工产品有些类别？
(10) 在饮茶时，与何食物相克，为什么？
(11) 绿茶中含量最高的是什么？
(12) 从树型上分，茶树可以分为哪几类？每种树型的特征是什么？
(13) 简述西湖龙井的品质特征。
(14) 简述洞庭碧螺春的品质特征。
(15) "香气馥郁持久，汤色金黄，滋味醇厚甘鲜，入口回甘带蜜味"是哪种茶的品质特征？
(16) "茶室四宝"是指什么？

【体验练习】

  茶叶没有绝对的好坏之分，完全依茶的品质和个人的口味而定。练习分辨茶渣，找出各种类茶中茶渣的区别，根据茶渣来推断茶叶的采摘季节和茶叶的品质。

茶事服务

 学习任务

通过本部分的学习：
- 了解茶事服务的礼仪标准
- 掌握茶艺服务的特点
- 知晓茶艺服务人员的素质要求
- 掌握会议接待中的茶水、毛巾服务
- 学会各类常见茶具的保养

 知识导读

茶事服务是指茶馆全体人员为前来品茶的客人提供茶饮产品时的一系列行为的总和。茶事服务质量不但直接关系到茶楼的经营发展，而且对茶文化的传播也将产生直接的影响，因此任何茶艺企业都应将服务质量视为"企业的生命"，认真对待。茶事服务是随着现代茶文化的兴趣和发展，不断得以完善、成熟的一种新型服务方式。

学习单元一　了解茶事服务基本知识

学习内容

- 茶事服务原则
- 茶事服务特点
- 茶事服务职业道德
- 茶事服务礼仪要求

贴示导入

茶事服务又称茶艺服务，是指茶馆全体人员为前来品茶的客人提供茶饮产品时的一系列行为的总和。茶事服务质量不但直接关系到茶艺馆的经营发展，而且对茶文化的传播也将产生直接的影响，因此，任何茶艺企业都应该把服务质量视为"企业的生命"，认真对待。

深度学习

3.1.1　茶事服务的原则

1. 服务标准统一原则

全国的茶楼、茶艺馆在为客人提供茶文化传播及茶事接待过程中，其服务标准的统一，决定着茶楼、茶艺馆是否规范，是否与茶叶行业接轨。

2. 服务方式定制原则

服务方式是服务需求复杂多变性的必然结果。茶事服务结果的好坏很大程度上取决于消费者的心理评价，所以在服务中要因人而异。

每位客人对品饮的要求、评价标准、心理预期都是不同的，所以在为服务统一标准的同时，要针对客人的要求灵活掌握，无论从语言交流还是操作交流中，都要灵活、优质、高效地完成定制化服务，使客人满意。

3. 服务品位高雅原则

为了能够体现出茶叶的灵性，展示茶艺之美，演绎茶文化的丰富内涵，在进行茶艺服务时就要体现出"礼、雅、柔、美、静"的基本要求。

（1）礼。在服务过程中，要注意礼貌、礼仪、礼节，以礼待人，以礼待茶，以礼待器，以礼待己。

（2）雅。茶乃大雅之物，尤其在茶艺馆这样的氛围中，服务人员的语言、动作、表情、姿势、手势等都要符合雅的要求，努力做到言谈文雅、举止优雅，尽可能地与茶叶、茶艺、茶艺馆的环境相协调，给客人一种高雅的享受。

(3) 柔。茶艺员在服务时动作要柔和，讲话时语调要轻柔、温和，展现出一种柔和之美。

(4) 美。美主要体现在茶美、器美、境美、人美等方面。茶美，要求茶叶的品质要好，货真价实，并且要通过高超的茶艺把茶叶的各种美感表现出来；器美，要求茶具的选择要与冲泡的茶叶、客人的心理、品茗环境相适应；境美，要求茶室的布置、装饰要协调、清新、干净、整洁，台面、茶具应干净、整洁且无破损等；茶、器、境的美还要通过人美来带动和升华。人美体现在服装、言谈举止、礼仪礼节、品行、职业道德、服务技能和技巧等方面。

(5) 静。静主要体现在境静、器静、心静等方面。茶艺馆最忌喧闹、喧哗、嘈杂之声，音乐要柔和，交谈声音不能太大。茶艺员在使用茶具时动作要娴熟、自如、柔和、轻拿轻放，尽可能不使其发出声音，做到动中有静，静中有动，高低起伏，错落有致。心静，就是要求心态平和、心平气和。茶艺员的心态在泡茶时能够表现出来，并传递给客人，表现不好，就会影响服务质量，引起客人的不满。

因此，管理人员要注意观察茶艺员的情绪，及时调整他们的心态，对情绪确实不好且短时间内难以调整的，最好不要让其为客人服务，以免影响茶艺馆的形象和声誉。

4. 服务礼仪艺术原则

一位推销大师说得好：推销自己比推销商品更重要。作为茶艺员，老板并不在乎你今天让客人消费了多少，他更在乎的是客人能否再来。一些有远见的茶馆老板非常留意有多少高层次、高品位的客人是因你而来。茶艺员吸引贵客靠的是自己的人格魅力，那么，怎样做好自己，实现个性化服务，具体要做到以下几点。

(1) 微笑。茶艺员的脸上永远只能有一种表情，那就是微笑。有魅力的微笑，发自内心的得体的微笑，这对体现茶艺员的身价十分重要。茶艺员每天可以对着镜子练微笑，但真诚的微笑发自内心，只有把客人当成了心中的"上帝"，微笑才会光彩照人。

(2) 语言。茶艺员用语应该是轻声细语。但对不同的客人，茶艺员应主动调整语言表达的速度，对善于言谈的客人，可以加快语速，或随声附和，或点头示意；对不喜欢言语的客人，可以放慢语速，增加一些微笑和身体语言，如手势、点头。总之，与客人步调一致，才会受到欢迎。

(3) 交流。茶艺员讲茶艺不要讲得太满，从头到尾都是自己在说，这会使气氛紧张。应该给客人留出空间，引导客人参与进来，除了让客人品茶外，还要让客人开口说话。引出客人话题的方法很多，如赞美客人，评价客人的服饰、气色、优点等，这样可以迅速缩短你和客人之间的距离。

(4) 功夫。这是茶艺员的专业，知茶懂茶、知识面广、表演得体等，这是优秀茶艺员的先决条件。

知识小链接

在服务中，要观察客人饮茶拿杯的姿势，适当与客人互动交流。如教会客人饮茶时，用嘴稍稍吹口气，使茶杯内浮在表面的茶叶下沉，以利于品饮；如用盖碗泡茶，也可用左手握住盛有茶汤的碗托，右手抓住盖钮，顺水由里向外推去浮在碗中茶水表面的茶叶，再去品饮茶叶。

3.1.2 茶事服务的特点

随着现代茶文化的兴起和发展，茶也成为人们追求的一种新生事物，因此茶事服务备受关注。由于茶艺馆所经营产品的特殊性，使茶事服务具有典型且多面的特点。

1. 服务标准的高度职业性

茶事服务是一门科学，其服务中的每一个动作都有严格的标准。比如说泡茶的程序、分茶顺序、每杯茶汤茶量等，都表现出严谨的服务职业性。因此，茶艺馆应建立系统的服务质量标准，以此来规范员工的行为，并以标准化服务为前提，在实际服务中，提高服务质量，避免差错和事故的出现。

2. 服务过程的连续性

通常商业服务属于点状服务，也就是说一次性服务（有些商品有售后服务），商品交易后商家与消费者之间不再有联系。而茶事服务属于线状服务，即从客人进入茶艺馆到消费结束离店，整个过程是连续的，包括迎宾、领位、点茶、泡茶、续水、结账、送客等一系列的服务环节，缺一不可。

3. 服务内容的亲和性

茶事服务和其他服务行业都表现对客人的亲和力，这样才能使服务环境和谐，从而达到服务的高质量。但不同的是，茶艺馆在服务过程中强调关系营销、人际沟通、服务人员的交际能力，利用与客人的交流使他们对茶艺馆有好感，以提高客人对服务品牌的忠诚度，形成相对稳定的客户群。

3.1.3 茶事服务职业道德

职业道德是从事一定职业的人们，在工作和劳动过程中，所遵循的与职业活动紧密联系的道德原则和规范的总和。是人们在长期的职业实践中，逐步形成了职业观念、职业良心和职业自豪感等职业品质。遵守职业道德有利于提高茶艺人员的道德素质、修养；有利于形成茶艺行业良好的职业道德风尚；有利于促进茶艺事业的发展。具体职业守则如下。

1. 文明用语礼貌待客

文明用语是茶艺人员在接待宾客时需使用的一种礼貌语言。它是茶艺人员在与品茶的客人交流的重要交际工具。文明用语是通过外在形式表现出来的，如说话的语气、表情、声调等。因此茶艺人员在与品茶客人交流时要语气平和、态度和蔼、热情友好。

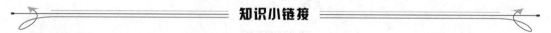

知识小链接

茶艺师职业道德的基本准则：遵守职业道德原则，热爱茶艺工作，不断提高服务质量。

2. 尽心尽职做事

茶艺人员尽心尽职就是在茶事服务活动中充分发挥主观能动性，用自己最大的努力尽到自己的职业责任,处处为品茶的客人着想,使他们体验到标准化、程序化、制度化和规范化的茶艺服务。

3. 真诚守信做人

真诚守信和一丝不苟是做人的基本准则,也是一种社会公德。对茶艺人员来说是一种职业态度,它的基本作用是树立自己的信誉,树立起值得他人信赖的道德形象。

4. 钻研业务、精益求精

茶艺人员要为品茶的客人提供优质服务,使茶文化得到进一步发展,就必须有丰富的业务知识和高超的操作技能。因此,自觉钻研业务、精益求精就成了一种必然的要求。

3.1.4 茶事服务礼仪要求

仪容仪表是人的外在表现,包括容貌、举止、姿态、风度等。在茶事服务中,奉茶者的仪表不但可以体现他的文化修养,也可以反映他的审美趣味。穿着得体不仅能赢得他人的好感,给人留下良好的印象,而且还能提高茶事活动的质量。

【茶艺礼仪】

茶事从业人员的仪表要与其年龄、体形、职业及所在的场合吻合,表现出一种和谐的美感。在我国的茶楼中,女性奉茶者一般身着旗袍,男性身着长衫。不同年龄的奉茶者,穿着应有所区别,年轻人宜穿着鲜艳、活泼、随意,体现出年轻人的朝气和蓬勃向上的青春之美;而中、老年人的着装则要注意庄重、雅致、整洁,体现出成熟和稳重。对于不同体形、不同肤色的人,就应考虑到扬长避短,选择合适的服饰。

知识小链接

对于女性而言,化妆是必要的。茶事服务主张和谐自然,宜化淡妆。适度而得体的化妆可以体现女性端庄、大方、温柔、美丽的独特气质,既尊重他人,又可以使品茶者赏心悦目。

---

1. 形体语言

体态无时不存在于举手投足之间,优雅的体态是人有教养、充满自信的完美表达。美好的体态会使你看起来年轻得多,也会使你身上的衣服显得更漂亮。善于用你的形体语言与别人交流,你定会受益匪浅。

(1)站姿。把头部伸高,从后颈部着力往上伸,肩部放松,自然垂下,整个胸部上升,腹部往里收缩,臀部往里收缩。女性的站立姿势两腿稍微分开,可将一条腿稍微前放。

(2)坐姿。应以轻盈和缓的步履,从容自如地走到座位前,后腿能够碰到椅子,然后转身轻而稳地落座,并将右脚与左脚并排自然摆放。两个膝盖一定要并起来,不可以分开,腿可以放中间或放两边,不能翘腿。坐稳后,身体重心垂直向下,腰部挺起,上体保持正直,头部保持平稳,两眼平视,目光柔和。身着裙装的女士落座时,应用手将裙子后摆向前抚平再坐,显得自重和文雅。

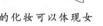
【坐姿】

（3）行姿。步行时必须成一直线前进，要步履稳健，步幅自然适度，节奏适中。行走时胸部挺起，全身伸直，背与腰用力呈挺直状态，膝部与腿部绷直。头部要抬起，目光平视前方，双臂自然下垂，随着步幅大小与步履的快慢而摆动。摆动时手掌心向内，并以身体为中心，双臂摆动的幅度不宜过大或者过小。一般情况下，男性以步子稍大为佳，女性以碎步为宜。

（4）蹲姿。正确的方法应该弯下膝盖，两个膝盖并起来，不应该分开，臀部向下，上体保持直线，这样的蹲姿就典雅优美了。

（5）目光。在茶事活动中，奉茶时应用眼睛看着客人脸上双眼和嘴之间的三角部分，营造出一种友好、和谐、尊敬的社交气氛。发自内心的微笑可以表现出温馨、亲切的表情，能有效地缩短双方的距离，给品茶者留下美好的心理感受，也可以反映奉茶者高超的修养，待人的真诚。

2．礼貌用语

（1）见面语。"早上好""下午好""晚上好""您好""很高兴认识您""请多指教""请多关照"等。

（2）感谢语。"谢谢""劳驾了""让您费心了""实在过意不去""拜托了""麻烦您""感谢您的帮助"等。

（3）致歉语。打扰对方或向对方致歉时应说："对不起""请原谅""很抱歉""请稍等""请多包涵"等；接受对方致谢致歉时应说："别客气""不用谢""没关系""请不要放在心上"等。

（4）告别语。"再见""欢迎再来""祝您一路顺风""请再来"等。

（5）忌用语。"喂""不知道""你不懂""你笨死了"等。

泡茶禁忌"三不点（点：点茶或泡茶）"：泉水不甘不点；茶具不洁不点；客人不雅不点。

(1) 分析在茶事服务过程中，服务人员应遵循的原则。
(2) 找出茶事服务活动的几个特征。
(3) 学会茶事服务中对客服务的礼仪要求。
(4) 组织学习者站成两排，两人一组一位扮演服务员，一位扮演客人，面对面练习对客礼貌用语。

单元小结

通过本单元的学习，使学生了解在茶事服务中应遵循的基本原则，明确服务要求，掌握茶事服务技巧，按照茶事服务人员礼仪标准做好接待服务工作。

课堂小资料

饮茶的叩指礼

在我国流行一种饮茶的谢礼。当别人为你斟茶时，你要以食指和中指轻敲桌面两下，表示致谢。这一手语礼仪据说起源于清代。传说乾隆皇帝南巡广东,有一次微服到广州一家茶馆饮茶,竟客串店小二,为随员斟茶。按照清朝规矩,受皇上恩赐,应叩头致谢,但当时却不便如此行礼。一位侍臣灵机一动,以手代头,用食指和中指轻叩茶桌,表示叩头致谢,流传至今。

【饮茶的叩指礼】

考考你

(1) 茶事服务应遵循的原则有哪些?
(2) 在行茶时,茶事服务的基本要求有哪些?
(3) 茶事服务的特点是什么?
(4) 茶事服务的礼仪要求是什么?
(5) 茶事服务中应使用哪几类礼貌用语?

【3.1知识测试】

学习单元二　分析茶事服务心理

学习内容

● 正确引导客人消费
● 推荐商品的技巧
● 不同国家、民族客人的服务知识
● 对 VIP 客人的服务
● 特殊客人的服务知识

贴示导入

请分析"服务"——SERVICE 的含义,详细内容见课堂讨论。

深度学习

3.2.1　正确引导客人消费

在工作岗位上,对茶事服务人员来说,最为重要的工作莫过于客人接待。客人接待,主要是通过茶事服务人员代表自己的茶艺馆,向服务对象提供服务、销售商品的过程。

在服务过程中,茶事服务人员要注意自己的服务态度,更要讲究接待方法。只有这样,才能使主动、热情、耐心、诚恳、周到的服务宗旨得以全面贯彻。

1. 对客的等待时机

茶事服务人员正式进入自己的工作岗位,等待客人的来临,随时准备服务于对方,也叫待机。当客人来时,茶事服务人员接近并招呼对方,这能给客人留下良好的第一印象。第一印象的好坏关系到客人进门后的心情,所以服务中不仅要积极主动,还要选准时机,不注意这两点,就难免会出现这样或那样的差错。具体礼仪规范如下。

1）站立到位

通常茶事服务人员在工作中要求站立迎客。即使是岗位上允许就座，当客人光临时，也应该起身相迎。要求服务人员要站在易于观察客人、接近客人的位置，同时还要照看好自己负责的区域，给客人留下良好的第一印象。

> **知识小链接**
>
> 茶艺馆中实行柜台服务时，有"一人站中间，两人站两边，三人站一线"的说法。即一个柜台，如果只有一名服务人员站立服务，应站在柜台中间；如果有两名服务人员，应站立于柜台的两侧；如果有三名或三名以上的服务人员，三人间距应相同并站成一条直线，面向客人或是客人来临的方向，不允许四处走动、忙于私事或者扎堆闲聊。

2）善于观察

对于客人的观察是服务人员在工作中一定要做的事。人们常说"三看客人，投其所好"。所谓"三看"指的是：一看客人的来意，根据不同来意给予不同方式的接待；二看客人的打扮，判断其身份、爱好，根据这些来推荐不同的商品或服务；三看客人的举止谈吐，琢磨其心理活动，使自己为对方所提供的服务恰如其分。由此可见，"三看客人"，实际上就是要求茶事服务人员通过察其意、观其身、听其言、看其行，而对客人进行准确的角色定位，力求将服务做到最好。

> **知识小链接**
>
> 茶事服务人员主动接近客人的最佳时机：一是对方长时间凝视某一商品时；二是对方细看细摸或对比摸看某一商品时；三是对方抬头将视线转向茶事服务人员时；四是对方驻足仔细观察商品时；五是对方似在找寻商品时；六是对方与茶事服务人员目光相对时。

3）适时招呼

在茶事服务人员主动接触客人时，第一句话就是打招呼，这被称为"迎客声"，它与"介绍声""送客声"并称为服务人员工作岗位上必须使用的"接待三声"。

2. 物品的拿递展示

茶事服务人员在面对客人时，通常需要主动或被动地为客人拿递一些物品，或者为他们提供展示服务。在拿递展示的一系列过程中，服务人员丝毫不得马虎大意。只有严格遵守相关的岗位规范，并且认真照章办事，才能够做到尽职尽责。

1）拿递物品

拿递物品，简称拿递，是指茶事服务人员应客人的要求，或者自己主动地将商品及其他物品从柜台、货架等处拿取出来，递交、摆放在客人面前，由其自行观看、了解、比较、挑选、鉴别。在日常工作中，拿递是茶艺服务人员重要的基本功之一。

> **知识小链接**
>
> 拿递物品应注意以下3个方面。
>
> （1）拿递准确。在拿递商品或其他物品时，茶事服务人员应预先充分了解自己经营管理的商品和其他物品的主要特点，并善于对客人进行自测，即要依照自己的经验和对方的实际观察，准确无误、十拿九稳地将对方需要的东西拿递过去，努力掌握一套"看头拿帽""看体拿衣""看人拿物""一步到位"

"适得其所"的过硬本领。

（2）拿递敏捷。需要为客人拿递物品时，既不要慢条斯理、过分迟缓、笨手笨脚、大大咧咧、拖泥带水，又不要强给硬塞、胡搅蛮缠、逼迫于人。在工作中要反应敏捷、手脚利索、训练有素、一气呵成。若非规定自选，一般不宜由客人自取。

（3）拿递安稳。在拿递物品时，还须对其本身及客人的人身安全加以注意。切勿粗枝大叶、重手重脚、乱扔乱放。拿递讲究的是轻取轻放、持握牢靠、摆放到位、绝对安全。该交到客人手中的物品必须交到对方手中；该摆放在客人面前的物品则一定要摆放在对方的面前。通常在服务时，轻易不要让对方下手帮忙。

2）展示操作

展示操作是指茶事服务人员在接待客人的时候，在必要的情况下，将客人感兴趣的某种商品的性能、特点、全貌，运用适当的方法当面展现出来，或者为对方进行示范，以便对方进一步了解、鉴别、选择商品。展示操作如果适当，可以加大客人的购买兴趣，促使交易成功。

知识小链接

展示物品注意事项：

（1）技术性。要求茶事服务人员具备一定的专业知识和过硬的技术手段。不但掌握相关商品的不同性能、特点，而且能够运用技巧进行展示。

（2）参与性。要想方设法使客人看得见、看得清、看得明明白白，并要尽量边操作边解答对方提出的问题。

（3）重点性。根据对方所提出的疑问，以及展示操作本身所应抓住的主要环节，对重点之处不厌其烦地反复展示、反复操作。

（4）真实性。在面对客人进行展示操作时，虽然具有一定的表演色彩，但是它与虚拟、夸张、注重艺术效果的文艺节目的演出终究有本质的区别。

3）介绍推荐

在接待客人时，买卖双方能否成交，往往直接取决于茶事服务人员向客人所做的有关商品、服务的介绍推荐是不是可以被对方所理解和接受。它不仅是茶事服务人员指导消费、促进销售的常规手段之一，而且也是"接待三声"之一。介绍之声必须掌握的3项内容。

（1）苦练基本功。苦练基本功是指茶事服务人员要想讲好"介绍之声"，就必须对自己经营的商品、负责的服务十分熟悉。只有这样，才能做到介绍在行、有问必答、得心应手。

对于商品销售而言，要做好介绍推荐就要做到"一懂""四会""八知道"。所谓"一懂"，指的是懂得自己所经营商品的基本特性；"四会"即要对商品会使用、会调试、会组装、会维修；"八知道"则是指要知道商品的产地、商品的价格、商品的质量、商品的性能、商品的特点、商品的用途、商品的使用方法、商品的保管措施。

（2）熟悉客人心理。在对商品、服务进行介绍时，茶事服务人员一般应做好4件事，即要引起客人注意；要培养对方的兴趣；要增强对方的欲望；要争取达成交易。要做好这

4点，完全取决于服务人员对客人的心理状态及其具体变化的了解程度。

客人在接触茶事服务人员时，对于对方对自己的态度及可信程度是至为重视的。不同性别、不同年龄、不同职业、不同阅历、不同个性、不同地域、不同民族、不同受教育程度的人的具体表现往往有所不同。在一般情况下，服务人员在为客人进行介绍推荐时，既要注意对对方进行角色定位，又要争取实现真正的双向沟通。

知识小链接

介绍推荐中的心理沟通方式如下。

（1）要与客人建立和谐的关系。在进行介绍推荐时，首先要争取给对方宾至如归的感觉。此外，还要力争缩短双方之间的距离，这样有助于增强对方对自己的信任。

（2）要建立起彼此信赖的良好关系。介绍推荐时，应当质朴诚实，童叟无欺，设身处地地多为客人着想，认认真真地为其出主意、想办法、真帮忙。切记"买卖不成仁义在"，只有对客人诚实无欺，才能使双方彼此信赖。

（3）要使客人自然而然地决断。介绍推荐商品、服务时，一定要抓好时机。该介绍时一定介绍，不该介绍时千万不要介绍。关键是自己要有眼力，能够明白对方有无兴趣、有无购买能力。

（3）掌握科学方法。掌握介绍的科学方法，不仅要根据商品、服务的不同特点去做，而且还要尊重客人的不同兴趣、偏好；不仅要尽可能地全面，而且也要努力抓住重点。具体服务方法如下。

① 根据不同商品、服务的特点进行介绍。任何商品、服务都各有特点，分别表现为成分、性能、造型、花色、样式、质量、价格、售后服务等方面。茶事服务人员在对这些进行具体介绍时，要突出优点、长处等方面的特点。

② 根据不同商品、服务的用途进行介绍。客人不论是购买商品还是购买服务，都是为了使用和享受。因此在介绍推荐商品、服务时，应着重围绕其用途展开。

知识小链接

介绍推荐商品的方法：介绍其多种用途；介绍其特殊用途；介绍其附带用途；介绍其新用途；介绍其独特用途。

③ 对新近上市的商品、服务进行介绍。新上市的商品、服务，往往会面临客人对其不了解或举棋观望的态度。茶事服务人员在对客人进行积极宣传、推荐时，通常应采取一些独特的方法。

知识小链接

介绍新产品的方法：①介绍全新型商品、服务，应着重介绍其优点、性能、用途及保养方法；②介绍改进型商品、服务，应着重介绍其改进之后的优点；③介绍引进型商品、服务，对于这类进口、合资、合作的商品、服务，最好将其与国内商品、服务进行对比的基础上，介绍其独具特色的地方；④介绍未定型商品、服务时，宜在说明其尚处于试销的同时，介绍其与定型的同类商品在质量、价格、后续方面的差别，以供客人自行比较。

4）成交、送别

成交与送别处于客人接待的最后环节。二者虽不可以混为一谈，但在实际操作中却往往联系在一起。

（1）成交主要指客人在决定购买商品、服务后，与茶事服务人员所达成的具体交易。在客人接待的整个过程中，它实际上处于客人将自己的购买决定转变成现实的购买行动的阶段。在这一阶段，服务人员的态度、表现如果大失水准，往往会使客人中途变卦，或是产生遗憾。

> **知识小链接**
>
> 在商品或服务的成交阶段，服务人员应注意的问题如下。
> （1）协助挑选。百拿不厌，百挑不烦，勿愚弄对方，随意说好。
> （2）补充说明。使用要诀、使用禁忌、保养方法、维修地点等。
> （3）算账准确。唱收唱付，严肃认真，迅速准确。
> （4）仔细包装。积极主动，快捷妥当，安全牢靠，整齐美观，便于携带。
> （5）致以谢意。口头向对方直接道谢，感谢支持和信任。

（2）送别又称送客。当客人离去时，由服务人员对其进行道别。这是"接待三声"中的"送客之声"。礼貌向客人道别可以使自己的接待工作善始善终，并且给对方亲切、温馨的感觉。

> **知识小链接**
>
> 与客人道别中应注意的问题如下。
> （1）道别必不可缺。不管遇上什么情况，只要发现有客人从自己身边离去，茶事服务人员都应开口向他道别，不准视而不见，尊口难开。
> （2）道别不分对象。不论服务对象是否进行了消费，都应该在离去时向对方道别。只对已消费的客人道别，而有意不对未消费者道别，是不礼貌的行为。
> （3）道别不失真诚。送别客人时，应当表现得亲切自然，言简意赅，言行一致。不要表现得过度夸张，或是言行相差较远。

3.2.2 常见的针对性服务

茶艺馆每天要接待各种各样的客人，服务人员要想做好接待工作一定要了解客人的心理活动和特点，了解客人的风俗习惯和生活特点，从而为他们提供有针对性的优质服务。

1. 针对不同国家宾客的服务

1）日本、韩国宾客

日本和韩国都是非常重视茶饮的国家，在长期的品饮过程中都形成了极具民族特色的饮茶方式。茶事服务人员在接待此类客人时，应注意泡茶的礼仪规范，要让他们在严谨的茶叶冲泡技巧中感受中国茶艺的风雅。

2）印度、尼泊尔宾客

印度、尼泊尔都是以信奉佛教为主的国家，因此在日常生活中习惯用合十礼表示谢意，在服务过程中，也可回用合十礼表示礼貌。需要注意的是，印度人在拿食物、礼品或敬茶时，习惯用右手，不用左手，也不用双手，服务时要注意尊重他们的习惯。

3）俄罗斯宾客

俄罗斯人喜欢喝红茶，而且口味偏"甜"，服务时可以推荐一些甜味茶食做搭配。

4）英国宾客

英国人偏爱红茶，在品饮时常会加入牛奶、糖、柠檬片等。在服务中，要根据客人的需求提供这些辅助食品。

5）美国宾客

美国人喜欢喝加糖加奶的红茶，也酷爱冰茶。

6）巴基斯坦宾客

巴基斯坦人喜欢牛羊肉和乳类食品，为了消食解腻，饮茶带有英国色彩，普遍爱好牛奶红茶，西北地区多饮绿茶，在绿茶中会加入少量白砂糖。服务中可适当提供白砂糖。

7）土耳其宾客

土耳其人喜欢品饮红茶，在服务时可遵照他们的习惯，准备一些白砂糖供宾客加入茶汤中品饮。

8）摩洛哥宾客

摩洛哥人酷爱饮茶，加白糖的绿茶是摩洛哥人社交活动中必备的饮料。

2. 针对不同民族宾客的服务

中国是一个多民族的国家，每个民族有自己的文化和饮茶习俗。服务中要结合民族特点，有针对性地提供服务。

1）汉族

汉族大多推崇清饮，以绿茶、花茶、乌龙茶等为主要茶品。茶事服务人员可以根据客人所点茶品采用不同的冲泡方法进行服务。宾客饮茶至杯的 1/3 时，需为宾客添水，为宾客添水 3 次后，需问宾客是否换茶。

2）蒙古族

茶事服务人员在为蒙古族客人服务时要特别注意敬茶时用双手，以示尊重。当宾客将手平伸，在杯口上盖一下时，这就表明宾客不再喝茶，服务人员可停止为他斟茶。

3）藏族

藏族人喝茶有一定的礼节，喝第一杯时会留下一点，喝过两三杯后会把再次添满的茶汤一饮而尽，这就表明宾客不想再喝了，服务人员就不要再为其添加茶水了。

4）维吾尔族

在为维吾尔族客人服务时，要当着客人的面清洗茶具，为客人端茶时要用双手，以表示尊重。

5）壮族

为壮族宾客服务时，要注意斟茶不能过满，否则视为不礼貌；奉茶时，要用双手。

6）白族

为白族宾客斟茶时，只斟浅浅半小杯，以示对宾客的敬重。对宾客要斟三道，这就是俗称的"三道茶"。

知识小链接

接待信奉佛教宾客注意事项

1. 茶艺人员接待信奉佛教宾客时，应行合十礼。
2. 茶艺人员与信奉佛教的宾客交谈时，不能问僧尼的尊姓大名。

3. 茶艺人员在接待僧尼施礼时,不能主动与僧尼握手。

3. 对VIP宾客的服务

(1) 茶艺服务人员要了解当日是否有VIP客人预订,包括时间、人数、特殊要求等。

(2) 根据VIP客人的等级及茶艺馆相关要求来准备茶具、茶食品。

(3) 检查将要使用的茶叶和食品质量,茶具要进行精心挑选和消毒。

(4) 提前15~20分钟将准备好的茶叶、食品、茶具摆放好。

(5) 客人到店后,服务人员应热情迎接,必要时由经理出面迎接,引领客人到预留的雅间。

(6) 服务中注意礼节礼貌,严格按照操作规程进行服务。

4. 特殊宾客的服务

(1) 对老人、体弱的宾客,安排座位时应在离入口较近的位置,便于出入,饮茶期间多照顾他们。

(2) 对有生理缺陷的宾客,应安排合适的座位,不要用异样的目光注视他们,服务中要多加照顾。

课堂讨论

(1) 分析SERVICE的含义。

分析提示:

"S"(Smile for everyone),表示微笑待客。

"E"(Excellence in everything you do),就是精通业务上的工作。

"R"(Reaching out to every customer with hospitality),就是对顾客态度亲切友善。

"V"(Viewing every customer as special),就是要将每一位顾客都视为特殊和重要的大人物。

"I"(Inviting your customer to return),就是邀请每一位顾客再次光临。

"C"(Creating a warm atmosphere),就是要为顾客营造一个温馨的氛围。

"E"(Eye contact that shows we care),就是要用眼神表达对顾客的关心。

(2) 学习从服务中引导客人消费的技巧。

(3) 分析顾客购买商品时的心理变化,选好时间进行推荐。

(4) 学会如何推荐商品。

(5) 学习者可5人一组,分别扮演客人和茶艺服务员(客人身份可以是不同民族、不同国家),可设计客人购买商品时的对话内容。

(6) 简述对VIP客人服务的注意事项。

(7) 分析特殊客人的服务知识。

单元小结

通过本单元的学习,使学习者掌握对客服务的技巧,学会根据不同民族、不同信仰,甚至不同国家客人的消费习惯和心理变化进行商品推荐和展示服务。

韩国的"传统茶"和中国茶不同,韩国"传统茶"里不放茶叶,但可以放几百种材料。中国人一般不会在茶水里加糖,但是韩国的"传统茶"不是加糖就是加蜂蜜,没有不甜的茶。"传统茶"不用开水冲泡，而是将原料长时间浸泡、发酵或熬制而成。

据记载，中国茶传入朝鲜半岛时，被当地人看成是一种有助于修行的饮料，饮茶之风曾随着佛教的兴盛达到顶峰。到了朝鲜王朝中期，儒教兴起，饮茶逐渐式微。渐渐地，具有药用价值的各种汤，包括药丸和膏熬成的汤，都被称为"茶"，这便是"传统茶"的前身。现在，韩国"传统茶"已经成为一种强调天然和健康的甜饮，中国茶在韩国只剩"绿茶"一种了。

韩国"传统茶"种类多，经过一番光大，已经达到无物不能入茶的程度。比较常见的是五谷茶，像大麦茶、玉米茶等。药草茶有五味子茶、百合茶、艾草茶、葛根茶、麦冬茶、当归茶、桂皮茶等。水果几乎无一例外都可以制成水果茶，包括大枣茶、核桃茶、莲藕茶、青梅茶、柚子茶、柿子茶、橘皮茶、石榴茶等。

考考你

（1）客人进店后，服务人员的"三看"指什么？
（2）为蒙古族客人服务时，应注意哪些问题？
（3）为VIP客人服务时，茶点应何时上桌？
（4）向客人展示茶艺表演时，应做好哪些准备工作？
（5）服务中的"接待三声"指什么？

【3.2知识测试】

学习单元三　掌握茶事服务的主要环节

学习内容

● 茶艺服务营业前的准备工作
● 茶艺馆环境布置的要求
● 茶艺服务人员的个人准备
● 茶单的熟悉与检查
● 营业中的泡茶服务
● 客人饮茶中的台面服务
● 客人结账服务注意事项

贴示导入

经过研究发现，在全世界范围内至少有6种常见的面部表情是人类与生俱来的，而不是后来习得的。这些表情是：快乐、悲伤、惊奇、恐惧、生气和厌恶。请根据上述所列表情，对学习者进行测试。

深度学习

3.3.1　营业前的准备工作

茶艺馆在开门营业前，应做好各项准备工作，以迎接客人的光临。首先应对营业环境进行布置，为客人提供一个幽静、雅致且富有情调的品饮环境；其次要准备好营业时所需要的各类用品，并熟悉茶单及当日的特价茶叶、推荐茶点；要了解重要宾客的情况和注意事项等，这样才能保证为宾客提供优质的服务。

1. 茶艺馆的环境布置

茶艺馆要给客人营造一个清新雅致的品茗环境,在开门营业前,首先要检查卫生情况,总体要求做到:清洁卫生,即看无杂物、听无噪声、闻无异味。尤其是公共卫生间,由于茶饮服务的特殊性,使用频率较高的就是卫生间,所以要经常进行清理,保持整洁、卫生。为了保持茶艺馆的经营环境和气氛,还要对温度、湿度、通风、采光、噪声及空气卫生进行有效控制,确保茶艺馆环境的质量水平。

2. 熟悉茶单情况

茶单是茶艺馆作为经营者和提供服务者向客人展示主要产品及服务的一种形象的表示方法。茶单能够体现茶艺馆的经营特色、服务档次和服务水平。作为茶事服务人员,要对茶单非常熟悉,否则将直接影响服务质量和经营效果。

优秀的茶事服务人员应能够熟悉茶单上每一种茶叶的产地、特点、质量要求及价格,了解茶艺馆主要供应的茶点品种、口味特点和烹调方法。

知识小链接

一般来说,茶单一旦制订,不宜反复变化,那样会使客人感觉产品不稳定。但是有时候茶艺馆中也会推出一些特别促销活动,这样茶单上的茶叶品种、价格、数量可能就会发生变化;有的是因为茶叶受生产季节或成本影响,可能会出现断货现象。为了确保客人满意,在正式营业前,全体服务人员都应熟知茶单的变化。

3. 配好茶叶、茶具

茶事服务人员应根据每日茶叶销售情况,领取当日所需的各类茶叶,并备好配套的茶具(有的茶艺馆中是由库管根据往日茶叶库存情况安排或是由经理、领班安排,见表3-1)。茶具要求干净、整齐、无破损。

表3-1 茶叶的品种与茶具的选配

茶叶品种	茶具的选配
绿茶	透明玻璃杯或青瓷杯(无盖)
红茶	杯内挂白釉、白瓷、暖色瓷、盖碗、咖啡壶的壶杯具
白茶	白瓷壶杯或内壁有色黑瓷
黄茶	奶白或黄釉瓷及黄橙色壶、盖碗、盖杯等壶杯具
青茶	紫砂壶杯具、白瓷、盖碗、盖杯等灰褐色系列壶杯具
黑茶	紫砂壶杯具、白瓷、盖碗、咖啡煮饮壶杯具
花茶	青瓷、盖碗、盖杯等壶杯具

4. 人员准备

茶艺馆对客服务专业性较强,不仅要求服务人员有较好的综合素质、专业的茶叶及茶艺知识,还要讲究个人卫生。

(1) 女士化淡妆，不浓妆艳抹，不喷洒或涂抹香味较重的香水，不吃有异味的食品。

(2) 注意手部卫生，不得涂抹有香味的护手霜，不涂指甲油，不佩戴饰物。

(3) 头发整齐、干净，长发需盘起，短发梳理整齐，刘海不宜过长。

(4) 着统一制服上岗，制服干净无污物、破损。

3.3.2 营业中的茶水服务

1. 冲泡服务

点茶完毕后，服务人员应根据客人的茶饮需求向柜台领取茶叶并选配相应茶具，准备泡茶用水，进行茶叶冲泡服务。

(1) 展示茶叶。服务人员在正式泡茶前，应先向客人展示所点的茶叶，对茶叶进行简单介绍。

(2) 清洁茶具。虽然茶艺馆的泡茶用具都是干净卫生的，但出于对客人的尊重，在泡茶前要用沸水再次冲洗泡茶用具。这样不但可以使茶具更干净，而且也可以提高茶具的温度，有利于茶中有效物质的溶出。

(3) 投放茶叶。在投茶之前，服务人员应向客人询问茶叶的投放量，以便进行正式冲泡。不同的客人对于茶汤的浓淡程度会有不同的要求，因此应该根据客人的具体口味需求投茶，掌握好茶汤的浓度。

(4) 冲水。水温的高低直接影响茶汤的口感。一般来说，茶芽越嫩，水温越低。在冲泡过程中，要运用"凤凰点头""高山流水"等手法，使茶汤的色、香、味能充分发挥。

知识小链接

冲泡绿茶，水温以80～90℃为宜；冲泡乌龙茶，水温以100℃的沸水为宜；冲泡红茶，水温以90℃为宜；冲泡花茶，水温以95℃为宜。

---

(5) 焖茶。每种茶叶的叶片嫩度不同，这就决定了是否要采取"焖"的程序。通常茶质粗老、外形紧结的茶叶(如铁观音、沱茶、人参乌龙等)才有此道程序。焖茶是焖香的过程，使茶叶慢慢舒展，香气充足。

(6) 分茶。将冲泡好的茶汤均匀分到各杯中，茶汤不能过满，通常为茶杯的2/3，即七分满。如果是冲泡绿茶，则可以直接将冲泡好的绿茶连同玻璃杯一起放在客人面前。

(7) 敬茶。双手捧住茶杯的下半部，将茶杯举到眼前位置，平视客人，面带微笑，放在客人面前，并礼貌地说"您请用茶"。

(8) 品饮。服务人员待每位客人都拿到茶杯后，引领大家品饮茶汤。如果是初次品饮则要向客人说明如何拿杯，品饮茶汤的方法等。

2. 茶点服务

客人在进店点茶的过程中，服务人员应适时询问是否需要配套的茶点或小吃，并及时介绍和推销茶艺馆的特色茶点或小吃。可以使用顺口溜等方式进行引导，如"甜配绿、酸配红、瓜子配乌龙"等,见表3-2。

表3-2 茶点茶果的搭配

选择依据		茶点茶果的搭配
不同茶叶的选择	品绿茶	可选择甜食,如干果类的桃脯、桂圆、蜜饯等
	品红茶	可选择味甘酸的茶果,如杏肉干、杨梅干、葡萄干等
	品乌龙茶	可选择一些偏重口味的茶食,如瓜子、怪味豆、牛肉干、鱿鱼丝等
不同季节的选择	春天	可选桃酥、糖果、瓜子等
	夏天	可选鲜果及水分多、味道甜的食物
	秋天	可选面食或糕点等
	冬天	可选蜜枣、开心果、杏仁、栗子等
不同节日的选择	过生日	可选奶茶配以糕点
	端午节	可品红茶配以粽子
	中秋节	可选单枞配以牛肉干
	重阳节	可选绿茶配以绿豆糕等
不同人的选择	请老人	可配以汤圆、绿茶粥等
	请上司	可选奶油瓜子等
	请恋人	可选果冻、薯条、开心果等
	请亲戚	可选花生、核桃、瓜子等

3. 台面服务

台面服务是指客人在饮茶过程中,服务人员注意观察,及时为客人添加茶水、再次推销、清理桌面。

(1) 添加茶水。服务人员应随时观察客人的饮茶情况,准备茶叶的冲泡和续斟服务。具体顺序为先女后男、先客后主。

(2) 再次推销。如果客人茶壶中的茶汤已经很淡了,服务人员应及时询问客人是否需要更换茶叶,如同意更换,服务人员马上填写茶单,完成冲泡过程。

(3) 清理桌面。如果客人点了茶点或小吃,服务人员应及时清理桌面的空盘、果皮、果壳等废弃物,保持桌面整洁。

3.3.3 结束工作

结束工作是客人品饮茶后,服务人员应为其提供结账服务、送别服务并收拾台面。

1. 结账收款

结账要求准确无误,礼貌快速。如客人亲自到吧台结账,服务人员可随同前往;如由服务人员为客人结账,要看清所收钱款,以免发生口角。

知识小链接

茶艺馆的结账方式一般有现付、签单、信用卡等。

（1）现付结账。服务人员将账单放在小托盘内送到客人面前，为了表示尊敬和礼貌，托盘内的账单应正面朝下，反面朝上。找零后，将发票回呈给客人并表示谢意。

（2）签单结账。茶艺馆如在饭店内，签单时客人可出示有效房卡或房间钥匙，由收银员负责核对信息；如是单位签单可由客人提供真实姓名和工作单位或部门名称等。签单通常不直接开具发票。

（3）信用卡结账。服务人员应详细了解茶艺馆接收信用卡的类型，防止让客人二次结账的现象发生，信用卡结账时，由客人核对账单后确认签名方可完成结账程序。

---

2. 送别

客人起身离开时，服务人员应提醒客人不要遗忘随身携带的物品，并取回代客保管的衣物递给客人。服务人员要有礼貌地将客人送到茶艺馆门口，热情道别，配合手势、鞠躬礼，微笑着目送客人离开。

3. 收拾台面

（1）客人在离开前，不可以收拾撤台。客人走后，应及时检查桌面、地面有无客人遗留物品，如果发现，要及时送还客人。

（2）按照规定的要求重新布置台面、摆设茶具、清扫地面。

（3）服务柜台收拾整齐，补充所需用品。

（4）清洗、消毒茶具和用具，并按规定存放好。

（5）经理检查收尾工作，集合当班服务人员简短总结，交代遗留问题。

3.3.4 特殊情况的服务和处理

1. 客人损坏茶具

当客人不小心打碎茶具时，服务人员应首先关心客人是否受伤，然后立即将打碎的茶具收拾干净，再为客人换上干净的茶具。但由于茶艺馆的茶具一般都是配套用具，质地较好，因此在最终结账时服务员应委婉向客人说明并收取赔偿费用。

2. 客人要求自己泡茶

通常到茶艺馆中喝茶都是由服务人员提供泡茶服务，但也有客人出于种种原因，不喜欢服务人员过多打扰，提出自己泡茶的，对于此类客人，服务人员应尊重客人的要求。服务期间，将泡茶所需用具及茶叶等准备好后，不要频繁出入房间，但要注意及时添加随手泡中的泡茶用水。

3. 结账时客人对账单提出异议

若客人在结账时，觉得账单与实际消费有出入时，应根据具体情况进行处理。

知识小链接

如果服务人员在客人点茶时没有介绍清楚具体的收费方法(如包房的计时或单价，茶叶的单杯计价或以壶计价等)引起的争议，服务人员应拿出账单耐心解释，求得客人的谅解；如果是因为收银员在开账单时出现错误，应马上更正，重新计算、输出账单，并对客人表示歉意；如果是客人自己计算有误，也应耐心向客人解释，必要时按账单内容与客人一起核算，不要表现出不耐烦或不满的情绪。出现此类事故后，若客人账单有修改部分，需要由经理签字方可更改。

课堂讨论

（1）通过贴示中的测试，分析员工在服务前后或遇到客人时的表情变化。
（2）了解茶艺馆在营业前的准备工作。
（3）找出对客服务中泡茶的基本方法。
（4）思考茶点与茶果搭配的技巧。
（5）列出送客服务应做好的工作。
（6）设计茶艺馆可能出现的特殊情况，并找出处理办法。

单元小结

通过本单元的学习，使学习者掌握在客人到来之前服务人员应做好的准备工作，客人到店后，结合前面所学顾客消费心理知识，在与顾客交流时，根据观察为客人点茶并进行介绍，知晓服务中的注意事项及结账时的操作程序，了解几种特殊情况的现场处理。

考考你

（1）茶艺馆营业前的准备工作包括哪几部分内容？
（2）上岗前茶艺服务人员个人卫生如何要求？
（3）顾客结账有几种付款方式？
（4）如何进行茶叶、茶点的再次推销？
（5）举例说明茶叶与茶具应怎样配套？

【3.3知识测试】

学习单元四　掌握品茶用具知识

学习内容

● 茶具的起源与发展
● 茶具的分类知识
● 常见茶具的选购

---- 贴示导入 ----

此部分内容可安排学习者观看茶具介绍视频，回忆生活中喝茶所使用的器具。

深度学习

3.4.1　茶具的起源与发展

自从茶被发现、利用以来，由于各个历史时期人们饮茶风俗的不同，以及人们审美情趣的进步，随之而来的，饮用器具也发生了相应的变化。从出土的良渚文化红陶器具及战国陶罐可以看出，古人盛水、饮水的器具便是后来茶具的雏形。

"茶具"一词最早在汉代出现。据西汉辞赋家王褒《僮约》有"烹茶尽具，已而盖藏"

【茶具的起源与发展】

之说,这是我国最早提到"茶具"的一条史料。早期茶具多为陶制,陶器的出现距今已有12000年的历史。由于早期社会物质文明极其落后,因此茶具是一器多用的。直到魏晋以后,清谈之风盛行,饮茶才被看作高雅的精神享受和表达志向、情绪的一种手段,正是在这样的情况下,茶具才慢慢独立出来。

茶具其狭义的范围是指茶杯、茶壶、茶碗、茶盏、茶碟、茶盘等饮茶用具。我国的茶具种类繁多、造型优美,除实用价值外,也有颇高的艺术价值,因而驰名中外,为历代茶爱好者所青睐。由于制作材料和产地不同而分为陶土茶具、瓷器茶具、漆器茶具、玻璃茶具、金属茶具和竹木茶具等几大类。

3.4.2 茶具的分类

1. 陶土茶具

陶土器具是新石器时代的重要发明。最初是粗糙的土陶,然后逐步演变为比较坚实的硬陶,再发展为表面敷釉的釉陶。宜兴古代制陶颇为发达,在商周时期,就出现了几何印纹硬陶。秦汉时期,已有釉陶的烧制。

【紫砂壶】

陶器中的佼佼者首推宜兴紫砂茶具,早在北宋初期就已经崛起,成为独树一帜的优秀茶具,明代大为流行。紫砂壶和一般陶器不同,其里外都不敷釉,采用当地的紫泥、红泥、团山泥抟制焙烧而成。由于成陶火温较高,烧结密致,胎质细腻,既不渗漏,又有肉眼看不见的气孔,经久使用,还能吸附茶汁,蕴蓄茶味;且传热不快,不致烫手;若热天盛茶,不易酸馊;即使冷热剧变,也不会破裂。紫砂茶具还具有造型简练大方,色调淳朴古雅的特点,外形有似竹节、莲藕、松段和仿商周古铜器形状的。《桃溪客语》说"阳羡(即宜兴)瓷壶自明季始盛,上者与金玉等价"。可见其名贵。明文震亨《长物志》记载:"茶壶以砂者为上,盖既不夺香,又无熟汤气。"

───── 知识小链接 ─────

明代嘉靖、万历年间,先后出现了两位卓越的紫砂工艺大师——龚春(供春)和他的徒弟时大彬。供春幼年曾为进士吴颐山的书童,他天资聪慧,虚心好学,随主人陪读于宜兴金沙寺,闲时常帮寺里老和尚抟坯制壶。传说寺院里有银杏参天,盘根错节,树瘤多姿。他朝夕观赏,乃摹拟树瘤,捏制树瘤壶,造型独特,生动异常。老和尚见了拍案叫绝,便将平生制壶技艺倾囊相授,使他最终成为著名制壶大师。

供春的制品被称为"供春壶",造型新颖精巧,质地薄而坚实,被誉为"供春之壶,胜如金玉"。"栗色暗暗,如古金石,敦厚周正,极造型之类"。时大彬的作品突破了师傅传授的格局而多制作小壶,点缀在精舍几案之上,更加符合饮茶品茗的趣味。因此当时就有十分推崇的诗句:"千奇万状信手出""宫中艳说大彬壶"。

清代宜兴紫砂壶壶形和装饰变化多端,千姿百态,在国内外均受欢迎,当时我国闽南、潮州一带煮泡工夫茶使用的小茶壶,几乎全为宜兴紫砂器具,17世纪,中国的茶叶和紫砂壶同时由海船传到西方,西方人称之为"红色瓷器"。早在15世纪,日本人来到中国,学会了制壶技术,他们所仿制的壶至今仍被日本人民视为珍品。

名手所作紫砂壶造型精美,色泽古朴,光彩夺目,成为美术作品。过去有人说,一两重的紫砂茶具,价值一二十金,能使土与黄金争价。明代张岱《陶庵梦忆》中说:宜兴罐,以龚春为上,……一砂罐、一锡注,直跻之商彝、周鼎之列而毫无惭色,则是其品地也。

> **知识小链接**
>
> 近年来,紫砂茶具有了更大发展,新品种不断涌现,如专为日本消费者设计的艺术茶具,称为"横把壶",按照日本人的爱好,在壶面上刻写精美书法的佛经文字,成为日本消费者的品茗佳具。目前紫砂茶具品种已由原来的四五十种增加到六百多种。
>
> 评价一套茶具,首先应考虑它的实用价值。一套茶具只有具备了容积和重量的比例恰当,壶把的提用方便,壶盖的周围合缝,壶嘴的出水流畅,色地和图案的脱俗和谐,整套茶具的美观和实用得到融洽的结合,才能算作一套完美的茶具。宜兴茶具便有这些特点。

2. 瓷器茶具

瓷器茶具的品种很多,其中主要的有:青瓷茶具、白瓷茶具、黑瓷茶具和彩瓷茶具。这些茶具在中国茶文化发展史上,都曾有过辉煌的一页。

1)青瓷茶具

青瓷茶具以浙江生产的质量最好。早在东汉年间,已开始生产色泽纯正、透明发光的青瓷。晋代浙江的越窑、婺窑、瓯窑已具相当规模。宋代,作为当时五大名窑之一的浙江龙泉哥窑生产的青瓷茶具,已达到鼎盛时期,远销各地。明代,青瓷茶具更以其质地细腻、造型端庄、釉色青莹、纹样雅丽而蜚声中外。

【青瓷】

> **知识小链接**
>
> 16世纪末,龙泉青瓷出口法国,轰动了整个法国,人们用当时风靡欧洲的名剧《牧羊女》中的女主角雪拉同的美丽青袍与之相比,称龙泉青瓷为"雪拉同",视为稀世珍品。

当代,浙江龙泉青瓷茶具又有新的发展,不断有新产品问世。这种茶具除具有瓷器茶具的众多优点外,因色泽青翠,用来冲泡绿茶更有益汤色之美。不过,用它来冲泡红茶、白茶、黄茶、黑茶,则易使茶汤失去本来面目,似有不足之处。

2)白瓷茶具

白瓷茶具有坯质致密透明,上釉、成陶火度高,无吸水性,音清而韵长等特点。因色泽洁白,能反映出茶汤色泽,传热、保温性能适中,加之色彩缤纷,造型各异,堪称饮茶器皿中之珍品。早在唐时,河北邢窑生产的白瓷器具已"天下无贵贱通用之"。唐朝白居易还作诗盛赞四川大邑生产的白瓷茶碗。元代,江西景德镇白瓷茶具已远销国外。如今,白瓷茶具更是面目一新。这种白釉茶具适合冲泡各类茶叶。加之白瓷茶具造型精巧,装饰典雅,其外壁多绘有山川河流、四季花草、飞禽走兽、人物故事,或缀以名人书法,又颇具艺术欣赏价值,所以使用最为普遍。

3)黑瓷茶具

黑瓷茶具始于晚唐,鼎盛于宋,延续于元,衰于明、清,这是因为自宋代开始,饮茶方法已由唐时煎茶法逐渐改变为点茶法,而宋代流行的斗茶又为黑瓷茶具的崛起创造了条件。

> **知识小链接**
>
> 宋人衡量斗茶的效果,一看茶面汤花色泽和均匀度,以"鲜白"为先;二看汤花与茶盏相接处水痕的有无和出现的迟早,以"盏无水痕"为上。宋徽宗的《大观茶论》中载:"视其面色鲜白,著盏无水痕

为绝佳。建安斗试,以水痕先者为负,耐久者为胜。"

宋代的黑瓷茶盏成了瓷器茶具中的最大品种。福建建窑、江西吉州窑、山西榆次窑等,都大量生产黑瓷茶具,成为黑瓷茶具的主要产地。黑瓷茶具的窑场中,建窑生产的"建盏"最为人称道。明代开始,由于"烹点"之法与宋代不同,黑瓷建盏"似不宜用",仅作为"以备一种"而已。

4) 彩瓷茶具

【青花瓷】

彩瓷茶具的品种花色很多,其中尤以青花瓷茶具最引人注目。青花瓷茶具,其实是指以氧化钴为呈色剂,在瓷胎上直接描绘图案纹饰,再涂上一层透明釉,然后送入窑内经过1300℃左右高温还原烧制而成的器具。

知识小链接

"青花"的特点是:花纹蓝白相映成趣,有赏心悦目之感;色彩淡雅幽静可人,有华而不艳之力,加之彩料之上涂釉,显得滋润明亮,更平添了青花茶具的魅力。

直到元代中后期,青花瓷茶具才开始成批生产,特别是景德镇,成了我国青花瓷茶具的主要生产地。由于青花瓷茶具绘画工艺水平高,特别是将中国传统绘画技法运用在瓷器上,因此这也可以说是元代绘画的一大成就。

明代,景德镇生产的青花瓷茶具,诸如茶壶、茶盅、茶盏,花色品种越来越多,质量越来越精,无论是器形、造型、纹饰等都冠绝全国,成为其他生产青花茶具窑场模仿的对象。

清代,特别是康熙、雍正、乾隆时期,青花瓷茶具在古陶瓷发展史上,又进入了一个历史高峰,它超越前朝,影响后代。康熙年间烧制的青花瓷器具,更是史称"清代之最"。

【脱胎漆器】

3. 漆器茶具

漆器茶具始于清代,主要产于福建福州一带。福州生产的漆器茶具多姿多彩,有"宝砂闪光""金丝玛瑙""釉变金丝""仿古瓷""雕填""高雕"和"嵌白银"等品种,特别是创造了红如宝石的"赤金砂"和"暗花"等新工艺以后,更加鲜丽夺目,逗人喜爱。

4. 竹木茶具

隋唐以前,我国饮茶虽渐次推广开来,但属粗放饮茶。当时的饮茶器具,除陶瓷器具外,民间多用竹木制作而成。

知识小链接

陆羽在《茶经·四之器》中开列的28种茶具,多数是用竹木制作的。这种茶具,来源广,制作方便,对茶无污染,对人体又无害,因此,自古至今,一直受到茶人的欢迎。但缺点是不能长时间使用,无法长久保存,失去了文物价值。

到了清代,在四川出现了一种竹木茶具,它既是一种工艺品,又富有实用价值,主要品种有茶杯、茶盅、茶托、茶壶、茶盘等,多为成套制作。竹木茶具由内胎和外套组成,内胎多为陶瓷类饮茶器具，外套用精选慈竹，经劈、启、揉、匀等多道工序，制成粗细如发的柔软竹丝，经烤色、染色，再按茶具内胎形状、大小编织嵌合，使之成为整体如一的茶具。这种茶具不但色调和谐，美观大方，而且能保护内胎，减少损坏；同时，泡茶后不易烫手，并富含艺术欣赏价值。因此，多数人购置竹木茶具不在其用，而重在摆设和收藏。

5. 玻璃茶具

在现代，玻璃茶具有很大的发展。玻璃质地透明，光泽夺目，外形可塑性大，形态各异，用途广泛。玻璃杯泡茶，茶汤的鲜艳色泽，茶叶的细嫩柔软，茶叶在整个冲泡过程中的上下窜动，叶片的逐渐舒展等，都可以一览无余，可以说是一种动态的艺术欣赏。玻璃茶具可以冲泡各类名茶，茶具晶莹剔透。杯中轻雾缥缈，澄清碧绿，芽叶朵朵，亭亭玉立，让人赏心悦目，别有风趣。玻璃杯价廉物美，深受广大消费者的欢迎，但其缺点是容易破碎，比陶瓷烫手。

【玻璃茶具】

3.4.3 常见茶具的选购

茶文化在我国可谓历史悠久、源远流长，那一杯清茶、一缕清香、一片安宁。集沏茶良器与欣赏佳品于一身的各式茶具，更给人带来独特的文化享受。

1. 气韵温雅的紫砂茶具

现在市场上的紫砂茶具精品荟萃、造型独特，其间不乏名家之作。

紫砂壶要经过数十道工序制作，其美感可以从形、神、气三方面判断，三者融为一体，才是真正完美的上佳艺术品。当然这样纯手工完成的艺术品价格也不菲，目前市场上有三四万元一把的紫砂壶，也有一二百元一套的紫砂茶具，消费者可以依自己的喜好和经济实力进行选择。

在选购时，凡经打磨抛光、上蜡、擦油而光亮的多为新壶，正宗的紫砂茶具是干净整洁的，经一段时间使用才生光泽。

2. 细腻敦厚的陶瓷茶具

陶瓷茶具有一壶四碗一套的，也有一壶六碗一套的，有的还配有托盘。有较好的耐冷热激变的性能和较高的抗冲击强度，比较实用。市场上的价格从几十元到几百元不等，造型丰富，款式多样，既有古色古香的，又有极富现代气息的，能适合较多人的品位。

3. 新颖别致的工艺茶具

工艺茶具是随着家居装饰的升温而走俏的。工艺茶具既可用来沏茶又极具观赏性，造型常以新、奇、特见长，引人遐思。从材质方面看，有紫砂的、陶制的，也有铜制的或几种材料混合而成的，并配有精致的底座或托盘，摆在居家之中，是一件很好的装饰品。通常这类茶具价格并不昂贵，百元左右，价格适中，一般的工薪家庭都能接受，因而也受到消费者的广泛欢迎。

当然茶具并不仅于此，市场上还可见到玻璃的、不锈钢的，等等，但款式相对比较简单，价格也更低廉，无论选择哪种茶具，只要心中平和宁静，茶的馨香、壶的美妙，都会是一种绝美的享受。

课堂讨论

(1) 观看茶具介绍视频，回忆生活中喝茶所使用的器具。

(2) 简述茶具的起源与发展简史。

(3) 简述茶具的分类知识。

(4) 老师展示实训室现有茶具，让学习者观察茶具的类别、质地及造型。

(5) 在老师所展示的壶中，选出一款你喜欢的，并用一段优美的文字把你看到的壶之美写下来。

单元小结

通过本单元的学习，使学习者了解茶具的起源与发展概况，掌握茶具的分类，学会根据所学知识对茶具进行简单评价。

课堂小资料

养壶守则：如何让紫砂壶容光焕发

(1) 先用沸水将壶身内外淋烫一下，既可净壶去霉，亦可暖壶醒味。

(2) 如果使用茶船(茶盘)，注意应将壶身略微垫高，使其圈足高过水面，以免壶身留下水线或不均匀的色泽。

(3) 将第一泡的温润泡茶汤盛置茶海中备用，待冲第二泡时再用此茶汤浇淋壶身外表，如此反复施行至全程结束。

(4) 由于紫砂壶身具有较高的气孔率，遇热时，因热胀冷缩的关系，气孔相对扩大。此时可用棉质布巾趁机擦拭壶身，让茶油顺势渗入壶壁细孔中，日久便可累积出光泽。

(5) 每泡茶冲至无味后，应将茶渣去净，用热水将壶内壶外刷洗一次，置于干燥通风处，并将壶盖取下，以利风干。否则，因紫砂壶的口盖密合度较严谨，任其密封阴干，亦不卫生。

有些人趁壶身高热时，以沾有茶汤的棉布茶巾上下擦拭壶身，由于此时器表温度甚高，湿巾所含茶汤一拭随即挥发，留下可使壶身润泽的茶油，如此便可提高养壶的成效；也有人先冲出一泡较浓的茶汤当"墨汁"，再以软性毛笔或养壶毛刷沾茶汤，反复均匀涂于壶身，这样也可以提高其接触茶汤的时间与频率。

考考你

(1) "茶具"一词最早出现在什么时候？

(2) 狭义的茶具包括哪些？

(3) 瓷器茶具包括哪些种类？

(4) 简述龚春学制壶的过程。

(5) 玻璃茶具有哪些优缺点？

【3.4 知识测试】

学习单元五　茶的水、火情结

学习内容

● 泡茶用水的选择

● 茶水比例分配

● 泡茶水温掌握

- 茶叶冲泡时间
- 茶叶冲泡次数

贴示导人

此部分内容以案例"为什么水烧开了还不泡茶"引入泡茶用水与取火的知识。

深度学习

人人都会喝茶,但冲泡未必得法。茶叶的种类繁多,水质也各有差异,冲泡技术不同,泡出的茶汤也就会有不同的效果。要想泡好茶,既要根据实际需要了解各类茶叶、各种水质的特性,掌握科学的冲泡技术,选择好泡茶用水与器具,更要讲究有序而优雅的冲泡方法和动作。

3.5.1 泡茶用水

【泡茶用水】

好茶配好水,清代张大复在《梅花草堂笔谈》中谈道:"茶性必发于水,八分之茶,遇十分之水,茶亦十分矣;八分之水,试十分之茶,茶只八分耳。"可见水质能直接影响茶汤品质。水质不好,不能正确反映茶叶的色、香、味,尤其对茶汤滋味影响更大。因此,历史上就有"龙井茶,虎跑水"和"蒙顶山上茶,扬子江心水"之说。名泉伴名茶,美上加美。

茶与产地的水土可自然融洽,所以,烹西湖龙井茶以虎跑泉水为佳;烹蒙顶茶可用蒙顶山泉水。当地的茶用当地的山泉水,其味即使不是绝佳,也不会差多少。

1. 水的软硬度选择

通常将水分成"软水"和"硬水"两种。

软水是山上流下的山泉水,其多是山林的砂岩过滤渗透出来的,水中所含矿物质和氯化物较少,用来泡茶,清澈甘香。

硬水是指城镇的井水,污染较重,含有较多钙、镁和氯化物,水质矿性重,会导致茶叶中的茶多酚类物质氧化,汤色较暗,失去鲜香和味美。

无论是软水还是硬水,水中影响茶汤的因素主要包括 4 项:矿物质含量、消毒剂含量、空气含量及杂质与细菌含量。

矿物质含量太多,一般称为硬度高,泡出的茶汤颜色偏暗、香气不显、口感清爽度降低,不适宜泡茶。矿物质含量低者,一般称为软水,容易将茶的特质表现出来,是适宜泡茶的用水。但矿物质完全没有的纯净水,口感清爽度不佳,也不利于一些微量矿物质的溶解,所以也不是泡茶的好水。

若水中含有消毒剂,如自来水中使用液氯,饮用前应用活性炭将其滤掉,慢火煮开一段时间,或高温不加盖放置一段时间,否则消毒剂会直接干扰茶汤的味道与质量。

水中空气含量高,有利于茶香的挥发,而且口感上活性强。一般来说"活水"适宜泡茶,主要因为活水的空气含量高,又说水不可煮老,因为煮久了,空气的含量就会降低。

泡茶用水究竟以何种为好,自古以来就引起人们的重视和兴趣。陆羽《茶经》说:"其水,用山水上,江水中,井水下。其山水,拣乳泉、石池漫流者上。"宋徽宗赵佶在

《大观茶论》提到:"水以清、轻、甘、活为美。轻甘乃水之自然,独为难得……但当取山泉之清洁者。"历代茶人对于茶品的研究同时也注重研究水品。这些鉴水专家研究的结论是:"源清、水甘、品活、质轻"才是好水的条件。

知识小链接

古时候的名泉大多是因泡茶的缘故被发觉的,因此,"名水、名泉,泡名茶"是自古以来茶人的愿望。古人对泡茶用水的选择归纳起来有3点:①水要甘而洁;②水要活而清鲜;③贮水要得法。

我国泉水(即山水)资源极为丰富,其中比较著名的就有百余处之多。曾有茶叶专家以杭州的虎跑泉水、雨水、西湖水、自来水、井水烧开,分别冲泡龙井茶、功夫红茶和炒青绿茶,审品各种水质对茶叶香气、滋味、汤色的影响,结果以虎跑泉水最好,雨水次之,西湖水第三,井水最差。当时所用的自来水因漂白粉的气味使茶叶味改,损害了茶汤鲜爽度,所泡出来的茶不堪饮用。有关水质和茶汤品质关系的研究,从水的硬度、酸碱度、电导率等方面的分析和泡茶后的审评来看,都表明泉水泡茶最好。泉水比较清爽、杂质少、透明度高、污染少、水质最好。但是由于水源和流经途径不同,所以其溶解物、含盐量与硬度等均有很大差异,因此并不是所有泉水都是优质的。

【古代的泡茶用水】

关于泉水,古人有天泉、地泉之说。天泉是指雨水和雪水;地泉是指山水、江水、井水。茶学专家不仅重视泉水,也对江水、井水、山水十分注重。因为泉水资源很少,应该因地制宜,学会对江水、井水、山水的"养水"。如取大江之水,应在上游、中游植被良好幽静之处,于夜间取水,置入缸中,左右旋搅,三日后,自缸心轻轻舀入另一空缸,至七八分即将原缸渣水沉淀皆倾去。如此,搅拌、沉淀、取舍3遍即可。这是天然水的保养法。

2. 现代人对泡茶用水的选择

泡茶用水虽以泉水为佳,但溪水、江水与河水等常年流动之水,用来沏茶也并不逊色。宋代诗人杨万里曾写诗描绘船家用江水泡茶的情景,诗云:"江湖便是老生涯,佳处何妨且泊家,自汲淞江桥下水,垂虹亭上试新茶。"明代许次纾在《茶疏》中写道:"黄河之水,来自天上,浊者土色也。澄之既净,香味自发。"这就说明有些江河之水,尽管浑浊度高,但澄清之后,仍可饮用。通常靠近城镇之处,江(河)水易受污染,所以需要净化处理后才能泡茶饮用。

井水属地下水,是否适宜泡茶,不可一概而论。有些井水水质甘美,是泡茶好水,如北京故宫博物院传心殿内的"大庖井",曾经是皇宫里的重要饮水来源。一般来说,深层地下水有耐水层的保护,污染少,水质洁净;浅层地下水易被地面污染,水质较差。城市里的井水,受污染多,多咸味,不宜泡茶;而农村井水,受污染少,水质好,适宜泡茶。湖南长沙市内著名的"白沙井"的水是从砂岩中涌出的清泉,水质好,而且终年长流不息,取之泡茶,香味俱佳。

【天泉水】

雨水和雪水,古人誉为"天泉"。雨水一般比较洁净,但因季节不同而有很大差异。秋季,天高气爽,尘埃较少,雨水清洌,泡茶滋味爽口回甘;梅雨季节,和风细雨,有利于微生物滋长,泡茶水质较差;夏季雷阵雨,常伴飞沙走石,水质不净,泡茶茶汤浑浊,不宜饮用。用雪水泡茶,一向被重视。如唐代大诗人白居易《晚起》诗中的"融雪煎香茗",元代诗人谢宗可《雪煎茶》诗中的"夜扫寒英煮绿尘",都是描写用雪水泡茶的。

在选择泡茶用水时,还必须了解水的硬度和茶汤品质的关系。天然水可分硬水和软水两种:凡含有较多量的钙、镁离子的水称为硬水;不溶或只含少量钙、镁离子的水称为软水。如果水的硬度是由含有碳酸钙或碳酸氢镁引起的,这种水称暂时硬水。暂时硬水通过煮沸,所含碳酸氢盐就分解,生成不溶性的碳酸盐而沉淀。这样硬水就变为软水了。1升水中含有碳酸钙1毫克的称为硬度1度。硬度为0~10度的为软水,10度以上为硬水。

自来水一般都是经过人工净化、消毒处理过的江河湖水。凡达到我国卫计委制定的饮用水卫生标准的自来水都适宜泡茶。但有时自来水中用过量氯化物消毒,气味很重,用它泡茶,严重影响品质。为了消除氯气,可将自来水贮存在缸中,静置一昼夜,待氯气自然遗失,再用来煮沸泡茶,效果大不一样。所以,经过处理后的自来水也是比较理想的泡茶用水。

知识小链接

处理泡茶用水有以下几个方法。

(1) 过滤法。购置理想的滤水器,将自来水经过过滤后,再用来冲泡茶叶。

(2) 澄清法。将水先盛在陶缸,或无异味、干净的容器中,经过一昼夜的澄净和挥发,水质就较理想,可以冲泡茶叶。

(3) 煮沸法。自来水煮开后,将壶盖打开,让水中的消毒药物的味道挥发掉,保留没异味的水质,这样泡茶较为理想。

总之,泡茶用水在茶艺中是一重要项目,它不仅要合于物质之理、自然之理,还包含中国茶人对大自然的热爱和高雅的审美情趣。

3. 茶水比例

茶叶冲泡时,茶与水的比例称为茶水比例。

茶水比例不同,茶汤香气的高低和滋味浓淡就不同。根据研究,茶水比为1:7、1:18、1:35和1:70时,水浸出物分别是干茶的23%、28%、31%和34%,说明在水温和冲泡时间一定的前提下,茶水比越小,水浸出物的绝对量就越大。

另一方面,茶水比过小,茶叶内含物被溶出茶汤的量虽然较大,但由于用水量大,茶汤浓度会显得很低,茶味淡,香气薄。相反,茶水比过大,由于用水量小,茶汤浓度过高,滋味苦涩,而且不能充分利用茶叶的有效成分。试验表明,不同茶类、不同泡法,由于香味成分含量及其溶出比例不同,以及不同饮茶习惯,对香、味程度要求各异,对茶水比的要求也不同。

一般认为,冲泡红、绿茶及花茶,茶水比可掌握在1:50~1:60为宜。若用玻璃杯或瓷杯冲泡,每杯约放3克茶叶,注入150~200毫升沸水。品饮铁观音等乌龙茶时,要求香、味浓度高,用若琛瓯细细品尝,茶水比可大些,1:18~1:20为宜。即用壶泡时,茶叶体积约占壶容量的2/3左右。紧压茶,如金尖、康砖、茯砖和方苞茶等,因茶原料比较粗老,用煮渍法才能充分提取出茶叶香、味成分;而原料较为细嫩的饼茶则可采用冲泡法。用煮渍法时,茶水比可用1:80,冲泡法则茶水比略大,约1:50。品饮普洱茶,如用冲泡法,茶水比一般用1:30~1:40,即5~10克茶叶加150~200毫升水。泡茶所用的茶水比大小还依消费者的嗜好而异,经常饮茶者喜爱饮较浓的茶,茶水比可大些。

4. 冲泡时间

茶叶的冲泡时间长短，对茶叶内含的有效成分的利用也有很大影响。

（1）红、绿茶经冲泡 3～4 分钟后饮用，获得的味感最佳。时间短则缺少茶汤应有的刺激味；时间长，喝起来鲜爽味减弱，苦涩味增加；只有当茶叶中的维生素、氨基酸、咖啡因等有效物质被沸水冲泡后溶解出来，茶汤喝起来才能有鲜爽醇和的感觉。

（2）细嫩茶叶比粗老的冲泡时间要短些，反之则要长些；松散的、碎末的茶叶比紧压的、完整的茶叶冲泡时间要短，反之则长。

（3）对于注重香气的茶叶，如乌龙茶、花茶，则冲泡时间不宜长。白茶加工时未经过揉捻，细胞未遭破坏，茶汁较难浸出，因此其冲泡时间应相对延长。

5. 冲泡次数

通常茶叶冲泡第一次，可溶性物质浸出 55% 左右，第二次为 30%，第三次为 10%，第四次就只有 1%～3% 了。茶叶中的营养成分，如维生素 C、氨基酸、茶多酚、咖啡因等，第一次冲泡时已浸出 80% 左右，第二次已浸出 95%，第三次就所剩无几了。香气滋味也是头泡香味鲜爽，二泡茶浓而不鲜，三泡茶香渐淡，四泡少滋味，五六泡则近似白开水了。所以一般茶叶还是以冲泡三次为好，乌龙茶则可冲泡五次，白茶只能冲泡两次。

其实任何品种的茶叶都不宜浸泡过久或冲泡次数过多，最好是即泡即饮，否则有益成分被氧化，不但会使营养物质减少，还会泡出有害物质。

3.5.2　泡茶与火候掌握

饮食行业的一句谚语说："三分技术七分火。"泡茶用火很讲究，主要是根据"看汤"来判断火的大小，就是要观察煮水的全过程。影响泡茶用水的主要原因有烧水燃料的选取，烧水程度的控制和泡茶水温的掌握。

1. 烧水燃料的选取

古人采用无烟木炭烧水，但在今天，人们主要用煤、电、天然气、酒精等烧水。在我国西北及长江以北的广大地区，煤的贮藏量十分丰富，所以人们主要用煤烧水。不过用煤烧水，必须做到两点：一是当煤完全燃旺时再烧水，避免文火久烧；二是要将壶盖儿盖紧，将壶嘴以外的部分密封，避免煤中的烟气和其他异味的污染。在农村，有用柴草烧水的情况，而在大城市，人们用电或煤气烧水，具有清洁卫生、简单方便等特点，按"活火猛烧"的要求，将热源开关开到最大，避免低热慢沸。

2. 烧水程度的控制

在宋代以前，人们主要饮用的是团茶和饼茶，饮茶的方法如同现在人们煎煮中药，人们把这种饮茶的方式称为煎茶。

对于烧水，水烧得"老"或"嫩"都会影响到水的质量和冲泡出茶汤的口感，所以应该严格掌握煮水的程度。古代的人们在煮水程度的掌握上积累了大量经验。宋徽宗赵佶《大观茶论》中提出烧水的标准是"汤以鱼目、蟹眼连绎进跃为度"。这种说法是符合科学道理的。有经验的茶人都知道，沸水中的二氧化碳已经挥发，泡出来的茶汤鲜爽味浓。用没有煮沸的水泡茶，由于水温过低，茶叶中的许多成分难以浸泡出来，使得茶汤滋味淡薄，香气淡薄，还会使茶叶浮在上面，影响品饮。

随着年代的久远、人类的进步，人们在泡茶时对沸水的"老"与"嫩"，燃料的"活"与"朽"，火候的"急"与"缓"慢慢有了更高的要求。

3. 泡茶水温的掌握

泡茶的水不同，茶的色、香、味也就不同，泡出的茶叶中的化学成分也就不同。如果温度过高，会破坏所含的营养成分，茶中的有益物质遭到破坏，茶汤的颜色不鲜明，味道也不醇厚；如果温度过低，不能使茶叶中的有效成分充分浸出，称为不完全茶汤，其滋味淡薄，色泽不美，因此水温对茶叶的影响是非常大的。一般来说，泡茶水温的高低与茶叶种类及制茶原料是有密切关系的。

【泡茶水温的掌握】

（1）粗老茶叶。用较粗老原料加工而成的茶叶宜用沸水直接冲泡，如乌龙茶，常将茶具烫热后再泡；砖茶用100℃的沸水冲泡或采用煎煮方式冲泡。

（2）细嫩茶叶。用细嫩原料加工而成的茶叶宜用降温以后的沸水冲泡，如高档细嫩名茶，一般不用刚烧沸的开水，而是以温度降至85℃左右的开水冲泡。这样可以使茶汤清澈明亮，香气纯而不钝，滋味鲜而不熟，叶底明而不暗，饮之可口，茶中有益于人体的营养成分也不会遭到破坏。

泡茶水温与茶叶有效物质在水中的溶解度成正比，水温越高，溶解度越大，茶汤也就越浓；相反，水温越低，溶解度越小，茶汤就越淡。

古往今来，人们都知道用未沸的水泡茶是不行的，但如果用多次回烧或加热时间过久的开水泡茶也会使茶叶产生"熟汤味"，致使口感变差。那是因为水蒸气大量蒸发所留下来的水含有较多的盐分及其他物质，以致茶汤变得暗淡，茶味变得苦涩。

课堂讨论

（1）阅读下面短文，思考案例内容。

为什么水烧开了还不泡茶

钱先生和几个朋友去茶艺馆喝茶聊天。平时在家他主要喝花茶，一把茶叶，一个杯子，再加一壶开水足已。今天朋友们都说喝茶对身体最有好处了，所以他也随波逐流地点了一杯碧螺春。茶艺服务员将茶具、茶叶一一摆放在桌上，就开始进行冲泡展示服务。一会儿水烧开了，但是服务员只是将茶壶关掉，却没有开始泡茶。这下钱先生可着急了，他连声对服务员说："快点泡茶啊，一会儿水凉了泡出的茶就不好喝了。"谁知他的话音未落，却引来一片笑声。经过茶艺服务员的解释他才明白，原来并不是所有的茶叶都必须用开水冲泡的，有的茶叶如果水温过高反而会影响茶汤的色、香、味、形，而且还会破坏营养。

（2）根据案例，分析水的选择（硬度要求、茶水比例、冲泡时间及次数要求）。

（3）简述泡茶用火的要求（燃料选取、烧水时间控制及水温要求）。

（4）在不同水温下，学习者练习察看汤色变化。

单元小结

通过本单元的学习，使学习者能够了解除茶叶外，泡茶的其他重要因素，掌握泡茶用水的选择要求，知晓茶与水之间的比例，了解每种代表茶冲泡时的不同要求和次数规律，明确泡茶烧水的时间如何控制，掌握泡茶水温的要求。

课堂小资料

中国五大名泉

一种说法：济南趵突泉，无锡惠山泉，杭州虎跑泉，上饶广教寺陆羽泉，扬州平山堂大明寺泉。

另一种说法：镇江中泠泉，无锡惠山泉，湖北兰溪泉，上饶广教寺陆羽泉，扬州平山堂大明寺泉。

目前较多的说法中，多数资料以镇江中泠泉、无锡惠山泉、苏州观音泉、杭州虎跑泉和济南趵突泉为"中国五大名泉"。

考考你

(1) 绿茶冲泡时水温有哪些要求？通常冲泡多少次为宜？
(2) 什么叫软水？什么样的水泡茶最好？
(3) 用自来水泡茶前，要用什么方法进行处理为宜？
(4) 红茶类的茶水比例是多少？
(5) 青茶类的茶水比例是多少？
(6) 如何能控制水的"老""嫩"？

【3.5知识测试】

学习单元六　茶事礼仪服务

学习内容

● 泡茶用具介绍
● 茶艺服务中的基本操作手法
● 奉茶之道
● 接待外宾服务礼仪要求

贴示导入

此部分内容可安排学习者认识泡茶用具，边讲授边理解。

深度学习

3.6.1 泡茶用具功能

当人们泡茶时，常将茶具区分开来，这样操作起来比较方便，主要将茶具分为主泡器、辅泡器两部分。

1. 主泡器

(1) 茶壶。茶壶为主要的泡茶容器，一般以陶壶为主，还有瓷壶、石壶等。上等的茶强调的是色、香、味俱全，喉韵甘润且耐泡；而一把好茶壶不仅外观要美雅，质地要匀滑，最重要的是要实用。

一个好茶壶应具备的条件有：

① 壶嘴的出水要流畅，不淋滚茶汁，不溅水花。

② 壶盖与壶身要密合，水壶口与出水的嘴要在同一水平面上。壶身宜浅不宜深，壶盖宜紧不宜松。

③ 无泥味、杂味。

④ 能适应冷热急遽的变化，不渗漏，不易破裂。

⑤ 质地能配合所冲泡茶叶之种类，将茶之特色发挥得淋漓尽致。

⑥ 方便置入茶叶，容水量足够。

⑦ 泡后茶汤能够保温，不会散热太快，能让茶叶成分在短时间内合宜浸出。

(2) 茶盘(茶船)。茶盘是用来放置茶壶的容器，又称茶池或壶承，主要用于承接温壶的沸水；盛热水烫杯；盛接壶中溢出的茶水；保温。

(3) 茶海。茶海又称茶盅或公道杯。茶壶的茶汤浸泡到适当浓度后，茶汤倒至茶海，再分倒在各小品茗杯中，以求茶汤浓度均匀。

(4) 茶杯。茶杯的种类、大小应有尽有。喝不同的茶应用不同的茶杯，更有边喝茶边闻茶香的闻香杯。根据茶壶的形状、色泽选择适当的茶杯，搭配起来也颇具美感。为便于欣赏茶汤颜色及容易清洗，杯子上面最好上釉，而且是白色或浅色。对杯子的要求，最好能做到握、拿舒服，就口舒适，入口顺畅。

(5) 盖碗。盖碗或称盖杯、三才杯，分为茶碗、碗盖、托碟三部分，置茶 3 克于碗内，冲水 150 毫升，加盖五六分钟后即可饮用。

2. 辅泡器

(1) 茶则。茶则为盛茶入壶之用具，一般为竹制。

(2) 茶漏。茶漏于置茶时，放在壶口上，以导茶入壶，防止茶叶掉落壶外。

(3) 茶匙。茶匙又称"茶扒"，形状像汤匙所以称茶匙，其主要用途是置茶时拨入茶叶；冲泡后挖取泡过的茶壶内茶叶。

(4) 茶荷。茶荷的功用与茶则、茶漏类似，都是置茶的用具，但茶荷更兼具赏茶功能，主要用途是将茶叶由茶罐移至茶壶，主要有竹制品，既实用又可当艺术品，一举两得。没有茶荷时可以用质地较硬的厚纸板折成茶荷形状使用。

(5) 茶挟。茶挟又称"茶筷"，茶挟功用与茶匙相同，可将茶渣从壶中夹出，也常有人拿它来挟着茶杯洗杯，防烫又卫生。

(6) 茶巾。茶巾又称为"茶布"，茶巾的主要功用是干壶，于酌茶之前将茶壶或茶海底部残留的茶水擦干，也可擦拭滴落桌面的茶水。

(7) 茶针。茶针的功用是疏通茶壶的内网(蜂巢)，以保持水流畅通。

(8) 煮水器。泡茶的煮水器在古代用风炉，目前较常见者为酒精灯及电壶，此外尚有用瓦斯炉及电子开水机。

(9) 茶叶罐。贮存茶叶的罐子必须是无杂味、能密封且不透光的，其材料有马口铁、不锈钢、锡合金及陶瓷等。

3.6.2 茶事服务中的基本手法

1. 茶巾的手法

1) 壶垫形茶巾的折法

(1) 推开壶巾、铺正。

(2) 由下方两角、以双手操作,从中心点斜向左上对折,4 角都凸出。
(3) 再由中心往左对折,上折左边稍微盖过底折,使 4 角向上左集中,且不重叠,成花蕾状,如图 3.1 所示。

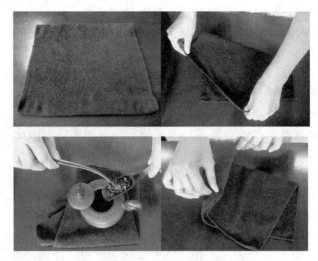

图 3.1 （组图——顺时针观看）壶垫的手法

(4) 壶或壶承置于其上,使花瓣尖端在前。

2) 茶巾的折法

(1) 铺正茶巾,由上 2 角往下 2 角成对折。
(2) 再由下面 2 角向上对折,上折稍短一些。
(3) 由右而左对折,上折稍短些。
(4) 再由右而左,对折整齐。
(5) 放在茶巾盘上,茶巾平面光整的一方朝前面。

2. 茶匙的手法

(1) 茶礼的开始：以右手取茶匙架于茶巾盘左边。
(2) 入茶：必要时,以右手取茶匙拨茶入则,拨完后放回,仍架于茶巾盘左边。
(3) 置茶：必要时,以右手取茶匙拨茶入壶,拨完仍架于茶巾盘左边。
(4) 去渣：右手取茶匙,匙头朝下放入壶中,靠近壶口的地方先挖,再清内壁。挖完茶渣,仍暂置于茶巾盘左边。
(5) 清渣匙：以右手取茶匙,在茶壶的热汤里漂一下,去掉粘着的茶渣。
(6) 清茶壶：以右手持茶匙,将附着于壶口的茶渣以沾水的方式除去后放入壶内。壶盖有渣亦同此法处理。
(7) 收茶渣：拭干茶匙,用右手拿茶匙,交左手,再以右手拿茶巾盘,再将茶匙交右手放回茶则中。

3. 茶则的手法

(1) 入茶：以右手从茶巾盘前取茶则,交给左手。放入茶叶时,将茶则朝右。放茶叶完毕,以右手放回茶巾盘的前面。必要时使用茶匙协助入茶。入完茶如不赏茶,则直接放回茶巾盘前面。

（2）赏茶：入完茶，放回茶罐之后，右手从左手上握取茶则，以左手托住则底，转向自己，赏茶。赏茶完毕，再以右手将则口转向主客，拿到泡茶巾前面放好，由主客开始依次取赏。

（3）置茶：以右手拿起茶则交到左手，则口高的一方朝壶口上方倒入。用不完的茶就这样以左手持住倒回茶罐，或者可以放在茶荷中供客人观赏，如图3.2和图3.3所示。

图3.2　茶则的手法

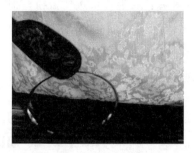
图3.3　置茶的手法

（4）清则：右手拿茶巾，左手持茶则往水盂上方擦拭，将茶末清于水盂内，茶则交给右手放回茶巾盘的前面。

4.茶壶的手法

（1）提壶法：以右手拇指、中指从提的上方提起，无名指、小指顶住提的下方，用食指点住茶壶盖钮，如图3.4所示。

（2）横提壶：拇指点住壶盖，其余4指抓住提把，或用右手抓壶把，以左手食指、中指压住盖钮，如图3.5所示。

图3.4　提壶手法

图3.5　横提壶的手法

（3）飞天壶：拇指点住壶盖钮，4指抓住提把，或拇指点住盖钮，食指、中指抓住提，无名指、小指顶住提把的下方。还有一种方法是用食指、中指、无名指抓住提，小指顶住提的下方。配合使用者的手，以容易操作为原则。

（4）提梁壶：以右手抓提的上方或用右手握住提梁后侧，要根据提梁的造型和线条而定，以容易操作为基本原则。注出茶汤时，左手食指、中指压住盖钮。

知识小链接

赏壶法：连同茶承一起逆时针转2次，使壶提朝前向左，端到茶巾前，由主客端进，依次取赏。

5. 茶海的手法

（1）壶型海：以茶壶作海，或壶型有滤网的海，手法同茶壶，注汤入海时，根据壶提的不同而手势略有不同。

（2）无盖后提海：右手拇指、食指抓住提的上方，中指顶住壶提的中侧，其余2指靠拢。

（3）双耳海：右手食指点住盖钮，拇指在流的左侧，剩下3指在右侧。

6. 煮水器（随手泡）的手法

（1）后提壶：左手拇指在提的上方，另4指稳稳地握住壶提，或者5指以抓棍子的方式圈握壶提。

（2）横提壶：以右手握住提，拇指在上，4指在下。以左手食指、中指压住盖钮。

（3）提梁壶：以左手5指握住壶提的上方。

知识小链接

注汤时，第一泡可以环绕，往内绕。第二泡以后不绕。

---

7. 杯子的手法

（1）小杯：以单手的拇指、食指拿住杯缘，其余3指轻轻靠住杯身，饮用时，向口边环转，在空出的一面饮用，如图3.6所示。

（2）大杯：以右手握杯，左手托住杯底，冬天可双手捧住杯身，如图3.7所示。

图3.6　小杯的手法

图3.7　大杯的手法

8. 杯托的手法

对于长方形的杯托，可采用以下手法。

（1）以左手拇指、食指拿住托的边缘，其余3指轻轻靠住托底。

（2）以右手拇指在上，四指在下连同杯子拿起杯托，放在左手掌心。

（3）左手拇指放在托的边缘上，4指在托底拿住，如图3.8所示。

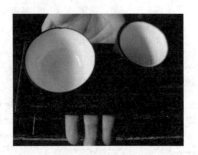
图3.8　杯托的手法

知识小链接

如果杯托内为圆碟形,可以用双手端起托边,奉向品茶者。

3.6.3 奉茶之道

奉好一杯茶,对一个从业人员来说,既要做到冲泡动作精确到位,又要行为举止大方自然、优雅美观,做到神形合一的技熟艺美。因此一位专业的奉茶者必须记住以下几点。

(1)对奉茶者来说,艺美主要从人的气质、风姿和礼仪中体现出来。通过努力,不断加强自我修养,即使容貌平平,饮茶者也可以从其言谈举止、衣着打扮中发现自然纯朴之美和极富个性的魅力,从而使饮茶增添情趣,并逐渐进入饮茶的最佳境界。相反,倘若举止轻浮、打扮妖艳、言行粗鲁,反而会使人生厌,降低饮茶欲望。

(2)气质对奉茶者来说也是非常重要的。较高的文化修养、得体的行为,以及对茶文化知识的了解和泡茶技能的掌握,会使奉茶者神、情、技合一,自然会给饮茶者以舒心的感觉。通常来讲,奉茶者如果是女性,则以恬静素装、整洁大方为上,切忌浓妆艳抹、举止失常;如果是一位男士,则以仪表整洁、言行端正为好,切忌言谈粗鲁、动作鲁莽。

3.6.4 接待外宾服务

茶事服务接待工作体现着茶艺馆服务工作的优劣及服务质量的高低。随着中国茶艺逐渐进入世界,越来越多的国外宾客对中国古老的茶文化产生兴趣。于是,茶艺馆成了他们了解茶文化的最好去处,而茶艺馆如何接待好外宾则成为非常重要的工作环节。

1. 接待外宾注意事项

(1)在茶艺服务接待过程中,以我国的礼貌语言、礼貌行动、礼宾规程为行为准则,使外宾感到中国不愧是礼仪之邦。在此前提下,当茶艺接待方式不适应宾客时,可适当地运用他们的礼节、礼仪,以表示对宾客的尊重和友好。

(2)茶艺服务人员在接待国外宾客时,要以"民间外交官"的姿态出现,特别要注意维护国格和人格,既不盛气凌人,也不低三下四、妄自菲薄。

(3)茶艺服务人员在接待外宾时,应满腔热情地对待他们,绝不能有任何看客施礼的意识,更不能有以衣帽取人的错误态度,应本着"来者都是客"的真诚态度,以优质服务取得宾客对茶艺服务人员的信任,使他们乘兴而来,满意而归。

(4)在茶艺接待工作中,宾客有时会提出一些失礼甚至无理的要求,茶艺服务人员应耐心地加以解释,决不要穷追不放,把宾客逼至窘境,否则会使对方产生逆反心理,不仅不会承认自己的错误,反而会导致对抗,引起更大的纠纷。茶艺服务人员要学会宽容别人,给宾客体面地下台阶的机会,以保全宾客的面子。当然,宽容绝不是纵容,不是无原则的姑息迁就,应根据客观事实加以正确对待。

2. 茶艺英语基本知识

1)茶艺(Tea Art)类用语

茶艺类用语见表3-3。

表3-3　茶艺类用语汉英对照表

汉　　语	英　　语
泡好一杯茶，要做到茶好、水好、火好、器好，这叫"四合其美"	To prepare a good cup of tea, you need fine tea, good water, proper temperature and suitable tea sets. Each of these four elements is indispensable
烧水时，一沸为蟹眼，二沸为鱼眼，三沸称为腾波鼓浪	There are three stages when water is boiling. At the first stage, the bubbles look like crab eyes; at the second, the bubbles look like fish eyes; finally, they look like surging waves
泡茶用的沸水，一般以蟹眼已过鱼眼生时为最好。水老不理想	The water boiling between the crab-eye stage and the fish-eye stage is the best for preparing tea. The water that has been boiling for a long time is not good
泡茶用的水以天然泉水为上	Natural spring water is best for tea
龙井茶以色绿、香郁、味纯、形美著称	Longjing tea is famous for its green color, delicate aroma, mellow taste and beautiful shape
"龙井茶、虎跑水"称为杭州的"双绝"，请品尝虎跑泉水	Longjing tea and Hupao spring water are known as "the double best" of Hangzhou. Please help yourself to some Hupao spring water
用玻璃杯泡茶时，可以欣赏到嫩芽飘动沉浮的美丽姿态	When we make tea in a glass, we can appreciate the beautiful dancing of the tender tea leaves and buds
花茶是由含苞待放的鲜花与茶坯混合窨制而成的	Scented tea is made by scenting the budding flowers and tea green
花茶以花香鲜灵持久，茶味醇厚回甘为上品	Top-grade Scental tea always has enduring fragrance and unforgettable after-taste
乌龙茶属于半发酵茶，有"绿叶红镶边"之称	Oolong tea is a kind of semi-fermented tea. People describe it as "green leaves with red edges"
铁观音产于福建安溪，品质好，有观音韵，人称"七泡有余香"	The Guanyin Oolong tea is from Anxi, Fujian Province. It has a high quality and has a "Guanyin" flavor. It is said that it is still fragrant after seven infusions
冲泡乌龙茶，水以刚烧沸为佳	Water that just reaches the boiling point is best for infusing Oolong tea
中国的"品"字，由3个口字组合，品尝乌龙茶时，以三口品为妙	The Chinese character "pin", which means "to taste", is made up of three "kou"（mouth）. Taste Oolong tea, you won't feel its excellence before three sips

2) 茶具(Tea Sets)类用语

茶具类用语见表3-4。

表3-4 茶具类用语汉英对照表

	汉 语	英 语
茶具类用语	冲泡乌龙茶的茶具，既有实用性，又有观赏性，广东潮汕地区俗称"烹茶四宝"	The set for making Oolong tea is both practical and pleasing to eyes, so they are called "four treasures for preparing tea" in the area of Chaozhou and Shantou in Guangdong Province
	紫砂茶具的特点是"泡茶不走味，贮茶不变色，盛夏不宜馊"	The typical advantages of zisha teapot are that they can prevent the tea from losing its flavor and fresh color. In summer, zisha teapot can prevent the tea from decaying quickly
	瓷器茶具的特点是传热、保温适中，色彩缤纷，造型多变	Porcelain tea sets can provide moderate heat transfer and preservation. And they can have various shapes and colors
	玻璃茶具的特点是透明度高，能增加茶的观赏性	Glass tea sets have a high degree of transparency, so it is convenient for people to appreciate the beauty of tea
	盖碗，有托、盅和盖，所以又称"三件套"	A "cover-bowl" consists of a saucer, a cup and a cover, so it is also called "a three-piece set."
	脱胎漆器茶具以产于福建福州的最为著名，除实用外，主要以摆设为主	The most famous bodiless lacquered tea sets come from Fuzhou in Fujian Province. Beside their usefulness it is mainly intended for decorative purposes
	竹编茶具，以四川产的最负盛名。它既是一种工艺品，又具有实用性	The bamboo-woven tea set produced in Sichuan Province is the most famous among its kind. It is a work of art as well as a useful container
	杯具：包括玻璃杯、盖碗、白瓷杯、闻香杯、紫砂杯、花瓷杯、公道杯等	Cups for drinking tea include glasses, cover-bowl, white porcelain cup, smellcup, zisha cups, colorful porcelain cups, justice cup and so on
	煮水器：包括烧水壶、风炉、酒精炉及随手泡(电烧水壶)	Tools used for making tea include kettle, stove, alcohol burner, electric stove and so on
	备茶器：包括茶罐、茶则、茶漏、茶匙等	Tools for tea preparation include tea caddy, tea scoop, funnel, tea spoon, etc
	泡茶器：包括茶壶、茶杯、茶盏(盖碗)	Tools for drawing tea include teapot, teacup, cover-bowl, etc
	盛茶器：包括茶海、茶杯、杯托、茶盘(茶船)	Tea containers include boat-shape bowls, teacups, cup saucers, tea tray and so on
	涤洁器：包括茶池、水盂、茶巾等	Washing appliances include a special sink for washing tea sets, basins, tea towels and so on

3) 茶俗(Tea Custom)类用语

茶俗类用语见表 3-5。

表 3-5 茶俗类用语汉英对照表

	汉 语	英 语
茶俗类用语	中国是茶叶的故乡，茶文化的发源地	China is the hometown of tea and cradle of tea culture
	陆羽《茶经》中提出茶能"精行俭德"	In book of tea, Lu Yu pointed out that drinking tea can refine one's morals and behavior
	客来敬茶是中国人的美德	It's virtue of Chinese people to serve tea to guests
	饮茶有养生保健的作用	Drinking tea is good for one's health
	泡茶时，由低向高连拉3次，称为"凤凰三点头"，这也表示向客人三鞠躬的意思	When pouring water into teacup, we lift the kettle from a lower position to a higher position for three times. It's called "phoenix nodding for three times" and it also means "bowing to guests for three times"
	茶满以七分为宜，这叫"七分茶，三分情"	A teacup should be 70 percent full. This is called "70 percent tea, 30 percent affection"
	斟茶要浅，中国有"浅茶满酒"之说	Do not pour tea the full of the cup, for in China, there is a saying: "A wine cup should be full and a tea cup half full"

课堂讨论

(1) 老师将茶具准备好，认识泡茶用具，边讲授边理解其用途。
(2) 根据老师演示，学习者跟着做。
(3) 学习者练习如何煮水。
(4) 学习者 2 人一组，分别扮演客人与茶艺服务员，练习奉茶礼节。
(5) 学习接待外国宾客的常用语。

单元小结

通过本单元的学习，掌握各种常用茶具的使用方法，学会如何对茶具进行简单操作，能用奉茶礼进行对客服务。

课堂小资料

心灵美——茶人的灵魂

心灵美是其他美的真正依托，是人的思想、情操、意志、道德和行为的综合体现，是人的"深层的美"。心灵美的核心是善。儒家学说认为"人之初，性本善"，人生本来具有善心，而善心则是心灵美的基础。那么什么是善心呢？孟子认为善心应包括仁、义、礼、智4个方面，也就是恻隐之心、羞恶之心、辞让之心、是非之心，而我们还应增加一个爱国之心。《荀子》中记载了这样一个小故事：子路入。子曰："由，知者若何？仁者若何？"子路对曰："知者，使人知己，仁者，使人爱己。"子曰："可谓士矣。"子贡入，子曰："赐，知者若何？仁者若何？"子贡对曰："知者知人，仁者爱人。"子曰："可谓士君子矣。"颜渊入,子曰:"回,知者若何,仁者若何?"颜渊对曰:"知者自知,仁者自爱。"子曰:"可谓明君子矣。"这个故事生动地告诉我们"爱己"是仁的最高境界。这种爱己不是自私的、狭隘的只爱自己,而是对自己人格的自信、自尊、自爱。有这种胸怀的人必然旷达自若,能以爱己之心爱人,以天地胸怀来处理人间事物,这也是茶人所追求的心灵美的最高境界。

考考你

(1) 茶艺的3种形态是什么?
(2) 宾客进入茶艺室,茶艺师要如何面对客人?
(3) 茶艺师接待蒙古族宾客,敬茶时应用哪只手服务表示尊重?
(4) 接待印度、尼泊尔宾客时,茶艺师应施何种礼节?
(5) 在为VIP宾客提供服务时,茶艺师应根据VIP宾客的何种情况准备茶品?

【3.6知识测试】

学习小结

本部分主要讲述茶艺服务人员在为客人进行茶事服务时简单的操作手法,主要培养学习者能够学会观察,跟随老师做,直到学习者自己能够进行手法操作。通过学习者角色扮演的形式,掌握服务心理知识,了解茶事服务的主要环节,锻炼其对客服务能力和外宾接待能力,从而更好地完成服务工作。

【知识回顾】

(1) 简述茶马古道。
(2) 什么叫茶叶?
(3) 简述温杯洁具的目的及操作技巧。
(4) 简述温润泡的目的及操作技巧。
(5) 简述世界三大红茶生产国家及代表品种。
(6) 为什么冲泡绿茶时水温过高茶汤会变黄?
(7) 普洱茶的存放时间是否越长越好?
(8) 茶事服务有哪些主要环节?
(9) 黑茶类茶叶的冲泡水温是多少?
(10) 茶艺服务员在接待外宾时有哪些注意事项?
(11) 简述如何为客人奉茶。
(12) 一把好紫砂壶需要具备哪些条件?
(13) 中国的瓷器茶具共分为几大类?
(14) 紫砂壶的鼻祖是谁?
(15) 如何为客人提供点茶服务?
(16) 取茶时为什么不宜发出噪声?

【体验练习】

(1) 要求:掌握茶事服务的程序,熟悉服务过程中的注意事项。
(2) 工具准备:茶单、各类茶具、托盘、茶叶、茶点等。
(3) 训练内容:迎宾服务、点茶服务、冲泡服务、茶点服务、台面服务、结账服务、送别、整理台面。

【考核评价】

考核评价表见表3-6。

表3-6 茶事服务模拟训练考核评价表

训 练 步 骤	训 练 要 求	满 分	得 分
迎宾服务	站立到位，姿势标准	3	
	善于观察，判断准确	3	
	适时招呼，引领标准	3	
点茶服务	茶单递送	3	
	推荐茶品时机	5	
	所推荐茶品是否适合季节、顾客状况	8	
	运用的推荐方法	5	
冲泡服务	茶叶展示、茶叶用量	3	
	清洁茶具、水温要求、个人卫生、动作规范	5	
	投放茶叶量、卫生情况	5	
	注水姿势、水流控制	9	
	焖茶时间、焖茶手法	5	
	分茶标准、卫生情况	8	
	敬茶姿势、茶杯拿法	5	
	品饮方法及要求	5	
茶点服务	茶点与茶叶的搭配	6	
台面服务	添加茶水、再次推销、清理桌面	8	
结账收款	准确无误，礼貌快速	3	
送别	提醒不要遗忘物品，取回代客保管的衣物，礼貌送别，配合手势、鞠躬礼、微笑	3	
整理台面	及时检查有无遗留物品，重新布置台面，补充所需用品，清洗、消毒茶具和用具并存放好，当班人员简短总结	5	
总分		100	

4 茶艺表演

学习任务

通过本部分的学习：
- 掌握茶艺表演的基本要求
- 运用茶艺解说词的程序编排原则
- 了解常见茶类的茶叶冲泡技巧
- 知晓常见茶类的生活待客型茶艺操作流程
- 学会几种名茶的表演型茶艺操作流程

知识导读

茶艺表演是在茶艺的基础上产生的，它是通过各种茶叶冲泡技艺的形象演示，科学地、生活地、艺术地展示泡饮过程，使人们在精心营造的幽雅环境氛围中，得到美的享受和熏陶。茶艺表演作为茶文化精神的载体，已经发展成为非同一般表演的艺术形式，渐渐受到人们的关注。

学习单元一　了解茶艺表演的基本要求

学习内容

- 了解茶艺表演的具体特征
- 掌握茶艺解说词编排的原则
- 能够运用相关美学知识对表演程序进行合理编排

贴示导入

此部分内容可以安排学习者观看茶艺表演的录像，通过小组讨论的形式，观察、总结在录像中看到的"不和谐"的因素。

深度学习

4.1.1　茶艺表演的特征

1. 茶艺表演的艺术性

茶艺表演中包括主泡、助泡的位置，出场进场的顺序，行走的路线，行走时的动作，敬茶、奉茶的顺序、动作，客人的位置，器物进出的顺序，器物摆放的位置，器物移动的顺序及路线等都有一定的艺术性和规范性。人们往往注重移动的目的地，而忽视了移动的过程，而这一过程正是茶艺表演与一般品茶的明显区别之一。这些位置、顺序、动作所遵循的原则是合理性、科学性，符合美学原理及遵循茶道精神"和、敬、清、寂"与"廉、美、和、敬"，符合中国传统文化的要求。茶艺表演的"精、清、净、美"表现在以下方面。

（1）精（精品、精通、熟练）：是指茶叶要选取名茶、特色茶，质量上乘。水须为好水，茶具质量上乘与茶相配。精，上乘也，沏泡出一杯上等茶汤，令人拍案叫绝。同时也包括精通、熟练茶艺表演，精通选茶、置具、选水、贮茶、熟练沏泡程序。

（2）清（纯洁、纯和、无邪、清醒、去杂念）：茶可使人头脑清醒，称提神醒脑，也包括人、水、环境之清爽。

（3）净（洁净、净化）：包括人、环境、茶叶、茶器、水等。人的洁净，如手的洁净，头发的梳理、衣服的清洁整齐；桌椅、板凳无尘埃，场所无杂物；茶具应洗涤干净；水应干净符合饮用要求；茶叶应干净，无杂物。此外是人思想上、心灵上的净化，无杂念、邪念。

（4）美（美好）：美应符合茶道的美，符合观赏美学的要求，符合中国传统文化的审美情趣。如服装合身，衣着得体，举止大方，环境优美、清爽；茶艺表演中的礼仪美、茶艺表演中的站位、顺序、动作美；茶器具是否配套，环境布置选择美；等等。

2. 茶艺服饰的新颖性

茶艺表演服装的款式多种多样，但应与所表演的主题相符合，服装应得体、端庄、大方，符合审美要求。如"唐代宫廷茶礼表演"，表演者的服饰应该是唐代宫廷服饰；"白族三道茶表演"着以白族的民族特色服装；

【茶艺与服饰】

"禅茶"表演则以禅衣为宜等。

3. 茶艺环境的优雅性

茶艺表演的环境选择与布置是重要的环节，表演环境应无嘈杂之声，干净、清洁、窗明几净，室外也须洁净。如日本茶道在茶会前要打扫庭院，室内悬挂简单又令人沉思良久的字画、插花及布置小型花卉等，这有利于茶艺表演的进行，使人们感受到茶的清净。

4. 茶艺音乐的协调性

茶艺所配音乐与茶艺表演的主题应该相符合。正如服装与茶艺表演主题相符合一样，都是有助于人们对表演效果的肯定与认同。如"西湖茶礼"用江南丝竹的音乐；"禅茶"用佛教音乐。

5. 茶艺礼仪的规范性

中国是文明古国、礼仪之邦，素有客来敬茶的习俗。茶是礼仪的使者，可融洽人际关系。在众多茶艺表演中都有礼仪的规范。如"唐代宫廷茶礼"就有唐代宫廷常用礼仪；"禅茶"中有敬茶（奉茶）之后，僧侣向客人的礼仪（图4.1）；日本茶道中有主人对客人的礼仪、客人对客人的礼仪、人对器物的礼仪（图4.2），等等。

在行礼时，行礼者应该怀着对对方的真诚敬意去行礼。行礼应保持适度、谦和，是从内心深处发出的敬意，从而体现到礼仪中，其中包括眼睛的视角、动作的柔和、连贯、手臂摆动的幅度等。

图 4.1　禅茶中的敬茶礼节

图 4.2　日本茶道茶礼

4.1.2　解说词的创作

在解说词的创作过程中要具有完整性。从开始准备茶具到收具谢客，每一个步骤都要一环扣一环，体现出了解说词的连贯性；此外，在创作过程中，还要有一定的诗意及艺术性，其中有些是以古代文人所留下的诗词歌赋为内容，采用抒情方式表达其意的；有些是通过动作的"形"表示其意的，如"凤凰三点头"；但也有无形的，通过有形的茶艺动作以最终的结果去说明其意，具体内容分为三大类。

1. 代表吉祥与祝福

1) 浅茶满酒

在中国民间，有一种说法叫做"茶满欺人，酒满敬人"，或者"浅茶满酒"，主要是指在用玻璃杯或瓷杯或盖碗直接冲泡茶水，用来供宾客品饮时，一般只将茶水冲泡到品茗杯的七八分满。这是因为茶水是用热水冲泡的,主人泡好茶后,马上将茶奉给宾客,倘若是满满的一杯热茶,无法用双手端茶敬客,一旦茶汤溢出,又有失礼仪。其次,人们品茶通常采用热饮,满满一杯热茶会烫坏嘴唇,这会使宾客处于尴尬境地。再者,茶叶经热水冲泡后,总会或多或少有部分叶片浮在水面。

知识小链接

人们饮茶时,常会用嘴稍稍吹口气,使茶杯内浮在表面的茶叶下沉,以利于品饮;如用盖碗泡茶,也可用左手握住盛有茶汤的碗托,右手抓住盖钮,顺水由里向外推去浮在碗中茶水表面的茶叶,再去品饮茶叶。

如果满满一杯热茶,一吹一推,会使茶汤洒落桌面。而饮酒则习惯于大口畅饮,显得更为豪放,所以在民间有"劝酒"的做法。加之,通常饮酒不必加热,提倡的是温饮。即使加热,也是稍稍加温就可以了,因此,大口喝酒也不会伤口。所以说浅茶满酒,既是民间习俗,又符合饮茶喝酒的需求。

2)七分茶、三分情

七分茶、三分情是浅茶满酒的体现。其做法是主人在为宾客分茶,或是直接泡茶时,要做到茶水的用量正好控制在品茗杯(碗)的七分满。而留下的三分空间则充满了主人对客人的情意。其实,这是泡茶和品茶的需要,而民间,则上升成为融洽主宾的一种礼仪用语。

3)凤凰三点头

凤凰三点头

"凤凰三点头"是茶艺中的一种传统礼仪,是对客人表示的敬意,同时也表达了对茶的敬意。

在操作中要高提水壶,让水直泻而下,接着利用手腕的力量,上下提拉注水反复3次,让茶叶在水中翻动。这一冲泡手法,雅称凤凰三点头。凤凰三点头不仅是为了泡茶本身的需要,也为了显示冲泡者的姿态优美,更是中国传统礼仪的体现。三点头像是对客人鞠躬行礼，是对客人表示敬意，同时也表达了对茶的敬意。

凤凰三点头最重要在于轻提手腕，手肘与手腕平，便能使手腕柔软有余地。所谓水声三响三轻、水线三粗三细、水流三高三低、壶流三起三落都是靠柔软手腕来完成的。至于手腕柔软之中还需有控制力，才能达到同响同轻、同粗同细、同高同低、同起同落而显示手法精到，最终才会看到每碗茶汤完全一致。

=== 知识小链接 ===

凤凰三点头寓意三鞠躬，表达主人对客人有敬意善心，因此手法宜柔和，不宜刚烈。然而，水注3次冲击茶汤，更多激发茶性，也是为了泡好茶。不能以表演或做作的心态去对待，否则达不到心神合一，做到更佳。

2．拟人与比喻

在饮茶技艺中，还有些约定和成规是通过形象的手法，用拟人的方法和比喻的动作去说明问题的。最明显的例证，前者如关公巡城、韩信点兵；后者如内外夹攻、端茶送客就是如此。

1）关公巡城

关公巡城

在茶艺过程中，关公巡城既是寓意，又是动作，多用于福建及广东潮（州）汕（头）地区冲泡工夫茶时运用。这些地方冲泡工夫茶，与台湾地区目前流行冲泡工夫茶的方法是不一样的，福建、广东人冲泡工夫茶时，茶量通常要比冲泡普通茶高出2～3倍，这样大的用茶量，冲泡浸水后，茶叶几乎占据了整个茶壶，使壶中的茶汤上下浓度不一，如将壶中的茶水直接分别洒到几个小小的品茗杯中，往往使前面几杯的茶汤浓度偏淡，后面几杯的茶汤浓度偏浓，这在客观上不符合茶人精神，不能平等对客。为此，在福建和广东的汕头、潮州一带，通过长期的饮茶实践，总结出了一套能解决这一矛盾的工夫茶冲泡方法，关公巡城就是其中之一。具体做法是，用壶或盖碗冲泡好工夫茶后，在向几个品茗小茶杯中倒茶汤时，为使各个小茶杯的茶汤多少，以及茶汤的颜色、香气、滋味前后尽量接近，做到公平待客,在分茶时,先将各个小品茗杯,按宾客多少"一"字形排列,再用来回提壶倒茶法依次向杯中洒茶,尽量使各个品茗杯中的茶汤浓度均匀。

知识小链接

在人们的心目中,三国时的武将关公(关云长)是紫红色的脸面。如此,提着紫红色的冲茶器,在热气腾腾条形排列的城池(一排小品茗杯)上来回巡茶,犹如"巡城"一般,故而将这一动作称为"关公巡城"。它既生动,又形象,还道出了动作的连贯性。

关公巡城这道冲泡程序,目的在于使分茶时各个品茗杯中的茶汤多少、浓度达到一致,称它为"关公巡城"是一种拟人化的美称。

2)韩信点兵

韩信点兵与关公巡城一样,既是饮茶的需要,又是一种拟人的比喻,也是一种美学的体现。这在小杯啜工夫茶时常加运用,特别是冲泡福建工夫茶和广东潮(州)汕(头)工夫茶时最为常见。这一茶艺程序是紧跟关公巡城进行的。因为经巡回分茶(关公巡城)后,还会有少许茶汁留在冲泡器中,而冲泡器中的最后几滴茶汁往往是最浓的,也是茶汤的精髓所在,弃之可惜。为了将少许茶汁均匀分配在各个品茗杯中,所以,还得将冲泡器中留下的几滴茶汤,分别一滴一杯,滴入到每个品茗小杯中,这种分茶动作被人形象地称为"韩信点兵"。

知识小链接

韩信,乃是西汉初的一位名将,他足智多谋,善于用兵、点兵。用"滴滴茶汁,一一入杯"之举比做"韩信点兵"实在是惟妙惟肖,使人回味无穷。就茶艺而言,"韩信点兵",其关键是通过分茶使各个品茗杯中的茶汤达到均匀一致,而这个形象的拟人动作也体现了工夫茶冲泡中的一种美学展示。

3）内外夹攻

内外夹攻

内外夹攻是针对于一些采摘原料比较粗老的成熟叶片使用的一道操作程序。成熟叶片耐泡且香气高扬，茶汤浓郁，最典型的茶类是乌龙茶类和黑茶类。最佳的采摘原料是从茶树新梢上采下的"三叶半"，即待茶树新梢长到顶芽停止生长，新梢顶上的第一叶刚放半张叶时采下顶部"三叶半"新梢，是为上品。这与采摘单芽加工而成的茶相比，显然原料要粗老。对这种茶，茶汁很难冲泡出来，所以冲泡时水温要高。为提高泡茶时的水温，不但泡茶用水要求现烧现泡，泡茶后当即加盖，加以保温；而且要在泡茶前，先用热水温烫茶壶（茶壶建议选择紫砂壶），以免泡茶用水被壶吸热而降温；而且，还得在泡茶后用沸水淋壶的外部追加温度。这一茶艺程序称为"内外夹攻"。

知识小链接

内外夹攻的寓意是淋在壶里、热在心里，给品茶者一个温馨之感。其实，这一程序在很大程度上是出于泡茶的需要。主要有两个目的：一是为了保持茶壶中的水温，促使茶汁浸出和茶香透发；二是为了清除茶壶外溢出的茶沫，以清洁茶壶。这一程序对冬季或寒冷地区冲泡乌龙茶而言，更是必不可少。

4）游山玩水

游山玩水

采用壶泡法,通常在冲泡后,难免有水滴落在壶的外壁,特别是冲泡乌龙茶时,不但泡茶冲水要满出壶口,要有淋壶,使壶的外壁附着许多水珠。如果要将壶中的茶汤再分别倒入各个品茗杯中,这一过程称为分茶。分茶时,常用右手拇指和中指握住壶把,食指抵住壶的盖钮,再提起茶壶,为了不使溢在壶表顺势流向壶足的水滴落在桌面上,通常在分茶前,先把茶壶底足在茶船上沿逆时针方向划动一圈,再将壶底置于茶巾上按一下,这样可以除去附在壶底上的水滴。在这一过程中,由于把壶沿着"小山"(茶船)划了一圈,目的在于除去游动着的壶底之水,因而美其名曰"游山玩水"。

5)端茶送客

茶可用来敬客,但在中国历史上,也有以茶逐客的。这种做法过去多见于官场中。如大官接见小官时,大官都堂堂正正地摆好架子,端坐大堂上。侍从在两边站成排。然后传令"请!"于是小官进堂拜谒,旁坐进言,倘若有言语冲撞,或遇言违而意不合,或言繁而烦心,大官就会严肃地端起茶杯,以一种端茶的特定方法,示意左右侍从"送客"。而侍从也就心领神会,齐呼"送客"。在这种情况下,端茶就成为一种"逐客令"。但端茶逐(送)客与客来敬茶的美德是背道而驰的,特别是在提倡社会文明进步的今天,此风更不可长。

3. 方圆与规矩

在茶艺过程中,有些方圆与规矩是在总结泡茶技艺的基础上形成的。所以,这种茶艺程序是在泡茶实践中逐渐总结出来的,而又在实践中得到提高与升华。

1)老茶壶泡和嫩茶杯泡

这里说的是较为粗老的茶叶需用有盖的瓷壶或紫砂壶泡茶;而对一些较为细嫩的茶叶适用无盖的玻璃杯或瓷杯冲泡。因为对一些原料较为粗老的鲜叶加工而成的中、低档大宗红、绿茶,以及乌龙茶、普洱茶等特种茶来说,它们有的因原料所致,有的因茶类所需,采摘的鲜叶原料,与细嫩的名优绿茶,以及少数由嫩芽加工而成的红茶、白茶、黄茶相比,因茶较粗、较大,处于老化状态,所以,茶叶中的纤维素含量高,茶汁不易在水中浸出,因此,泡茶用水需要有较高的温度才能出味。而乌龙茶,由于茶类采制的需要,采摘的原料新梢,已处于半成熟状态,冲泡时,既要有较高的水温,还要在一定时间内保持水温不致很快下降,只有这样,才能透香出味。

而这些茶选用茶壶冲泡,不但保温性能好,而且热量不易散失,保温时间长。倘若用茶壶去冲泡原料较为细嫩的名优茶,因茶壶用水量大,水温不易下降,会"焖熟"茶叶,使茶的汤色变深,叶底变黄,香气变钝,滋味失去鲜爽,产生"熟汤"味。如改用无盖的玻璃杯或瓷杯冲泡细嫩名优茶,既可避免对观赏细嫩名优茶的色、香、味带来的负面效应,又可使细嫩名优茶的风味得到应有的发挥。

=== 知识小链接 ===

对一些中、低档茶和乌龙茶、普洱茶而言,它们与细嫩名优茶相比,冲泡后外形显得粗大,无秀丽之感,茶姿也缺少观赏性,如果用无盖的玻璃杯或瓷杯冲泡,会将粗大的茶形直观地显露眼底,一目了然,有失雅观,或者使人"厌食",引不起品茶的情趣来。

由上可见，老茶壶泡，嫩茶杯泡，既是茶性对泡茶的要求，也是品茗赏姿的需要，它符合科学泡茶的道理。

2）高冲和低斟

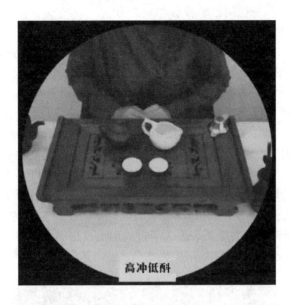

高冲低斟

高冲与低斟是对泡茶与分茶而言的。前者在泡茶时，采用壶泡法，尤其是用提水壶向泡茶器冲水时，落水点要高。冲泡时，犹如"高山流水"一般。冲泡工夫茶（乌龙茶）时更加讲究，要求冲茶时，一要做到提高水壶，使沸水沿茶壶口边缘冲水，避免直接冲入壶心；二要做到注水不可断续，不能仓促。

───────── 知识小链接 ─────────

泡茶为何要用高点注水呢？这是因为高冲泡茶能使热力直冲泡茶器底部，随着水流的单向流动和上下旋转，有利于泡茶器中的茶汤浓度达到相对一致。另外，高冲泡茶，特别是首次续水，对乌龙茶来说，随着泡茶器中茶的旋转和翻滚，使茶的叶片很快舒展，可以除去附着在茶片表面的尘埃和杂质，能为乌龙茶的洗茶、刮沫打下基础。

茶叶经过高冲后，通常还要进行适时分茶，即斟茶。具体做法是将泡茶器（壶、罐、瓯）中的茶汤一一斟入到各个品茗杯中，但斟茶与泡茶不一样。斟茶时，提起茶壶分茶的落水点宜低不宜高，通常以稍高于品茗杯口为宜。在茶艺过程中，相对于"高冲"而言，人们称之为"低斟"。这样做的目的在于：高斟会使茶汤中的茶香飘逸，降低品茗杯中的茶香味；而低斟，可以在一定限度内，尽量保持茶香。高斟会使注入品茗杯中的茶汤表面泡沫丛生，从而影响茶汤的洁净和美观，会降低茶汤的欣赏性。高斟还会使分茶时产生"嘀嗒"声，弄得不好，还会使茶汤翻落桌面，使人生厌。

其实，高冲与低斟是茶艺过程中两个相连的动作，它们是人们在长期泡茶实践中的经验总结，目的是有利于提高茶的冲泡质量。

3）恰到好处

恰到好处，这是泡茶待客时的一个吉祥语。其做法是泡茶选器时，根据品茶人数，再选择泡茶用的茶壶或茶罐；按泡茶器容量大小，配上相应数量的品茗杯，使分茶时每次在泡茶器中泡好的茶不多不少，总能刚刚洒满对应的品茗杯(通常为品茗杯的七八分满)。其实恰到好处，既是喜庆吉祥之意，又是茶人精神的一种体现，它表达的意思是：人与人之间是平等的，不分先后、一视同仁、没有你我之分。

4) 上投法、下投法和中投法

三种投茶方法是对在茶的冲泡过程中如何投茶而言的。在实践过程中，要有条件、有选择地进行。如果运用得当，既能掩盖不足，而且还能平添情趣。

(1) 上投法。上投法是在茶叶冲泡时，按需要在杯中冲上开水至七分满，再用茶匙按一定比例取出适量茶叶，投入盛有开水的茶杯中。用上投法泡茶，多数因泡茶时开水水温过高，而冲泡的茶又是紧细重实的高级细嫩名茶时采用，诸如高档细嫩的径山茶、碧螺春、祁门红茶等。但用上投法泡茶，它虽然解决了冲泡某些细嫩高档名茶时，因水温过高而造成对茶汤色泽和茶姿挺立带来的负面影响，但却会造成茶汤浓度上下不一的不良后果。因此，品饮上投法冲泡的茶叶时，最好先轻轻摇动茶杯，使茶汤浓度上下均一，茶香透发后再品茶。另外，用上投法泡茶，对茶的选择性也较强，如对茶形松散的茶叶，或毛峰类茶叶，都是不适用的，它会使茶叶浮在茶汤表面。不过，用上投法泡茶，在某些情况下，若能向宾客主动说明其意，有时反而能平添饮茶情趣。

(2) 下投法。这是在冲泡上用得最多的一种投茶方法，它是相对于上投法而言的。具体方法是：按茶杯大小，结合茶与水的用量之比，先在茶杯中投入适量茶叶，而后按茶与水的用量之比，将壶中的开水高冲入杯至七八分满为止。用这种投茶法泡茶，操作比较简单，茶叶舒展较快，茶汁较易浸出，且茶汤浓度较为一致。因此，有利于提高茶汤的色、香、味。目前，除细嫩、高级名优茶外，多数采用的是下投法泡茶。但用下投法泡茶，常由于不能及时调整泡茶水温，而达不到各类茶冲泡时对适宜水温的要求。

4 茶艺表演

（3）中投法。中投法是相对于上投法和下投法而言的。目前，对一些细嫩名优茶的冲泡，多数采用中投法，具体操作方法是：先向杯内投入适量茶叶，而后冲上少许开水（以浸没茶叶为宜）；接着，右手握杯，左手平摊，中指抵住杯底，稍加摇动，使茶温润；再用高冲法或凤凰三点头法，冲开水至七分满。中投法泡茶，在很大程度上解决了上投法和下投法对泡茶造成的不利影响，但操作比较复杂。

4.1.3　如何进行茶艺程序安排

茶艺的"艺"之美，是指茶艺程序编排的内涵美，以及茶艺表演的动作美、神韵美和服装道具美。

1. 茶艺程序编排的内涵美

俗话说："外行看热闹，内行看门道"。一套茶艺程序编排得美不美，要看4个方面。

119

（1）是否"顺茶性"。通俗地说，就是按程序操作，是否能把茶叶的内含物质发挥得淋漓尽致，泡出一壶最可口的好茶来。

我国的茶叶可分为基本茶和再加工茶两大类。基本茶类包括绿茶、红茶、乌龙茶（青茶）、白茶、黄茶和黑茶六大类；在再加工茶类中，常用于茶艺表演的有花茶和紧压茶。各类茶的茶性（如粗细程度、老嫩程度、发酵程度、火工水平等）各不相同，所以泡不同的茶时所选用的器皿、水温、投茶方式、冲泡时间等也各不相同。

【静思茶道精神与内涵】

（2）是否"合茶道"。通俗地说，就是看这套茶艺是否符合茶道所倡导的"精行俭德"的人文精神，"和静怡真"的基本理念。茶艺表演既要以道驭艺，又要以艺示道。

以道驭艺，是指茶艺的程序编排必须遵循茶道的基本精神，以茶道的基本理论为指导；以艺示道，通过茶艺表演来表达和弘扬茶道精神。有些茶艺的程序很传统、很形象、很流行。

（3）是否"重细节"。目前，我国流传较广的茶艺多是在传统的民俗茶艺的基础上整理出来的。有个别程序按照现代的眼光去看是不科学、不卫生的。例如，有的地区的茶艺要求泡出的茶要烫嘴，认为烫的茶喝着才过瘾，但从现代医学卫生理论看，过烫的食物反复刺激口腔黏膜易导致口腔病变，诱发口腔癌；有些茶艺的洗杯程序是将整个杯子放在一小碗水里洗，甚至是杯套杯滚着洗，这样会使杯外的脏物粘到杯内，越洗越脏。对于这些传统民俗茶艺中不够科学、不够卫生的程序应当慢慢被淘汰。

（4）是否"思品位"。这主要是指各个程序的名称和解说词应当具有较高的文学水平。解说词的内容应当生动、准确，有知识性和趣味性，能够艺术地介绍所泡茶叶的特点和历史。

【唐代宫廷茶艺表演】

2. 茶艺表演动作美和神韵美

茶艺，首先是一门生活艺术而不是舞台艺术。

（1）茶艺表演的动作美。比起其他的表演艺术来，茶艺更贴近生活，更直接地服务于生活。它的动作不强调难度，而是强调生活实用性，在此基础上表现流畅的自然美。在表演风格上，茶艺注重自娱、自享和内省内修。有点像练太极拳一样，它虽然也可用于表演，但根本作用还是个人修身养性。

泡茶是日常生活中一种平凡的活动，只要能以茶道为指导，专心一意，不张扬，认真泡茶，当达到十分熟练的程度后，必定会实现"技"的升华，达到"道"对技的超越，这样不仅学习者本人会在平凡的活动中享受到创造的自由和精神的愉悦，别人也会从你朴实的操作中感受到美。

（2）茶艺表演的神韵美。"韵"是美的最高境界，可以理解为传神、动心、有余意。在古典美学中常讲"气韵生动"，在茶艺表演中要达到这个境界要经过三个阶段。

① 要求达到熟练。这是基础，因为只有熟，才能生巧。

② 要求动作规范、细腻、到位。

③ 要求传神达韵。在传神达韵的练习中，要特别注意"静"和"圆"。

课堂讨论

（1）此部分内容可以先发放一篇茶艺表演解说词（引导文），学习者可以自行组织阅读，总结解说词所包含的内容。

龙井茶产自"上有天堂、下有苏杭"的西湖之畔。诗人常用"黄金芽，无双品"等美好词句来表达对龙井茶的酷爱。冲泡前的龙井茶干茶外形：条索扁平挺直、匀齐光滑、形似莲心。它以"色绿、味醇、形美、香郁"四绝著称于世。

① 玉手净素杯。目的是为了提高器具的温度，使茶的色、香、味能更好地发挥出来。

② 玉壶含烟。龙井茶是天地孕育的灵物，优质的芽叶更是不可多得。若用开水直接冲泡，则会烫伤茶叶，影响茶叶的真香实味，品饮时，茶汤会有熟烫味。

③ 暖屋候佳人。将龙井茶比作让人一见倾心的绝代佳人，暖屋即指冲烫后的茶杯，暖屋候佳人即指投茶。

④ 甘露润春茶。

⑤ 碧波送茶香。

⑥ 流水媳丹春。采用吊水线的注水方法再次降低开水温度，以免烫伤茶叶。

⑦ 观音捧玉瓶。意在祝福各位来宾一生平安。

⑧ 现在请各位来宾与我一同品茶。

（2）找出解说词创作中的注意事项或禁忌操作。

（3）列举茶艺表演中神韵美所经过的三个阶段。

单元小结

通过本单元的学习，使学生了解茶艺表演的艺术特征，能够根据茶叶的品质特征编排、创作解说词内容；合理编排茶艺表演操作程序。

课堂小资料

中国古老的茶文化可以上溯到"神农尝百草"、炎帝时期，茶文化的形成、发展及完善与茶艺是分不开的。从中国最早的茶道萌芽时期晋代开始，至茶道盛行的唐代，尚无茶艺表演的专职。但唐代因陆羽善于烹茶被太守请去试茗；另据《封氏闻见记》记载，唐代御史大夫李季卿宣慰江南时，曾请常伯熊表演煮茶，表演时，常氏手里拿着茶壶，口中述说着茶名，逐一详细说明，大家佩服异常。两者与现在的茶艺表演有着相似之处。陆羽在茶经中对茶艺过程也有过深刻的描述，对选茗、蓄水、置具、烹煮、品茗各个环节非常讲究，并制定了一整套茶艺程序，这已明显带有浓厚的艺术形式和丰富的内涵，推进了茶的技艺演化过程。宋代，人们兴起斗茶，卖茶水的人也相互间试论高低，被时人称为"茶百戏"，既能称"戏"自然是一种表演内容了。无论是"试茗"还是"茶百戏"，至少说明茶艺表演在中国古代的茶文化样式中已渐呈现表演的意识。

考考你

（1）茶艺解说词的创作分为哪几类？

（2）茶艺程序编排的内涵美包括哪些方面？

（3）简述常见茶艺冲泡的投茶方法。

【4.1知识测试】

学习单元二 掌握各类茶的冲泡技巧

学习内容

● 熟悉绿茶的品质特征

- 知晓红茶的饮用方式
- 学会运用红茶制作调饮饮料
- 掌握各类茶的泡茶要素

=== 贴示导入 ===

此部分内容可随意摆放一些茶具，请小组中的学习者按照不同茶类的特征，组合摆放桌上的茶具，选择一个人为代表陈述如此摆放的理由。

深度学习

4.2.1 绿茶类的冲泡技巧

绿茶是不发酵茶，冲泡的程序非常简单。冲泡前需要烫杯，这样有利于茶叶色、香、味的发挥。绿茶在色、香、味上，讲求嫩绿明亮、清香、醇爽。在六大茶类中，绿茶的冲泡看似简单，其实极考功夫。因绿茶不经发酵，保持茶叶本身的鲜嫩，冲泡时略有偏差，易使茶叶泡老闷熟、茶汤黯淡、香气钝浊。此外，又因绿茶品种最丰富，每种茶由于形状、紧结程度和鲜叶老嫩程度不同，冲泡的水温、时间和方法都有差异。

绿茶具有绿叶清汤的品质特征。嫩度好的新茶色泽绿润、芽峰显露、汤色明亮。其代表品种有"龙井""碧螺春"等。

1. 冲泡水温

古人对泡茶水温十分讲究，特别是在饼茶、团茶时期，控制水温是泡好茶的关键因素之一。概括起来，烧水要大火急沸，刚煮沸起泡为宜，水老水嫩都是大忌。水温的不同茶叶成分溶解程度也不同，这会影响茶汤滋味和茶香。

绿茶用水温度应视茶叶质量而定。高级绿茶，特别是各种芽叶细嫩的名绿茶，以80℃左右为宜。茶叶越嫩绿，水温越低。水温过高，易烫熟茶叶，茶汤变黄，滋味较苦；水温过低，则香味低淡。至于中低档绿茶，则要用100℃的沸水冲泡。如水温低，则渗透性差，茶味淡薄。此外需说明的是，高级绿茶用80℃的水温，通常是指将水烧开后再冷却至该温度；若是处理过的无菌生水，只需烧到所需温度即可。

2. 茶叶的用量

茶叶用量并没有统一标准，视茶具大小、茶叶种类和各人喜好而定。一般来说，冲泡绿茶，茶与水的比例大致是1∶50～1∶60。严格的茶叶评审时，绿茶是用150毫升的水冲泡3克茶叶。茶叶用量主要影响滋味的浓淡，这完全取决于个人的习惯。初学者可以尝试不同的茶叶用量，找到自己最喜欢的茶汤浓度。

3. 冲泡时间及次数

绿茶的冲泡时间不宜过长，茶汤颜色为嫩绿色，如时间过长，则会变成老黄色，滋味也会大打折扣。此外，冲泡时间及冲泡次数可根据地域不同、客人要求进行调整。

4.2.2 红茶类的冲泡技巧

红茶为红叶红汤，这是经过发酵形成的品质特征。干茶色泽乌润，滋味醇和甘浓，汤色红亮鲜明。红茶有"功夫红茶""红碎茶"和"小种红茶"型,品牌以"祁红""宁红"和"滇红"最有代表性。

1. 红茶特征

鉴别红茶优劣的两个重要感官指针是"金钢圈"和"冷后浑"。茶汤贴茶碗一圈金黄发光,称"金钢圈"。"金钢圈"越厚,颜色越金黄,红茶的品质就越好。所谓"冷后浑",是指红茶经热水冲泡后茶汤清澈,待冷却后出现浑浊的现象。"冷后浑"是茶汤内物质丰富的标志。红茶既适于杯饮,也适于壶饮。红茶品饮有清饮和调饮之分。

2. 红茶的饮用方式

1) 清饮

清饮,即不加任何调味品,使茶叶发挥应有的香味。清饮法适合于品饮功夫红茶,重在享受它的清香和醇味。

先准备好冲泡器具,如煮水的壶,盛茶的杯或盏等。如果是高档红茶,那么,以选用白瓷杯为宜,以便观色,需用洁净的水,加以清洁杯具。将2~3克红茶放入白瓷杯中。若用壶泡,则按1:50的茶水比例确定投茶量,然后冲入沸水,通常冲水至八分满。红茶经冲泡后,通常经3分钟即可先闻其香,再观察红茶的汤色。这种做法在品饮高档红茶时尤为时尚。至于低档茶,一般很少有闻香观色的。待茶汤冷热适口时,即可举杯品味。饮高档红茶,饮茶人需在"品"字上下工夫,缓缓啜饮,细细品味,在徐徐体察和欣赏之中,品出红茶的醇味,领会饮红茶的真趣,获得精神的升华。

2) 调饮

调饮是在茶汤中加调料以佐汤味的一种方法。较常见的是在红茶茶汤中加入糖、牛奶、柠檬片、咖啡、蜂蜜或香槟酒等,也有在茶汤中同时加入糖、柠檬、蜂蜜和酒同饮的,或置冰箱中制作出不同滋味的清凉饮料,都别有风味。如果品饮的红茶属条形茶,一般可冲泡2~3次。如果是红碎茶,通常只冲泡一次;第二次再冲泡滋味就显得淡薄了。

3. 红茶的冲泡技巧

1) 冲泡水温

红茶属于暖性,适合多类人群饮用,在冲泡时水温要高,一定要使用开水。茶叶也比绿茶放得多,有的红茶还需要煮,这种茶的喝法各地很不一样。但水温要求都要现沸水。

2) 茶叶的用量

冲泡浓茶,每人2~3克的茶叶量,但是要想泡出好红茶,建议最好以2杯的红茶用量(约5克)来冲泡成1杯,这样较能充分发挥红茶香醇的原味,也能享受到续杯乐趣。

3) 冲泡时间及次数

红茶的冲泡时间是2~3.5分钟。若需要调饮,可以依个人口味加入适量的糖或牛奶;若是选择清饮,则注重的完全就是红茶的本色与原味。

4.2.3 乌龙茶(青茶)类的冲泡技巧

乌龙茶亦称青茶,属于半发酵茶,色泽青褐如铁,故又名青茶。乌龙茶做工精细,综合了红、绿茶初制的工艺特点,使之兼具红茶之甜醇,绿茶之清香。其味甘浓而气馥郁,无绿茶之苦，无红茶之涩，性和而不寒，久藏而不坏，香久愈精，味久益醇。加之"绿叶红镶边"的色泽，壮结匀整之外形，高级乌龙更有特殊"韵味"（如武夷岩具有岩骨花香之岩韵，铁观音之观音韵），使得乌龙茶特别引人注目，奇妙无比。乌龙茶的品饮特点是重品香，先闻其香后尝其味，十分讲究冲泡方法。以"铁观音""大红袍""冻顶乌龙"等最具代表性。

【乌龙茶的冲泡技巧】

1. 乌龙茶的种类简介

（1）闽北乌龙：武夷岩茶（大红袍、铁罗汉、水金龟、白鸡冠和肉桂）和闽北水仙。

（2）闽南乌龙：铁观音、本山、毛蟹、黄金桂、奇兰等。

（3）广东乌龙：主要有凤凰单丛、凤凰水仙等。

（4）台湾乌龙：文山包种、冻顶乌龙、东方美人等。

2. 乌龙茶的冲泡技巧

1）冲泡水温

要求水沸立即冲泡，水温为100℃。水温高，则茶汁浸出率高、茶味浓、香气高，更能品饮出乌龙茶特有的韵味。

2）茶叶的用量

根据喝茶人数选定壶型，根据茶壶的容量确定茶叶的投放量。若茶叶是紧结半球形乌龙，茶叶需占到茶壶容积的1/3～1/4；若茶叶较松散，则需占到壶的一半。

3）冲泡时间及次数

乌龙茶多采用成熟叶片加工而成，较耐泡，一般泡饮5～7次仍然余香犹存。泡的时间要由短到长，第一次冲泡时间短些，约2分钟，随冲泡次数增加，泡的时间相对延长。使每次茶汤浓度基本一致，便于品饮欣赏。

4.2.4 白茶类的冲泡技巧

白茶的制法特殊，采摘白毫密披的茶芽，不炒不揉，只分萎凋和烘焙两道工序，使茶芽自然、缓慢地变化，形成白茶的独特品质风格，因而白茶的冲泡是富含观赏性的过程。白茶由芽叶上面白色茸毛较多的茶叶制成，满身白毫，形态自然，汤色黄亮明净，滋味鲜醇。代表品种有"白毫银针""寿眉""白牡丹"等。

以冲泡白毫银针为例。为便于观赏，茶具通常以无色无花的直筒形透明玻璃杯为好，这样可使品茶人从各个角度欣赏到杯中茶的形和色，以及它们的变幻和姿态。先赏茶，欣赏干茶的形与色。白毫银针外形似银针落盘，如松针铺地。将2～3克茶置于玻璃杯中，冲入70℃的开水少许，浸润10秒左右，随即用高冲法，同一方向冲入开水。静置3分钟后，即可饮用。白茶因未经揉捻，茶汁很难浸出，汤色和滋味均较清淡。

4.2.5 黄茶类的冲泡技巧

黄茶属轻发酵茶类，加工工艺近似绿茶，只是在干燥过程的前或后增加一道"闷黄"的工艺，促使其多酚叶绿素等物质部分氧化，具有"黄汤、黄叶"的品质特点。黄茶依据原料的嫩度和大小，又细分为黄芽茶、黄小茶、黄大茶3类，主要的名茶有"君山银针"

"蒙顶黄芽""鹿苑毛尖"等。另外还有安徽省的"霍山黄芽"、湖南省的"北港毛尖"安徽的"皖西黄大茶"、浙江的"平阳黄汤"、贵州的"海马宫茶"等。黄茶中的黄芽茶(另有黄小茶、黄大茶)完全用春天萌发出的芽头制成,外形壮实笔直,色泽金黄光亮,极富个性。黄茶黄叶黄汤,香气清锐,滋味醇厚。其芽叶茸毛披身,金黄明亮,汤色杏黄明澈。其代表品种有"君山银针""蒙顶黄芽""霍山大黄茶"等。

以君山银针冲泡为例。先赏茶、洁具、擦干杯中水珠,以避免茶芽吸水而降低茶芽竖立率。置茶3克,将70℃的开水先快后慢冲入茶杯至1/2处,使茶芽湿透。稍后,再冲至七八分杯满。为使茶芽均匀吸水,加速下沉,这时可加盖,经5分钟后,去掉盖。在水和热的作用下,茶叶的形态、茶芽的沉浮、气泡的发生等都是其他茶冲泡时罕见的,只见茶芽在杯中上下浮动,最终个个直立,人称"三起三落",这是冲泡君山银针的特有氛围。

4.2.6 黑茶类的冲泡技巧

黑茶、紧压茶类是我国边区少数民族喜欢的一种茶类。藏族习惯将砖茶调制酥油茶饮用,而蒙古族和维吾尔族喜欢饮用奶茶。黑茶叶色油黑凝重、汤色橙黄、叶底黄褐、香味醇厚。黑茶制成紧压茶后主要供边区少数民族饮用。

藏族人烹煮酥油茶的方法是,现将砖茶切开捣碎,加水烹煮,然后滤清茶汁,倒入预先放有酥油和食盐的搅拌器中,不断搅拌,使茶汁与酥油充分混合成乳白色的汁液,最后倾入茶壶,以供饮用。藏族人多用早茶,饮过数杯后,在最末一杯饮到一半时,即在茶中加入黑麦粉,调成粉糊,称为糌粑。午饭时喝茶,一般多加麦面、奶油及糖调成糊状热食。

蒙古族人饮茶,城市和农村采用泡饮法,牧区则用铁锅熬煮,并放入少量的食盐,称为咸茶。这是日常的饮法,遇有宾客来临和节日喜庆,则多饮奶茶。奶茶的烹煮方法是,先将青砖茶或黑砖茶切开捣碎,用水煮沸数分钟,除去茶渣,放进大锅,掺入牛奶,加火煮沸,然后放进铜壶,再加食盐,即成咸甜可口的奶茶。维吾尔族人的煮茶方法和蒙古族人相类似,但饮法上有一个很大的特点,像平常吃青菜一样,连汤带叶一起下肚,借以弥补水果、蔬菜的不足。

4.2.7 花茶类的冲泡技巧

花茶属于再加工茶类,是以绿茶中的烘青茶等做主要原料,用茶叶和鲜花窨制,使茶叶吸收花香而得花茶之名,如"茉莉花茶""玳玳花茶""珠兰花茶""玫瑰红茶"等。专业的花茶冲泡需要注意防止香气的散失,使用的茶具和水尤其要注意洁净无异味,最好选用白瓷有盖的茶杯,以衬托花茶特有的汤色,保持花茶的芳香。花茶茶艺多用盖碗冲泡,盖碗是1杯3件,包括盖、杯身、杯托。杯为白瓷反边敞口的瓷碗,以江西景德镇出产的最为著名。用盖碗泡茶揭盖、闻香、尝味、观色都很方便。盖碗造型美观,题词配画都很别致。以盖碗泡茶奉客,人奉一碗,品饮随意。

在我国北方大多数地区有"夏天喝绿茶、冬天喝红茶,一年四季喝花茶"的说法,茉莉花茶是我国特有的茶叶品种,茉莉花茶不仅有绿茶功效,而且还兼备茉莉花特有的保健功能,中国医学认为,茉莉花性味辛甘温,具有理气、开郁、辟秽、和中之功效。因芳香能放陈气，故可治疗下痢腹痛、疮毒等症。花茶经过加工，具备二者之功效，并且形成茶香和花香有机融合在一起的独特品质。

1. 茶叶的用量

茶叶用量根据泡茶用具的大小，饮茶人的多少来定，由于花茶独有的香型，在冲泡中不宜过浓，一般是泡茶工具的1/10。

2. 泡茶水温

由于花茶是以烘青绿茶为原料，与鲜花多次窨制而成的，所以在冲泡花茶时水温与绿茶相同，约在80～90℃。

3. 冲泡的时间和次数

花茶的冲泡时间为马上出汤，不必等候过长时间，冲泡次数为3～4泡。

课堂讨论

（1）按照不同茶类的特征，在桌上摆放一些茶具。

（2）可以通过讨论的方式组合摆放在桌上的茶具，由一人陈述，并说明理由。

（3）老师根据学生摆放茶具的情况进行总结，带领学习者分析常见茶类冲泡的水温、投茶量和时间、次数要求（详见深度学习内容）。

单元小结

通过本单元的学习，使学生了解常见茶类的冲泡技巧，掌握泡茶要素知识，能根据茶性冲泡调饮红茶。

课堂小资料

怎样泡茶

泡茶首先是要有好水。中国大部分城市的自来水都不宜泡茶，不是污染严重就是太硬，好在现在有了纯净水。含矿物质的水未必是泡茶的好水，某些矿物质会与茶产生化学反应。

其次是要有好的茶具。对于喝绿茶来说，最好的茶具是玻璃杯，紫砂壶、各种保温杯都不宜用于泡绿茶。

再次是要冲泡得法。泡茶的水温与外国人总结出来的泡咖啡的水温基本上一样，宜用凉至80℃到90℃的开水，这样有利于保持汤色、叶底的翠绿和茶叶的香气，也有利于防止茶叶中维生素C的破坏。至于先放茶还是先倒水，明·张源《茶录》中有"投茶有序，毋失其宜。先茶后汤曰下投。汤半下茶，复以汤满，曰中投。先汤后茶曰上投。春秋中投、夏上投、冬下投"的说法，选择何种方法要因茶而异。

考考你

（1）绿茶的品质特征有哪些？

（2）红茶的饮用方式有哪几种？如何冲泡？

（3）乌龙茶泡茶三要素是什么？根据地域可分为哪几类？代表茶有哪些？

（4）黄茶、白茶的发酵程度是多少？冲泡技术上有何要求？

【4.2知识测试】

学习单元三　学会各类茶的生活待客型茶艺

学习内容

- 中国基本茶类的茶艺操作流程
- 各类茶冲泡时需准备哪些用具
- 不同茶类，茶叶用量区别
- 奉茶敬客礼仪要求
- 各类茶冲泡后，收杯尽具的注意事项

=== 贴示导入 ===

　　生活待客式茶艺没有像舞台表演那样有比喻形象的流程名称和优美的表演动作。主人待客一般选择品质好的茶叶，选用清洁的水，煮至初沸，采用相应的主泡器具，然后按照基本泡饮程序进行。茶几旁或两人相对而坐，或三五个人围聚而坐，一同赏茶、鉴水、闻香、品茶，每一个人都是参与者，一起领略茶的色、香、味之美。这样的场景更多的是出现在家庭待客。大家一起品品茶，聊聊天，亲切随和，自由地交流情感，相互切磋茶艺，相互探讨茶艺人生，既消闲又联谊，既高雅又轻松，其乐融融。

　　在端茶给客人时应注意一些礼节。按我国的传统习惯，应双方给客人端茶。对有杯耳的杯子，通常是用一只手抓住杯耳，另一只手托住杯底，将茶水送给客人，随之说声："请您用茶"或"请喝茶"。切忌用手指捏住杯口边缘往客人面前送，这样敬茶既不卫生也不礼貌。

深度学习

4.3.1　绿茶类茶艺

（1）备具：玻璃杯（根据客人数确定玻璃杯数），成直线状摆在茶盘斜对角线位置（左低右高）；茶荷；茶叶罐；茶巾；茶道组；随手泡。

(2) 备水：选用清洁的水。有条件的可以安装水过滤设施，或可购买桶装、瓶装泉水。急火煮水至沸腾，冲入热水瓶备用。开水壶中水温应控制在 85℃ 左右。

(3) 温杯：将茶杯用煮好的现沸水一一洗过，这样做既能在泡茶前让茶杯吸收一定的热量，使茶叶中的可溶物质充分溶出，又能够当着客人的面对杯体再次清洁。

(4) 置茶：用茶荷、茶匙置茶，茶叶从茶罐中拨入茶荷中，再分放各杯中。一般的茶水比例为 1∶50，每杯用茶叶 2～3 克。

(5) 赏茶：双手将玻璃杯奉给来宾，敬请欣赏干茶外形、色泽及嗅闻干茶香。赏毕按原顺序双手收回茶杯。

(6) 浸润泡：以回转手法向玻璃杯内注入少量开水(水量为杯子容量的 1/3 或 1/4 左右)，目的是使茶叶充分浸润，促使可溶物质浸出。浸润泡时间约 20～60 秒，可视茶叶的紧结程度而定。

(7) 摇香：运用腕力逆时针轻转茶杯，左手轻搭杯底。此时杯中茶叶吸水，开始散发出香气。

(8) 冲泡：可采用吊水线和凤凰三点头手法(依水温决定)，高冲低斟将开水冲入茶杯，使茶叶上下翻动。冲泡水量控制在总容量的七分满。

(9) 奉茶：双手将泡好的茶依次敬给来宾。这是一个宾主融洽交流的过程，奉茶者行(伸掌礼)礼并请宾客用茶，接茶者点头微笑表示谢意，或答以伸掌礼。

(10) 品饮：接过一杯春茗，观其汤色碧绿清亮，闻其香气清如幽兰；浅啜一口，温香软玉如含婴儿舌，深深吸一口气，茶汤由舌尖温至舌根，轻轻地苦、微微的涩，然而细品却似甘露。

(11) 续水：这时主人应该留意，当品饮者茶杯中只余 1/3 左右茶汤时(意为"留根")就该续水了。续水前应将随手泡中未用尽的温水倒掉，重新注入开水。使续水后茶汤的温度仍保持在 80℃ 左右，同时保证第二泡的浓度。一般每杯茶可续水两次(或应来宾的要求而定)。

(12) 复品：名优绿茶的第二、三泡，如果冲泡者能将茶汤浓度与第一泡保持相近，则品者可进一步体会甘甜回味。

(13) 净具：每次冲泡完毕，应将所用器具收放原位，对茶壶、茶杯等使用过的器具一一清洗。

4.3.2 红茶类茶艺

【红茶茶艺-盖碗泡法】

(1) 备具：盖碗、公道杯、茶荷、茶巾、茶道组、随手泡、过滤网。

(2) 煮水：选择用水的关键是要用现沸水，不用已经煮开过或者在保温的水来泡红茶。

(3) 温具：将盖碗用煮好的现沸水一一洗过，这样做既能在泡茶前让茶杯吸收一定的热量，使茶叶中的可溶物质充分溶出，又能够当着客人的面对杯体再次清洁。

(4) 置茶：将红茶置入主泡器具中。

(5) 泡茶：在注入开水后就马上盖上盖子，并以顺时针方向将冲出的茶沫刮掉。

(6) 闷茶：这个步骤完全体现出红茶浓淡口味的变化，根据主泡器具的大小和品茶人数的多少及品茶者的口味等适当闷 1～2 分钟，切记不要搅拌茶壶中的茶叶，这样会破坏茶叶的纤维。

（7）分茶：使用公道杯为客人分茶。

（8）品茶：将分好的红茶敬奉给品茶者，宾主共品。

4.3.3 乌龙茶（青茶）类茶艺

【乌龙茶茶艺】

（1）备具：紫砂壶、盖碗、公道杯、茶荷、茶巾、茶道组、随手泡、过滤网、茶叶罐。

（2）备点：就是点心的意思，由于乌龙茶浓郁而收敛性比较强，空腹饮用或不习惯饮浓茶者喝下易造成胃部不适，因此特别需要配备茶点。

（3）备水：尽可能选用清洁的天然软水，有条件的可以在自家安装过滤设施，或者是大桶的瓶装矿泉水。

（4）温具：把水烧开，依次将紫砂壶、品茗杯等泡茶所需要的器具烫洗一遍。

（5）取茶：茶馆比较讲究，一般是用茶斗然后打开茶罐用茶斗取茶，现在的多数都是包装成7～8克左右真空小包装的茶叶，所以要根据喝茶的人数将茶叶放入茶壶中即可；但疏松条形的乌龙茶用量为茶壶体积的1/2左右，球形及紧结的半球形乌龙茶茶叶用量为茶壶体积的1/3左右，碎茶较多的时候要增加置茶量。

（6）赏茶：将茶叶放在茶盒内让各位来宾欣赏干茶的外形（也可以放在样品盘里欣赏，或者是在盖碗里欣赏）。

（7）冲泡：右手提壶用回转手法沿茶壶口向内冲水；至满溢后左手提茶壶盖刮去壶口表面浮沫（动作由外向内）；用右手提壶将盖上的泡沫冲洗干净后盖好。

（8）淋壶：右手提壶向茶壶注热水，逆时针回转运动手腕，水流从壶身外围开始浇淋，向中心绕圈最后淋至盖钮处，直至茶壶外壁受热均匀而足够。一般乌龙茶头一道需泡30～60秒（根据个人的口感来定，喜欢重口感可以浸泡久一点，喜欢清淡的口感浸泡时间可以短一点）。

（9）分茶：右手提壶沿逆时针方向不断转动，令茶汤均匀分入品茗杯中（有的采用先将茶汤倒入公道杯过滤一下茶渣，然后再分入茶杯中的方法）。

（10）奉茶：将冲泡好的茶汤敬奉给客人。

（11）品茶：举杯分3口缓缓喝下，茶汤在口腔内应停留一下，用舌尖两侧及舌面舌根充分领略滋味。

（12）冲二、三道茶：采用延时冲泡时间的方法，二道、三道、四道、五道还可继续冲泡，虽然之后的香味会明显逊色，茶人惜福，对好茶叶不忍轻易舍弃，有时候甚至可以泡到第九道、第十道，这要看茶叶的质量来决定。

（13）净具：冲泡完毕，将所有茶器具收放回原位，有条件的对茶壶、茶杯等使用过的器具都要一一清洗、消毒。

4.3.4 白茶类茶艺

【白茶茶艺】

（1）备具：玻璃壶、玻璃杯。

（2）备水：将沸水倒在玻璃壶或玻璃杯中备用。

（3）赏茶：白茶鲜叶形似兰花、叶肉玉白、叶脉翠绿、鲜活欲出。

(4) 温杯：倒入少许开水于茶杯中，双手捧杯，均匀清洗玻璃壶或玻璃杯。

(5) 置茶：用茶匙取白茶少许置放在茶荷中，然后向每个杯中投入 3 克左右白茶。

(6) 浸润泡：提壶将水沿杯壁冲入杯中，水量约为壶或杯子的 1/4，目的是浸润茶叶使其初步展开。

(7) 摇香：左手托杯底，右手扶杯，将茶杯沿顺时针方向轻轻转动，使茶叶进一步吸收水分，香气充分发挥。

(8) 冲泡：冲泡时采用回旋注水法，可以欣赏到茶叶在杯中上下旋转，加水量控制在约占杯子的 2/3 为宜。冲泡后静放 2 分钟。

(9) 奉茶：用茶盘将刚沏好的白茶奉送到客人面前。

(10) 品茶：品饮白茶先闻香，再观汤色和杯中上下浮动玉白透明形似兰花的芽叶，然后小口品饮，茶味鲜爽，回味甘甜，唇齿留香。

(11) 观叶底：白茶除了其滋味鲜醇、香气清雅外，叶张的透明和茎脉的翠绿是其独有的特征。观叶底可以看到冲泡后的茶叶在漂盘中的优美姿态。

(12) 收具：客人品茶后离去，及时收具，并向客人致意送别。

4.3.5　黄茶类茶艺

(1) 备具：玻璃杯、随手泡、茶巾、茶道组、茶荷等。

(2) 备水：选择"清轻甘活"的软水。

(3) 候汤：水温宜在 80℃ 左右。

(4) 温杯：清洁茶杯。

(5) 投茶：茶叶与水的比例大致为 1∶50，即每杯投茶叶 2 克左右，冲水 100 毫升。

(6) 浸润泡：提壶轻轻地将水沿杯子周边旋转着冲入，注水量约占杯容量的 1/4～1/3。浸润时间为 20～60 秒，目的是使黄茶吸水膨胀，便于内含物的溢出。

(7) 冲泡：可用凤凰三点头，注水入杯约七成左右。

(8) 品饮：品饮之前，先赏茶汤、观色、闻香、赏形，然后趁热品啜茶汤的滋味。黄茶形似雀舌、嫩绿披毫，清香持久，滋味鲜醇浓厚、回甘，汤色黄绿、清澈明亮。第一泡品茶之鲜醇和清香；第二泡茶香最浓，滋味最佳，要充分体验茶汤甘泽润喉、齿颊留香、回味无穷的特征；第三泡时茶味已淡，香气亦减。三泡之后，一般不再饮了。

4.3.6　黑茶类茶艺

【黑茶茶艺】

(1) 备用：紫砂壶、随手泡、茶巾、茶荷、茶道组、过滤网、公道杯、品茗杯等。

(2) 温壶：紫砂壶中倒入烧开的清水，主要起到温壶、温杯的作用，同时可以涤器。

(3) 投茶：将茶叶置入壶中。

(4) 润茶：沸水冲入壶中，快速倒去以达到醒茶的目的，通常黑茶类要洗两次茶。

(5) 浸润泡：根据实际情况掌握冲泡时间。

(6) 分茶：将壶中的茶汤倒入公道杯中，保持茶汤浓淡的均匀，再分别均匀地分入小品杯中。

（7）敬茶：将冲泡好的茶汤敬奉给客人。

黑茶冲泡展示如图4.3所示。

图4.3　黑茶冲泡展示

4.3.7　花茶类茶艺

花茶冲泡展示如图4.4所示。

图4.4　花茶冲泡展示

（1）备具：盖碗、茶巾、茶道组、随手泡、茶荷、水盂等。

（2）备水：将随手泡壶中温壶的水倒入水盂，冲入刚煮沸的开水。

（3）温盖碗：将盖子反面朝上的盖碗一一温热。

（4）揭盖冲水：注水为总容量的1/3，将盖碗盖放回盖好。

（5）开盖弃水：双手端起盖碗至水盂上方，将洗杯碗之水倒入水盂。倒毕盖碗复位。

（6）置茶：用茶匙从茶罐中取茶叶放至茶荷中，将茶叶均匀投入盖碗中，通常150毫升容量的盖碗投茶2～3克。

（7）摇香：水温宜控制在90～95℃。用单手或双手回旋冲泡法，依次向盖碗内注入约容量1/4的开水，然后盖上碗盖摇香，令茶叶充分吸水浸润。

（8）冲泡：向盖碗内注水至七分满。

（9）示饮：考虑到盖碗使用的非普及性，在生活待客饮茶中，主泡者不妨先示范饮茶动作，让不太了解盖碗正确品饮方法的客人有个初步印象，不至于太尴尬。

（10）奉茶：双手连托端起盖碗，将泡好的茶依次敬给客人，行伸掌礼请用茶；接茶者宜点头微笑或答以伸掌礼表示谢意。

（11）品饮：闻香、观色、啜饮。动作要舒缓轻柔，不宜大大咧咧地随意将盖子一揭，抄起盖碗来牛饮。以茶解渴时当然不必讲究动作，如今品茶是享受过程。

（12）续水：盖碗茶一般续水两次，也可按客人要求而定。

（13）净具：每次冲泡完毕，应将所用茶器具收放回原位，对盖碗等使用过的器具一一清洗。

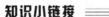

知识小链接

女士品饮：双手将盖碗连托端起，摆放在左手前4指部位(此时左手如同掬着一捧水似的)，右手腕向内一转搭放在盖碗上，用大拇指、食指及中指拿住盖钮，向右下方轻按，令碗盖左侧盖沿部分浸入茶汤中；复再向左下方轻按，令碗盖左侧盖沿部分浸入茶汤中；接着右手顺势揭开碗盖，将碗盖内侧朝向自己，凑近鼻端左右平移，嗅闻茶香；然后撇去茶汤表面浮叶(动作由内向外共3次)，边撇边观赏汤色；最后将碗盖左低右高斜盖在碗上(盖碗左侧留一小隙)。赏茶已毕，开始品饮时右手虎口分开，大拇指和中指分搭盖碗两侧碗沿下方，食指轻按盖钮，提盖碗向内转90°(虎口必须朝向自己，这样饮茶时手掌会将嘴部掩住，显得高雅)，从空隙处小口啜饮。端托碟的左手与提盖的右手无名指与小指可微微外翘作兰花指状。

男士品饮：用盖碗喝茶可用单手，左手半握拳搭在左胸前桌沿上，不用端起托碟；右手饮茶手法同女士。

课堂讨论

（1）讲解茶艺服务礼仪要求，跟随做茶礼动作。

（2）个人展示茶艺礼仪动作，相互评价。

（3）主讲者演示生活中常见茶类冲泡的手法。

（4）讨论，自主练习。

单元小结

通过本单元的学习，使学生掌握各种常见茶类的冲泡技巧，知晓不同茶类的茶性，明确茶艺操作过程中的动作要领，完成茶艺操作流程训练。

课堂小资料

泡茶误区

茶叶是有益于身体健康的上乘饮料，是世界三大饮料之一，因此，茶叶有"康乐饮料"之王的美称。但是饮茶还需要讲究科学，以达到提精神益思维、解口渴去烦恼、消除疲劳、益寿保健的目的。但有些人饮茶习惯不科学，常见的有以下几种。

（1）用保温杯泡茶。沏茶宜用陶瓷壶、杯，不宜用保温杯。因用保温杯泡茶叶，茶水较长时间保持高温，茶叶中一部分芳香油逸出，使香味减少；浸出的鞣酸和茶碱过多，有苦涩味，因而也损失了部分营养成分。

（2）用沸水泡茶。用沸腾的开水泡茶会破坏很多营养物质。例如维生素C、维生素P等，在水温超过80℃时就会被破坏，还易溶出过多的鞣酸等物质，使茶带有苦涩味。因此，泡茶的水温一般应掌握在70～80℃。尤其是绿茶，如温度太高，茶叶泡熟，变成红茶，便失去了绿茶原有的清香。

（3）泡茶时间过长。茶叶浸泡4～6分钟后饮用最佳。因此时已有80%的咖啡因和60%的其他可溶性物质已经浸泡出来。时间太长，茶水就会有苦涩味。放在暖水瓶或炉灶上长时间煮的茶水，易发生化学变化，不宜再饮用。

（4）习惯于泡浓茶。泡一杯浓度适中的茶水，一般需要10克左右的茶叶。有的人喜欢泡浓茶。茶水太浓，浸出过多的咖啡因和鞣酸，对胃肠刺激性太大。

考考你

(1) 中国茶类共分为哪几类？

(2) 基本茶类有哪些？代表茶有哪几种？

(3) 简述泡茶中操作卫生需注意哪些问题。

【4.3知识测试】

学习单元四　鉴赏名茶表演

学习内容

● 名优茶的概念及特征

● 龙井绿茶"四绝"

● 碧螺春茶的"一嫩三鲜"

● "凤凰三点头"的寓意

● 乌龙茶的孔雀开屏，叶嘉酬宾的操作

● 红茶的美誉

● 普洱茶的表演操作程序

贴示导入

党的二十大报告提出"创新是第一动力"。在茶艺表演中，茶艺师可以通过创新茶艺表演、茶饮品类等方式，吸引更多的消费者，从而推动茶文化的创新发展。

深度学习

4.4.1　西湖龙井茶艺表演

西湖龙井茶是绿茶中最具特色的茶品之一，龙井茶以龙井村、狮峰山一带所产为最佳。

【西湖龙井茶艺表演】

(1) 初识仙姿：龙井茶外形扁平挺直，匀齐光滑，享有色绿、香郁、味醇、形美"四绝"之美誉。

(2) 再赏甘霖："龙井茶、虎跑水"是杭州西湖双绝，冲泡上等龙井茶必用虎跑水才能茶水交融，相得益彰。虎跑水水分子密度高、表面张力大、碳酸钙含量低。

(3) 静心备具：冲泡高档绿茶要用透明无花的玻璃杯，以便更好地欣赏茶叶在水中上下翻飞、翩翩起舞的仙姿，观赏碧绿的汤色、细嫩的茸毫，领略清新的茶香，将水注入将用的玻璃杯，一来清洁杯子，二来为杯子加温。茶是圣洁之物，泡茶人要有一颗圣洁之心。

(4) 悉心置茶："茶滋于水，水藉乎器"。茶与水的比例适宜，冲泡出来的茶才能不失茶性，能够充分展示茶的特色。杯子中放入 2 克茶叶。置茶要心态平静，茶叶勿掉落在杯外。敬茶惜茶，是茶人应有的修养。

(5) 温润茶芽：采用"回旋斟水法"向杯中注水，以 1/3 或 1/4 杯为宜，温润的目的是浸润茶芽，使干茶吸水舒展，为将要进行的冲泡打好基础。

(6) 悬壶高冲：温润的茶芽已经散发出一缕清香，这时提壶高冲水，让水直泻而下，使茶叶在水中翻动。

(7) 甘露敬宾：客来敬茶是中国的传统习俗，也是茶人所遵从的茶训。将自己精心泡制的清茶与新朋老友共赏，别是一番欢愉。

(8) 辨香识韵：评定一杯茶的优劣，必从色、香、形、味入手。其色澄清澈碧绿，其形两叶一芽，交错相映，上下沉浮。闻其香，则是香气清新醇厚，无浓烈之感，细品慢啜，体会齿颊留芳、甘泽润喉的感觉。

(9) 再悟茶语：绿茶大多冲泡 3 或 4 次，以第二泡的色香味最佳。龙井茶初品时会感觉清淡，需细细体会，慢慢领悟。

(10) 相约再见：鲁迅先生说过："有好茶喝，会喝好茶，是一种'清福'""一杯春露暂留客，两腋清风几欲仙"，西湖美景、龙井名茶，早已名扬天下。游览西湖，品饮龙井茶，是旅游者到杭州的最好享受。

4.4.2 碧螺春茶艺表演

"洞庭无处不飞翠，碧螺春香万里醉"，烟波浩渺的太湖洞庭山所产的碧螺春是我国历史上的贡茶，是难得的茶中瑰宝，以下是碧螺春茶艺的程序。

【碧螺春茶艺表演】

(1) 仙子沐浴：选用玻璃杯来泡茶。晶莹剔透的杯子好比是冰清玉洁的仙子，"仙子沐浴"即再清洗一次茶杯，以表示对品茶者的崇敬之心。

(2) 玉壶含烟：冲泡碧螺春只能用80℃左右的开水，在烫洗了茶杯之后，让杯中的开水随着水气的蒸发而自然降温。这道程序称为"玉壶含烟"。

(3) 碧螺亮相：即鉴赏干茶。碧螺春有"一嫩三鲜"，"一嫩"指采摘的芽叶嫩；"三鲜"指色鲜、香鲜、味鲜。加工制作一斤特级碧螺春约需采摘六万多个嫩芽，它条索纤细、卷曲成螺、满身披毫、银白隐翠，多像民间故事中娇巧可爱且羞答答的田螺姑娘。

(4) 雨涨秋池：唐代李商隐的名句"巴山夜雨涨秋池"是个很美的意境，"雨涨秋池"向玻璃杯中注水，水只宜注到七分满，留下三分装情意。

(5) 飞雪沉江：即用茶匙将茶荷里的碧螺春依次拨到已冲了水的玻璃杯中去。满身披毫、银白隐翠的碧螺春如雪花纷纷扬扬飘落到杯中，吸收水分后即向下沉，瞬间白云翻滚，雪花翻飞。

(6) 春染碧水：碧螺春沉入水中后，杯中的热水溶解了茶里的营养物质，逐渐变为绿色，整个茶杯好像盛满了春天的气息。

(7) 绿云飘香：碧绿的茶芽、碧绿的茶水在杯中如绿云翻滚，飘浮的蒸气使得茶香四溢、清香袭人。这道程序是闻香。

(8) 神游三山：古人讲茶要静品、要慢品、要细品。在品了三口茶之后，请各位来宾继续慢慢地自斟细品，静心去体会"清风生两腋，飘然几欲仙。神游三山去，何似在人间"的绝妙感受。

4.4.3 铁观音茶艺表演

【铁观音茶艺表演】

(1) 焚香静气，活煮甘泉："焚香静气"就是通过点燃一支香来营造一个祥和肃穆、无比温馨的气氛。希望这沁人心脾的幽香能使大家心旷神怡，也但愿来宾会随着悠悠袅袅的香烟，升华到高雅而神奇的境界。"活煮甘泉"即煮沸这壶中之水。

(2) 孔雀开屏，叶嘉酬宾："孔雀开屏"是向同伴展示自己美丽的羽毛，接下来向来宾介绍今天冲泡乌龙茶所用的精美茶具，这是茶盘，也称为茶海。江苏宜兴制作的紫砂壶，是泡茶用的主泡器具，也称为"母壶"。储备茶汤用的公道杯，也称为"子壶"，顾名思义，这一对统称为"母子壶"。闻香用的闻香杯，品茗用的品茗杯，这一套统称为茶道组，它可细分为：茶匙，用来量取茶叶；茶夹，用来夹洗杯子；茶漏，用来扩充壶口；茶针，用来疏通壶嘴；茶巾，用来清洁茶盘；茶荷，用来鉴赏干茶；过滤网，用来过滤茶

135

渣；随手泡，煮水器具；茶盘，用来盛装茶具并排泄废水。"叶嘉酬宾"是请各位来宾鉴赏今天所泡的铁观音茶。

（3）大彬沐淋，乌龙入宫："大彬沐淋"是用开水烫洗茶壶，其目的是洗壶并提高壶温。时大彬是明代制作紫砂壶的一代宗师，他所制作的紫砂壶叹为观止，被后人视为至宝，所以后代茶人常把名贵的紫砂壶称为"大彬壶"。今天冲泡的铁观音茶属于乌龙茶类，将茶叶投入茶壶中，称为"乌龙入宫"。

（4）高山流水，春风拂面："高山流水"是通过悬壶高冲，借助水的冲力使茶叶翻滚，达到洗茶的目的。"春风拂面"是用壶盖轻轻刮去茶汤表面的白色泡沫，这样使壶内的茶汤更加清澈洁净。

（5）乌龙入海，重洗仙颜：冲泡乌龙茶讲究"头泡汤，二泡茶，三泡四泡是精华"。头泡出来的茶汤我们一般不喝，而是用来温杯，将剩余的茶汤注入茶海中称为"乌龙入海"。"重洗仙颜"是指第二次冲入开水后，我们还要用开水浇淋壶的外部，这样内外加温有利于茶香的散发。

（6）母子相哺，再注甘露：将母壶中的茶汤注入子壶，这好像母亲在哺育婴儿，称为"母子相哺"。茶道即人道，最讲究温馨，这道程序反映了人间最宝贵的亲情——"母子之情"。

（7）祥龙行雨，凤凰点头：将子壶中的茶汤快速而均匀地注入闻香杯称为"祥龙行雨"，取"甘露普降"的吉祥之意。"凤凰点头"象征着向各位来宾行礼致敬。

（8）夫妻合和，鲤鱼翻香：将品茗杯扣在闻香杯上称为"夫妻合和"，也称为"龙凤呈祥"，祝福天下有情人终成眷属，祝所有的家庭幸福美满。把扣好的杯子翻转过来，称为"鲤鱼翻香"。中国古代神话传说，鲤鱼翻身跃龙门可化龙升天而去，借助这道程序祝嘉宾事业发达，前程辉煌。

（9）捧杯敬茶，众手传盅：通过敬茶能使大家的心贴得更紧，感情更加亲切，气氛更加融洽。

（10）鉴赏汤色，喜闻高香：铁观音汤色金黄浓艳。"喜闻高香"是指第一次闻香，主要是指闻茶香的纯度，看是否香高、新锐、无异味。

（11）三龙护鼎，初品奇茗：请来宾在品茶前注意持杯手势，用拇指、食指夹杯，中指托住杯底，女士舒展开兰花指，男士则将后两指收拢，这样持杯既稳当又雅观。3根手指头称为三龙，茶杯如鼎，所以这种茶杯手势称为"三龙护鼎"。"初品佳茗"是第一次品茶。茶汤入口前不要马上咽下，而是吸气，使茶汤在口腔中充分翻滚流动。让茶汤与舌根、舌尖、舌面、舌侧的味蕾充分接触，以便更精确地品悟出奇妙的味道。这一次主要是品这泡茶的火功水平，看看有没有老火或生青。

（12）茗茶探趣，游龙戏水："茗茶探趣"重在参与，请来宾动手泡茶，感受茶事活动中的无穷乐趣。"游龙戏水"是将泡后的茶叶放入清水杯中，请来宾观赏，行话称为"看叶底"。铁观音茶是半发酵茶，叶底三分红、七分绿，称为"绿叶红镶边"。由于乌龙茶的叶底在清水中晃动，很像龙在戏水，故名"游龙戏水"。

（13）尽杯谢茶：孙中山先生曾倡导以茶为国饮，自古以来人们视茶为健身的良药，生活的享受，修身的途径，友谊的纽带。最后以这杯茶敬来宾，祝大家身体健康，万事如意。

4.4.4 祁门红茶茶艺表演

祁门红茶产于安徽省祁门县，与闽红、宁红齐名，国外有将祁门红茶与印度大吉岭茶、斯里兰卡乌伐的季节茶并称为世界三大高香茶。

（1）"宝光"初现：祁门红茶条索紧秀，锋苗好，色泽乌黑润泽。国际通用红茶的名称为"Black tea"，即因红茶干茶的乌黑色泽而来。

（2）清泉初沸：随手泡中用来冲泡茶叶的水经加热、微沸，壶中上浮的水泡仿佛"蟹眼"已生。

（3）温热壶盏：用初沸之水注入瓷壶及杯中，为壶、杯升温。

（4）"王子"入宫：用茶匙将茶荷中的红茶轻轻拨入壶中。祁门红茶也被誉为"王子茶"。

（5）湿润茶品：用湿润茶叶的水继续烫杯，以提升茶具温度。

（6）悬壶高冲：这是冲泡红茶的关键。冲泡红茶的水温要在100℃，刚才初沸的水，此时已是"蟹眼已过鱼眼生"，正好用于冲泡。而高冲可以让茶叶在水的激荡下充分浸润，以利于色、香、味的充分发挥。

（7）分杯敬客：用回旋斟茶法，将壶中之茶均匀地分入每一杯中，使杯中之茶的色、味一致。

（8）喜闻幽香：一杯茶到手，先要闻香。祁门红茶是世界公认的三大高香茶之一，其香浓郁高长，又有"茶中英豪""群芳最"之誉。香气甜润中蕴藏着一股兰花之香。

（9）观赏汤色：红茶的红色表现在冲泡好的茶汤中。祁门红茶的汤色红艳，杯沿有一道明显的"金（钢）圈"。茶汤的明亮度和颜色，表明红茶的发酵程度和茶汤的鲜爽度。再观叶底，嫩软红亮。

（10）品味鲜爽：闻香观色后即可缓啜品饮。祁门红茶以鲜爽、浓醇为主，与红碎茶浓强的刺激性口感有所不同。滋味醇厚，回味绵长。

（11）收杯谢客：红茶茶性温和，收敛性差，易于交融，因此通常用之调饮。祁门红茶同样适于调饮。然而清饮更能领略祁门红茶特殊的"祁门香"，领略其独特的内质、隽永的回味、明艳的汤色。感谢来宾的光临，愿所有的爱茶人都像这红茶一样，相互交融，相得益彰。

4.4.5 茉莉花茶茶艺表演

花茶又称香片,属于绿茶的再加工茶,北方人尤喜爱花茶。花茶集茶叶与花香于一体,茶引花香,花增茶味,既保持了浓郁爽口的茶味,又有鲜灵芬芳的花香。冲泡品啜,花香袭人,满口甘芳,令人心旷神怡。

【茉莉花茶茶艺表演】

（1）恭请上座：以伸掌礼请客人入座，以表示对客人的尊重。

（2）焚香静气：燃香，营造良好的品茗氛围。

（3）活火煮泉："活水还需活火煎"，这里是指用活火煎煮泡茶所选的山泉。

（4）雅乐怡情：播放或演奏优雅的乐曲，从而愉悦宾主的身心。

（5）嘉叶共赏：茉莉花茶香气浓郁，鲜灵度高，香味持久耐泡，爽口宜人，可消暑降温、舒缓情绪，深受国内外消费者的喜爱。

（6）烫具静心：泡茶前给茶碗升温，有利于茶汁的迅速浸出。水要柔和地倒入杯中，水量为盖碗的 1/4～1/3。

（7）飞瀑跌宕：将杯中的水倒出，像瀑布跌宕而下。

（8）群芳入宫：投茶的过程。将花茶誉为群芳，步入她们的宫殿。

（9）温润心扉：先注入少量水温润茶芽，水与茶的融合将使茶香更高、滋味更醇。用细细的水流浸润茶叶，似轻轻扣开少女的心扉。此时的水量应为总量的 1/4～1/3。

（10）旋香沁碧：是指泡茶摇香的过程。合上杯盖，轻轻旋转杯身，茶叶渐渐舒展，香气渐渐溢出。

（11）飞泉溅珠：悬壶冲水，似飞泉落入杯中，溅起的水珠都像珍珠般晶莹。此时的水量应为七分满。

（12）天人合一：冲泡花茶选用瓷制盖碗，盖为天、托为地、杯身为人。天人合一就是通过将杯盖盖好的动作表明人与自然是融为一体的。

（13）敬奉香茶：奉茶的过程。花茶馨香味美，不仅有茶的功效，而且花香也具有良好的药理作用，健神益人。在此也带去对茶人的美好祝福。

（14）星空推移：右手持杯盖，轻轻拨动茶汤，促进茶汤均匀。因盖为天，此举似星空推移，日月穿梭，给人以遐想。

(15) 天穹凝露：借用杯盖闻香，似天穹将茶香凝结，带给人一种缥缈幽香的感觉。

(16) 品啜鲜爽：品饮时小口品啜，鲜爽怡人。

(17) 致礼谢茶：感谢观赏，期待下次相聚。

4.4.6 普洱茶茶艺表演

普洱茶产于云南西双版纳、临沧、普洱等地，临沧是一个自然环境优美、生态保护良好的地方，它是大叶种茶最丰富的产地，为普洱茶的生产提供了最丰富的资源。

【普洱茶茶艺表演】

(1) 净器洁具：用沸水冲洗茶具，起到清洁并提高茶具温度的作用，利于茶内所含物质有效溶出。普洱茶是云南特有的地理标志产品，它以云南大叶种晒青毛茶为原料，按特定的加工工艺生产，是一种具有独特品质的茶叶。

(2) 鉴赏佳茗：将准备好的普洱茶请嘉宾鉴赏。

(3) 普洱入宫：将茶盒内的茶叶投入主泡器具内。

(4) 洗尘开颜：意为洗茶，用提壶向茶壶中高冲水，使茶叶随水浪翻滚，有利于茶香更好地散发。通常普洱茶要洗两次茶。明朝，茶马市场在云南兴起，来往穿梭云南与西藏之间的马帮组织在茶道的沿途上，聚集而形成许多城市。以普洱府为中心点，透过了古茶道和"茶马大道"频繁的东西交通往来，进行着庞大的茶马交易，蜂拥的驮马商旅将云南地区编织为最亮丽光彩的茶马史话。

(5) 巡分茗露：意为分茶。普洱茶分为生、熟两种。生茶，制作时以晒青毛茶为原料，经过长时间存放，完全依靠自然方式发酵制作而成。熟茶，制作时以晒青毛茶为原料，经过渥堆，通过湿热作用以科学配方的人工方式发酵而成。

(6) 斟茶入杯：一般从左到右依次斟倒。

(7) 敬茶奉宾："宫廷普洱"的普洱茶是普洱茶中的上品，它选用大叶种茶的芽尖作为原料，通过精细的加工工艺制作而成。它被古代的宫廷作为御用饮品，故称为"宫廷普洱"。

(8) 品赏佳茗：冲泡后的普洱茶汤色的红润根据其品质的不同可分为宝石红、玛瑙红、琥珀红等，其中宝石红尤为难得，为茶中极品，其次是玛瑙红与琥珀红，但不管是什么红,一定要通透明亮。若汤色泛青则为发酵不够,汤色浑浊则为发酵失败的变质茶。普洱茶的陈香不同于霉味,其陈香是在发酵过程中多种微生物作用的综合香气,只有"色真、香真、味真"的茶才能称为好茶。

(9)尽杯谢茶:感谢宾客的品饮,将宾客品饮过的杯具收回清洗。

课堂讨论

(1)思考名优茶的品质特征。
(2)听古典音乐,选配合适的茶类进行搭配。
(3)看服务图片,注重茶艺表演类型的搭配。
(4)做茶室之花,突出茶会主题,配合品茗环境设计。
(5)闻品茗之香,学会选择合适的香品、香具。
(6)装卷轴茶挂,与茶会性质、特点相配合。

单元小结

通过本单元的学习,使学生掌握几种具有代表性的茶的生活型冲泡技巧及表演型冲泡流程,培养学生茶艺操作技能,训练学生规范的茶艺礼仪,完成茶艺训练目标。

课堂小资料

接待程序的基本常识

(1)客人来时用礼貌用语迎接客人,询问客人有几位及是否预先订座订厢,将客人领至订好或选好的座位或包厢。

(2)随手泡的开关及饮水机开关打开,必要时打开空调,同时请客人点茶,并做出适当介绍或建议,同时查看桌面茶具是否齐全。

(3)服务台开单人员报出座号或包房名称及客人所点茶叶,共同备好茶点餐巾纸及缺漏茶具(此项工作要求在5分钟内完成),客人换包房或换位要及时通知开单人员。

图 4.5 茶艺表演队

(4)冲泡时向客人做详细讲解、示范,要求动作规范,语言清晰、流畅,多用肯定语气。一般顺序:"介绍茶具→鉴赏茶叶→按要求边冲泡边讲解"。图 4.6 所示为茶艺表演队。

(5)奉茶时一般按从右到左的顺序,如有客人明确指示则按其指示顺序奉茶。

(6)原则上是一直给客人冲泡到最后,因人手不够需照顾其他桌或客人要求自行泡茶方可告退,告退要应用礼貌用语向客人表示歉意。

(7)冲泡离开后要经常(约10~15分钟)回到所负责座位包厢照看客人是否有服务需要,及时解决客人需要。

(8)客人买单时,应要求客人出示卡(熟悉的客人除外),要向结账人员清楚报出座位及卡号,配合结账人员核对账目。

(9)客人走时要求送至楼梯口,并用礼貌用语向客人道别。

(10)客人走后应及时通知并协助服务员打扫地面、撤换桌面物品,空出座位或包房。

(11)及时将客人的存茶贴上标签,交回总台保管。

(12)清点收回的棋、牌、麻将等。

考考你

(1) 都匀毛尖的品质特征有哪些？
(2) 红茶的冲泡要素有哪些？如何冲泡宁红太子茶？
(3) 苏东坡赞美茶的诗句是什么？他将茶比作什么？
(4) "焚香除妄念"的目的有哪些？

【4.4知识测试】

学 习 小 结

本部分主要讲授茶艺表演的基本特征，通过对茶艺解说词的编排与创作，学会各类常见茶叶的冲泡技巧，明确茶艺操作流程，知晓常见茶类的生活待客型茶艺操作流程并了解几种名茶的表演型茶艺操作流程，理解茶艺词的内涵。

【知识回顾】

(1) 茶艺解说词的创作分为哪几类？
(2) 茶艺程序编排的内涵美包括哪些方面？
(3) 茶艺冲泡的投茶方法有哪几种？
(4) 绿茶的品质特征有哪些？
(5) 红茶的饮用方式有哪几种？如何冲泡？
(6) 乌龙茶泡茶三要素是什么？根据地域可分为哪几类？代表茶有哪些？
(7) 黄茶、白茶的发酵程度是多少？冲泡技术上有何要求？

【考核评价】

(1) 自我检评：学习本章之后，给自己打个分。在表4-1中对应位置画"√"。

表4-1 训练能力自评表

	评价项目	评价内容	自我评价		
			优	良	加油
训练能力自评表	搜集资料能力	能获得大量茶艺词信息，信息内容较全面			
	学习成果能力	能及时复习学习成果，将成果进行展示			
	创新能力	善于观察、思考，能提出创新的观点			
	反思能力	能反思学习中的不足并不断调整学习方向			
	社会调查能力	在调查中善于与别人沟通，与社会相关企业、员工进行交流			

(2) 单元考核评价(可以对本章学习内容进行师评与自评)：将评价内容填入表4-2。

表4-2 单元考核评价表

评分内容	评价目标	评分标准	评价方式	评价分值
仪容仪表	发型、服饰、形象、表情、首饰、指甲	发型和服饰符合泡茶要求，形象自然、得体、高雅，表演中用语得当、表情自然，具有亲和力	自评、师评	4
学习行为	态度、参与、合作、学习能力、方法、测试、课内外表现	学习态度认真，积极参与训练过程，能够很好地完成课内测试内容，课后认真查阅相关资料	师评	3
综合训练	茶艺表演动作、时间、表演词编排	动作富有美感、协调性强、时间合理、茶艺词设计规范	自评、师评	3
综合得分		10		

茶艺馆的经营与管理

 **学习任务**

通过本部分的学习:
- 掌握茶艺馆的经营特点
- 了解茶艺服务中的基本要求
- 了解茶艺馆经营中的工作内容
- 根据茶艺馆实际情况进行茶单设计
- 了解茶艺馆营销活动策划知识

 **知识导读**

现代茶艺馆的经营主要是为顾客提供品茗、休闲、交流、娱乐、艺术观赏等服务的场所。由于它适应了当前的消费趋势和潮流,所以发展迅速。作为营利性的商业组织,现代茶艺馆要适应社会发展的需要,不断提高经营水平,在激烈的市场竞争中,加强管理创新和服务创新,在促进自身持续发展的同时,为弘扬中华茶文化做出应有的贡献。一个好的茶艺馆,一定要最大限度地发挥自己的功能,获得竞争优势,结合茶艺行业的特点,加强经营管理,提高服务水平,以优质高效的服务获得顾客的认可。

学习单元一 分析茶艺馆的经营特点及内容

学习内容

- 茶艺馆的经营特点
- 茶艺服务基本要求
- 茶艺馆的经营内容

===== 贴示导入 =====

此部分引入案例"此时无茶胜有茶",思考茶艺馆的经营之道。

深度学习

茶艺馆的经营是利用空间、场地、设备和一定消费性物质资料,通过人的服务活动来满足顾客的需要,从而实现经济效益和社会效益。茶艺馆的经营与管理是一项专业性较强的工作,除了具有一般服务行业的共同之处外,还有自身的特点。

5.1.1 茶艺馆的起源与发展

茶艺馆是爱茶者的乐园,也是人们休息、消遣和交际的场所。追溯其历史,十分悠久。早在唐代开元年间,乡镇中有煎茶出卖的店铺,投钱取饮,这是"茶艺馆"的初级形式。

自古以来,品茗场所有多种称谓,茶艺馆的称呼多见于长江流域,两广多称为茶楼,京津多称为茶亭。此外,还有茶肆、茶坊、茶寮、茶社、茶室、茶屋等称谓。

茶艺馆与茶摊都是专门用来喝茶的。不过茶艺馆与茶摊相比,有经营大小之分和饮茶方式的不同。茶艺馆设有固定的场所,人们在这里品茶、休闲等。茶摊没有固定的场所,是季节性的、流动式的,主要是为过往行人解渴提供方便。

1. 茶艺馆的萌芽

茶艺馆最早的雏形是茶摊,中国最早的茶摊出现于晋代,据《广陵耆老传》中记载:"晋元帝时,有老姥每旦独提一器茗,往市鬻之,市人竞买。"也就是说,当时已有人将茶水作为商品到集市上进行买卖。不过这还属于流动摊贩,不能称为"茶艺馆"。此时茶摊所起的作用仅仅是为人解渴而已。

2. 茶艺馆的兴起

唐玄宗开元年间,出现了茶艺馆的雏形。唐玄宗天宝末年进士封演在其《封氏闻见记》卷六"饮茶"载:"开元中,泰山灵岩寺有降魔师,大兴禅教。学禅务于不寐,又不夕食,皆许其饮茶。人自怀挟,到处煮饮,从此转相仿效,遂成风俗。自邹、齐、沧、棣,渐至京邑,城市多开店铺,煎茶卖之。不问道俗,投钱取饮。"这种在乡镇、集市、道边"煎茶卖之"的"店铺",当是茶艺馆的雏形。

《旧唐书·王涯传》记:"太和九年五月涯等仓惶步出,至永昌里茶肆,为禁兵所擒",

则唐文宗太和年间已有正式的茶艺馆。

大唐中期国家政治稳定，社会经济空前繁荣，加之陆羽《茶经》的问世，使得"天下益知饮茶矣"，因而茶艺馆不仅在产茶的江南地区迅速普及，也流传到了北方城市。此时，茶艺馆除予人解渴外，还兼有予人休息、供人进食的功能。

3．茶艺馆的兴盛

宋代，进入了中国茶艺馆的兴盛时期。张择端的名画《清明上河图》生动地描绘了当时繁盛的市井景象，再现了万商云集、百业兴旺的情形，其中亦有很多的茶艺馆。而孟元老的《东京华梦录》中的记载则更让人感受到当时茶肆的兴盛："又东十字大街，曰行裹角茶坊。茶坊每五更点灯，博易买卖衣服、图画、花环、领抹之类，至晓即散，谓之'鬼市子'……旧曹门街，北山子茶坊，内有仙洞、仙桥，仕女往往夜游，吃茶于彼。"值得一提的是南宋时的杭州，南宋偏安江南一隅，定都临安（即今杭州），统治阶级的骄奢、享乐、安逸的生活使杭州这个产茶地的茶艺馆业更加兴旺发达起来，当时的杭州不仅"处处有茶坊"，且"今之茶肆，列花架，安顿奇松异桧等物于其上，装饰店面，敲打响盏歌卖"。耐得翁《都城纪胜》中记载："大茶坊，张挂名人书画……茶楼多有都人子弟占此会聚，习学乐器或唱叫之类，谓之挂牌儿。"

宋时茶艺馆具有很多特殊的功能，如供人们喝茶聊天、品尝小吃、谈生意、做买卖、进行各种演艺活动、行业聚会等。

4．茶艺馆的普及

到明清之时，品茗之风更盛。社会经济的进一步发展使得市民阶层不断扩大，民丰物富造成了市民们对各种娱乐生活的需求，而作为一种集休闲、饮食、娱乐、交易等功能为一体的多功能大众活动场所，茶艺馆成了人们的首选，因此，茶艺馆业得到了极大的发展，形式愈益多样，茶艺馆功能也愈加丰富。

5．茶艺馆的衰败

近现代，中国经历了战争、贫困和一些非常时期，茶艺馆也就一度衰败。

6．茶艺馆的复兴

改革开放以来，中国的经济迅猛发展，人们生活水平的提高直接导致了人们对精神生活的追求，茶艺馆作为文化生活的一种形式也悄然回复，茶艺馆已成为人们业余生活的重要选择之一。

5.1.2 茶艺馆的经营特点

1．文化特色的民族性

茶艺馆表现的是茶艺展示和茶文化知识的结合，其服务的内容也代表了中华民族文化精神的内容。可以说，茶艺馆是民族文化的浓缩。随着社会的发展，茶艺馆越来越成为人们重要的社交场所，茶艺馆悬挂的字画、古朴典雅的家具、悠扬的民族音乐、具有民俗特色的挂饰及工艺品，再加上全国各地形态不同的名茶，引人入胜的茶艺表演，真是美不胜收。而茶艺服务人员也通过语言、形体动作、情感交流等向顾客展示茶文化、诠释中国民族文化的内涵。图5.1所示是具有民族韵味的老舍茶艺馆。

【成都茶馆】

图 5.1　具有民族韵味的老舍茶艺馆

2. 顾客的差异性

从服务对象来看，茶艺馆的顾客是多种多样的。有的人文化素质较高，追求高雅宁静的环境和艺术享受；有的人是为了社交或商务洽谈的需要；有的人则附庸风雅，追求时尚。去茶艺馆的人既有名人雅士、海外同胞，也有国际友人。由于各国的文化素质、兴趣爱好、风俗习惯、品茗动机不同，他们对茶艺服务的要求也就存在一定的差异。这就要求服务人员要不断提高自身技能和服务水平，满足不同层次顾客的需求。

3. 服务的无形性

茶艺馆的服务与其他服务产品一样，具有无形性、不可贮存性。为客人提供的服务与客人的消费同时进行，并且需要顾客的参与。这就要求茶艺馆服务人员不仅具备高超的茶艺专业技能，还要懂得如何及时了解顾客的需求，及时调节现场气氛，善于观察和分析顾客心理，具有一定的亲和力，努力使顾客与茶艺馆的氛围融为一体，积极主动地参与到茶艺过程中，更好地理解和接受茶艺馆的各项服务。

【茶艺馆的室内设计】

4. 艺术的综合性

在众多的茶艺馆中，通常会在装饰、陈列品上突出某一时代的特征，充分将这个时代的艺术风格与茶艺完美结合。茶艺馆中不仅仅有茶艺，琴、棋、书、画、诗、词、歌、赋及服装、工艺品、食品等也展现出了茶艺馆与艺术的综合性特征。因此，茶艺服务人员也要努力使自己在各方面得到升华，更好地展现茶艺的魅力。

5. 效益的社会性

茶艺既是古老的，又是现代的，更是未来的。它的生命力是旺盛的，茶艺的发展是方兴未艾的，因为茶艺本身是以中华民族五千年灿烂文化内涵为底蕴的。在追求经济效益的同时，也要强调其社会效益。

6. 经营管理的复杂性

为了更好地体现茶叶的灵性，展示茶艺之美，演绎茶文化的丰富内涵，在进行茶艺服务时就要体现出"礼、雅、柔、美、静"的基本要求，详见 3.1.1 小节。

5.1.3 茶艺馆的经营内容

茶艺馆从经营的内容上可分为：文化型、商业型、文化商业混合型和自我肯定型。

（1）文化型。将文学、艺术等功能结合在一起，经常举办各种讲座、座谈会、推广茶文化；馆内提供交谈、集会、休闲品茗，并兼营字画、书籍、艺术品等买卖；富有浓厚的文化气息，类似某些文化交流中心，也有些类似18世纪法国的沙龙，靠经营的收入来维持，但是有创造文化、发扬文化的理念和功能。

（2）商业型。以文化为包装，配合季节、庆典举办各种促销活动，以企业管理方式经营茶叶、茶具及饮品等，服务周到，但既是商业，一切以创造利润为主，因此收费就较多了。

（3）混合型。以品茗为主，但也以商业经营来创造利润。因此，冰茶、葡萄茶、餐点等有利可图的项目也经营，类似茶餐厅性质。

（4）自我肯定型。以经营者自己的观点为茶艺馆的特色，不在乎别人怎么评论与认定，在设计布置的经营理念上，我行我素，想怎么做就怎么做，是一种"个性茶艺馆"。

【不同类型的茶艺馆】

5.1.4 茶艺馆的类型

1. 仿古式茶艺馆

仿古式茶艺馆在装修、室内装饰、布局、人物服饰、语言、动作、茶艺表演等方面都以某种古代传统为蓝本，对传统文化进行挖掘、整理，并结合茶艺的内在要求重新进行现代演绎，从总体上展示古典文化的整体面貌。各种各样的宫廷式茶楼、禅茶馆等就是典型的仿古式茶艺馆。

2. 园林式茶艺馆

园林式茶艺馆突出清新、自然的风格，或依山傍水，或坐落于风景名胜区，或是一个独门大院，它由室外空间和室内空间共同组成，往往营业场所比较大。室外是小桥流水、绿树成荫、鸟语花香，突出的是一种纯自然的风格，让人直接与大自然接触，从而达到室内人造园林达不到的一种品茗的意境。这种风格是与现代人追求自然、返璞归真的心理需求相契合的，但它对地址的选择、环境的营造有较高的要求，所以现代茶艺馆中为数较少。

3. 室内庭院式茶艺馆

室内庭院式茶艺馆以江南园林建筑为蓝本，结合茶艺及品茗环境的要求，设有亭台楼阁、曲径花丛、拱门回廊、小桥流水等，给人一种"庭院深深深几许"的心理感受。室内多陈列字画、文物、陶瓷等各种艺术品，让现代都市人在繁忙的生活中去寻找回归自然、心清神宁的感觉，进入"庭有山林趣，胸无尘俗思"的境界。

4. 现代式茶艺馆

现代式茶艺馆的风格比较多样化，往往根据经营者的志趣、爱好，结合房屋的结构依势而建，各具特色。有的是家居厅堂式的，开放式的大厅与各种包房自然结合；有的拱门回廊，曲径通幽；有的清雅、古朴、讲究静雅；有的豪华、富丽、讲究高档气派。内部装饰上，名人字画、古董古玩、花鸟鱼虫、报刊书籍、电脑、电视等各有侧重，并与整体风格自然契合，形成相应的茶艺氛围。一般以家居厅堂式的较为多见，既有开放的大厅，又有多种风格的房间，客人可以根据兴致做出选择。现代式茶艺馆往往注重现代茶艺的开发研究，在经营理念上紧跟时代潮流，强调规范化管理和优质服务，通过营造温馨舒适、热情周到的服务氛围来吸引顾客。

5. 民俗式茶艺馆

民俗式茶艺馆强调民俗乡土特色，追求民俗和乡土气息，以特定民族的风俗习惯、茶叶茶具、茶艺或乡村田园风格为主线，形成相应的特点。它包括民俗茶艺馆和乡土茶艺馆。民俗茶艺馆是以特定的少数民族的风俗习惯、风土人情为背景，装饰上强调民族建筑风格，茶叶多为民族特产或喜爱的茶叶，茶具也多为民族传统茶具，茶艺表演也具有浓郁的民族风情。

知识小链接

乡土茶艺馆大都以农村社会的背景作为其主基调，装饰上，竹木家具、马车、牛车、蓑衣、斗笠、石、花轿等应有尽有，凡是能反映乡土气息的材料都可以使用。有的直接利用已经少有人居住的古屋加以装修；有的特别设计成乡村气十足的客栈门面，户外是花轿、牛车，室内是古井、大灶，服务人员穿着古朴的服饰来接待客人，生动形象地刻画出乡土文化的特点。

6. 戏曲茶楼

戏曲茶楼是一种以品茗为引子，以戏曲欣赏或自娱自乐为主体的文化娱乐场所。这种既品茶又娱乐的文化形式在我国由来已久。戏曲茶楼在装饰上更强调戏曲表演的氛围和要求，相对来讲，品茶是它的一种主要的附带功能，它不太讲究茶叶、茶艺，而是以茶叶为引，在戏曲与乐曲声中松弛身心、交流联谊、享受戏曲艺术。

7. 综合型茶艺馆

综合型茶艺馆主要体现在经营服务项目上，以茶艺为主，同时经营茶餐、餐饮、酒吧、咖啡、计算机、棋、牌等内容，将多种服务项目综合在一起，以满足客人的多种需求。

课堂讨论

（1）阅读引导文，思考分析茶艺馆的成功之处。

此时无茶胜有茶

吉林某市新开了一家茶艺馆，在试营业期间，茶艺服务人员为客人展示了铁观音茶的冲泡流程。当客人茶过三巡后，服务员却为每位客人送上一小杯白开水，这下引起了很多客人的好奇。客人们在服务人员的示意、指导下将这杯白开水慢慢吸入口中，轻轻含在口中直到含不住时再吞下去。没想到咽下白开水后，张口再吸一口气，顿时感到满口生津，回味甘甜，非常舒服。多数人都有一种"此时无茶胜有茶"的感觉。而后这家茶艺馆迅速在当地竞争激烈的茶艺市场站稳了脚跟，生意日渐兴隆。

（2）分析茶艺馆经营特点。

（3）与其他服务行业进行对比，分析茶艺服务基本要求。

（4）结合图片、视频简述茶艺馆经营内容。

5 茶艺馆的经营与管理

单元小结

通过本单元的学习,使学生了解各种类型茶艺馆经营的共同点,明确茶艺馆服务的艺术审美观念,掌握茶艺馆经营的主要内容及类型特征,学会茶艺馆经营的基础知识。

茶道思想在茶艺馆管理中的运用

当今大多数企业管理者都已意识到企业文化在企业管理中起着不可或缺的作用,而中国茶道传承了几千年的文化思想结晶已成为中国文化花苑中的一枝奇葩,它吸取中国儒、道、佛思想中实用的精华,而又与时俱进,兼收并蓄形成了当代诸多流派的茶道思想。

党的二十大报告提出"中华优秀传统文化源远流长、博大精深,是中华文明的智慧结晶",而茶道思想作为中华优秀传统文化的重要组成部分,其中的"和谐"文化已为社会及企业广泛接受,"和谐"会让企业凝聚力增强。茶道精神中的礼仪礼貌也和企业管理中的素质管理不约而同,这些精神恰恰是企业内外群体关系的润滑剂。茶道尊重人性而又强调科学地驾驭人性,不正是现代企业管理所强调的特质吗?凡此种种,只要合理利用茶道文化,便完全可以成为一个茶艺馆及各类企业所需的企业文化,从而找到企业管理的杠杆支点。

考考你

(1) 茶艺馆经营中有哪些特点?
(2) 茶艺馆经营管理的复杂性体现在哪些方面?
(3) 如何分析茶艺馆顾客的需求?

【5.1知识测试】

学习单元二 学会筹备、经营一家茶艺馆

学习内容

● 茶艺馆选址应考虑哪些因素
● 如何对茶艺馆的形象进行定位
● 用何种方法对同行业做市场调研
● 茶艺馆的装饰设计上应遵循哪些原则
● 茶艺馆的培训内容有哪些
● 怎样对员工进行岗前培训

贴示导入

茶馆、茶艺馆是中国民俗文化与传统文化精神的产物,带有深刻的民族烙印。它的再度兴起表明人们在生活走向现代化的变化过程中一度丢失的传统正重新被重视和寻回。茶馆的由来与民族及社会生活密切相关,且代代相传。现在的茶艺馆,又以不同的风格出现在人们的生活中,引起人们的注意。茶文化承载着顽强的传统性格,总是在人们日常生活中存在。

深度学习

茶艺馆的经营、筹备涉及多方面的工作和事务,内容繁杂,要求比较高。

5.2.1 茶艺馆选址

茶艺馆位置选择是否得当，对茶艺馆经营能否成功起着关键作用。如果位置选择不当，会带来巨大的投资风险，因此在茶艺馆选址时必须慎重，一般要考虑下列因素。

1. 建筑结构

开茶艺馆首先要对建筑的面积、内部结构是否适合开设茶艺馆有一定的了解，如是否便于装修，有无卫生间、厨房、安全通道；对不利因素能否找到有效的补救措施等。

2. 市场调研

了解周围企事业单位的情况，包括经营状况、人员状况、消费特点等；周围居民的基本情况，包括消费习惯、消费心理、收入、休闲娱乐消费的特点等；了解周围其他服务企业的分布及经营状况，主要了解中高档饭店、酒店等。必要时，可以进行较深入的市场调查，全面了解当地的消费状况，分析投资的可行性。

3. 租金

了解租金的数额、缴纳方法、优惠条件、有无转让费等。因为租金是将来茶艺馆最主要的支出部分，所以必须慎重考虑，不能不计后果地轻率做出决定。

4. 水电供应

了解水电供应是否配套、方便，能否满足开馆的正常需要；水电设施的改造是否方便，有无特殊要求；排水情况；水费、电费的价格，收费方式等。

5. 交通状况

交通是否便利，有无足够的停车场地，对停车的要求，交通管理状况等。交通与停车是否便利、安全往往影响到客源。交通环境不良、没有足够的停车场地，往往会给经营带来一定的困难。

6. 同业经营者

了解在一定范围内茶艺馆的数量、经营状况；了解其他茶艺馆的装饰风格、经营特色、经营策略、整体竞争状况等。周围茶艺馆的经营状况在一定程度上反映出该地域茶艺消费的特色及发展趋势，通过对其他茶艺馆的了解，可以对经营环境有更全面的认识。

7. 政策环境

当地政府及有关管理部门对投资有无优惠政策，能否提供公平、公正、宽松的竞争环境，有无相关的支持或倾斜政策等。主要了解工商、税务、公安、消防、卫生等部门对服务企业管理的政策法规。

8. 投资预算

要做出一个基本的投资预算，与投资者的资金实力、拟投资数额进行比较。估算项目包括装修费用、购置家具、茶具、茶叶的费用、招聘及培训费用、装饰费用、考察费用、证照办理费用、流动资金、办公费用、前期人员工资、前期房租、其他费用。

9. 效益分析

根据投资估算及开业后日常费用估算，可以做盈亏平衡分析，确定一个保本销售额。这样，根据市场调查所收集的资料和对未来经营状况的预测，以及周围其他茶艺馆经营状况的分析，再进行系统的比较，基本可以确定是否值得投资。

知识小链接

需要考虑的因素还有周围的居民环境、房主是否收取押金、有无继续发展的便利条件、市政规划及房产的稳定性、国家的相关政策等。这些因素也会对目前的经营或将来的发展产生影响。

投资者在选址时，往往对多个位置进行考察、比较，这样就可以把不同地点的相关资料进行归纳整理，然后逐条进行对比分析，找出各个位置的优势和劣势。最后，根据对比结果并结合个人的实际情况做出决定，选出一个较满意的地点。

5.2.2 消费定位

茶艺馆的定位就是根据茶艺市场的整体发展情况，针对消费者对茶艺的认识、理解、兴趣和偏好，确立具有鲜明个性特点的茶艺馆形象，以区别于其他经营者，从而使自己的茶艺馆在市场竞争中处于有利的位置。定位实际上是要解决为谁服务（即目标顾客），提供什么样的服务（服务内容、档次），以什么方式服务（服务手段、方法）等问题。顾客消费都有特定的兴趣和偏好，不同的人选择标准存在一定的差异，表现在对茶艺馆的选择上就有一定的倾向性。通过定位，确定目标顾客，明确他们选择茶艺馆的标准，就能增强经营管理的针对性，从而更好地吸引顾客，提高茶艺馆的经济效益和社会效益。

对茶艺馆进行定位，可以通过以下4个步骤来进行。

（1）确定市场范围，进行顾客分析。要明确茶艺馆可能影响到的区域，该区域中有哪些主要顾客，其消费特点、习惯等。

（2）确定目标顾客及其选择茶艺馆的标准。在市场范围内的顾客各种各样，一个茶艺馆能影响的只是其中的一种或几种类型。通过对顾客分析，确定本茶艺馆未来重点服务的顾客的类型。在此基础上要准确了解他们选择茶艺馆的标准，他们的消费特点及一些新的要求，作为确定茶艺馆类型、风格、档次、服务项目等内容的重要参考。

（3）与其他茶艺馆进行对比分析。对将来主要竞争对手（与自己确定的目标顾客基本相同）进行分析，找出其经营上的优势及存在的问题，使自己在对茶艺馆的定位及经营上能扬长避短，少走弯路，争取主动。

（4）在广泛搜集信息的基础上，根据对目标顾客及竞争对手的分析，结合个人的偏好，为茶艺馆确定一个具有竞争力的形象。定位的内容包括：茶艺馆的类型和档次、茶艺馆的布局及装饰风格、茶艺形式及服务的内容、经营管理的特色、吸引顾客的主要手段等。

5.2.3 装饰设计

在对茶艺馆定位以后，就可以进行装修装饰的设计。设计可以自己进行，也可以请专业的设计公司来进行。不论由谁来设计，都要注意以下几个问题。

（1）充分体现定位的特色和要求。设计实际上是定位的具体化，要紧紧围绕定位来进行。

（2）体现茶文化的精神和茶艺的要求，注意强调清新、自然的风格。

（3）要符合目标顾客的心理预期。

（4）要从整体上去考虑，使形式与功能，以及各功能区域之间能相协调、相呼应。

（5）注重实用性与经济性，量力而行，不要盲目追求高档、豪华或者标新立异。

（6）便于施工。

（7）要考虑消费者的主观感受及适宜性，考虑消防安全，方便服务及管理等要求。

（8）要充分考察市场，了解其他茶艺馆及有关建筑的风格，以便借鉴其可取之处。设计是施工的蓝图，一旦开始施工，就难以进行大的改动。如果在施工中感到不满意，进行大的改变往往会造成较大损失。所以，在设计时，尤其在确定设计方案时，一定要慎重。

5.2.4 招聘与培训

设计方案确定后，就进入实施阶段。在选择施工队伍时，要选择有一定实力、有信誉的单位，这样才能保证施工质量。在施工过程中，要加强对施工现场的监督和管理，注意检查工程进度、工程质量、安全等问题，使施工单位能保质保量、按计划完成装修工程。

一般情况下，在装修施工开始以后，就要考虑员工招聘与培训问题。招聘可以在确定的开业日期前40～45天开始，培训可以在确定的开业日期前20～30天开始。

1. 招聘

招聘工作的质量直接影响以后的经营管理工作。招聘质量高，选择的人员合适，不仅有利于提高服务质量，而且还能保证员工队伍的稳定性。选人不当，一方面不利于管理，影响服务水平；另一方面还会造成较高的人员流动率，增加招聘与培训成本。所以对招聘工作必须给予足够的重视。

 知识小链接

劳动者的权益

劳动者的权益，劳动法具体规定为：劳动者享有平等就业和选择职业的权利；取得劳动报酬的权利；休息休假的权利；获得劳动安全卫生保护的权利；接受职业技能培训的权利；享受社会保险和福利的权利。

1）招聘的准备工作

为了保证招聘工作的顺利进行，并给应聘者留下较好的印象，在招聘开始前必须做好以下准备工作。

（1）设计、印制"应聘人员登记表"。

（2）确定初试、复试的内容、方式。测试的内容包括茶艺知识、社会知识、能力、品质等。方式主要有口试、笔试、现场表演、具体操作等。

（3）确定人工的待遇。包括工资、奖金、福利、假期、食宿等。

（4）招聘负责人及测试人员的确定。

（5）测试标准与考核办法的确定。
（6）确定初试、复试时间及结果的公布方式。
（7）落实面试、考试、表演的场地，以及所需物品。
2）员工的来源
（1）大专院校及职业学校。
（2）职业技能培训学校。
（3）朋友介绍、推荐。
（4）广告招聘。广告可以采用媒体广告或招贴广告等形式。广告要讲明招聘岗位、人数、性别、年龄、学历、应准备的个人资料、报名时间、报名地点、联系电话、联系人等内容。

知识小链接

用人单位有权自主选择录用求职者；用人单位必须依法支付劳动者工资；用人单位必须建立健全劳动安全卫生制度、严格执行国家劳动安全卫生规程和标准，对劳动者进行劳动安全卫生教育。同时，还必须为劳动者提供符合国家规定的劳动安全卫生条件和必要的劳动保护用品，对从事有职业危险作业的劳动者应当定期进行健康检查；用人单位应当建立职业培训制度，有计划地对劳动者进行职业培训；用人单位必须依法参加社会保险，缴纳社会保险费。

3）招聘的过程
（1）报名。报名要有固定的地点，由专人负责。报名者要填写"应聘人员登记表"，并告知初试时间。
（2）初试。在应聘人员较多时，可以进行初试，淘汰一部分人，以提高复试的质量。有的单位把报名过程就作为初试的过程。初试可以采取口试的方式，通过与应聘者的交流了解其基本情况。测试者对每个应聘人员客观地作出判断。初试结束后，测试者把各自的判断综合在一起，确定参加复试人员的名单。
（3）复试。复试可以采用口试、笔试、具体操作等不同形式。每个测试者都从不同的角度（如语言表达能力、思维反应能力、性格、技能等方面）给应聘者打分。复试结束后，综合各种测试的总体结果，确定录取人员名单。
（4）录取人员名单的公布确定。以适当的形式公布出来，或直接通知相关人员，同时要确定培训的时间、地点及应注意事项。

知识小链接

劳资关系的协调与仲裁程序

劳资关系发生纠纷，当事人可以向本单位劳动争议调解委员会申请调解；调解不成，当事人一方要求仲裁的，可以向劳动争议仲裁委员会申请仲裁。当事人一方也可以直接向劳动争议仲裁委员会申请仲裁。对仲裁裁决不服的，可以向人民法院提起诉讼。

2. 培训

现代茶艺馆对培训工作都给予了高度的重视，并希望通过高质量的培训来提高经营管理水平。

1）培训方式

培训可以采用外部培训和内部培训两种方式，或者两种方式相结合。外部培训要选择正规的、负责任的专业培训单位，如有影响的茶艺馆、茶艺培训学校、茶艺培训班等。内部培训由本茶艺馆具有较高茶艺水平、茶文化知识、经营管理水平的专业人员负责。

2）培训内容

对茶艺员的培训，主要包括以下内容。

（1）茶艺知识。其包括茶艺表演的基本步骤、动作要领、讲解内容、面部表情、身体语言等。

（2）茶文化的基本知识。包括茶叶的分类、茶叶与茶艺的历史发展，主要名茶的产地、品质特点、冲泡方法、故事和传说，茶具的基本知识，喝茶的好处，有影响的茶人、茶诗词等。

（3）服务技能。其包括茶艺表演、提供服务所需要的各种技能。

（4）服务程序。其包括从迎宾、服务、结账、送宾，到顾客投诉的处理等一系列过程的具体步骤和要求。

（5）服务案例。将茶艺服务过程中经常遇到的问题编成案例，提出切实可行的解决方案供茶艺员学习。

（6）规章制度。其包括劳动纪律、仪容仪表的要求、卫生制度、考勤制度、奖惩制度等内容。

（7）人际关系技能。其包括处理与同事的关系、上下级的关系、与顾客的关系的具体原则、方法和技巧等。

3）时间安排

对茶艺员的培训是实用性很强的培训，所以在时间安排上可以将理论学习与实际操作结合在一起交叉进行。前期边学习理论边培训茶艺，增加培训的趣味性。后期重点突出服务技能、服务程序、规章制度的培训。最后，可以进行实践性的模拟训练，以增加茶艺员的临场经验。

知识小链接

食品卫生法主要涉及食品的卫生，食品添加剂的卫生，食品容器、包装材料和食品的用具、设备的卫生，食品卫生标准和管理办法的制度，食品卫生管理，食品卫生监督以及违反食品卫生法应承担的法律责任等内容。

5.2.5　茶艺馆相关法律、法规

1. 卫生要求

（1）保持内外环境整洁，采取措施消除苍蝇、老鼠、蟑螂和其他有害昆虫，与有毒、有害场所保持规定的距离。

（2）餐具、饮具和盛放直接入口食品的容器，使用前必须洗净、消毒，饮具、用具用后必须洗净,保持清洁。

(3) 食品生产经营人员应当保持个人卫生,生产、销售食品时,必须将手洗净,穿戴清洁的工作服、帽;销售直接入口食品时,必须使用售货工具。

(4) 用水必须符合国家规定的城乡生活饮用水卫生标准。

(5) 使用洗涤剂、消毒剂应当对人体安全、无害。

2. 发生权益纠纷的处理办法

消费者与经营者发生权益纠纷,可与经营者协商和解;可请求消费者协会调解;可向有关行政部门申诉;可根据与经营者达成的仲裁协议提请仲裁机构仲裁;可向人民法院提起诉讼。

3. 公共场所卫生管理条例与茶馆业相关条例事宜

(1) 作为公共场所卫生管理条例适用的公共场所之一,下列项目必须符合国家标准和要求。

① 空气、微小气候(湿度、温度、风速)。

② 水质。

③ 采光。

④ 噪声。

⑤ 顾客用具和卫生设施。

(2) 国家对公共场所以及新建、改建、扩建的公共场所的选址和设计实行"卫生许可制证"制度。

(3) 经营单位应当负责经营场所的卫生管理,建立卫生责任制度,对本单位的从业人员进行卫生知识的培训和考核工作。

(4) 公共场所直接为顾客服务人员,持有"健康合格证"方能从事本职工作。

(5) 经营单位须取得"卫生许可证",方可申请办理营业执照。"卫生许可证"每两年复核一次。

(6) 公共场所因不符合卫生标准和要求造成健康事故的,经营单位应妥善处理,并及时报告卫生防疫部门。

(7) 凡有下列行为之一的单位或个人,可根据情节轻重,给予警告、罚款、停业整顿、吊销"卫生许可证"的行政处罚。

① 卫生质量不符合国家卫生标准和要求,而继续营业的。

② 未获得"健康合格证",而直接为顾客服务的。

③ 拒绝卫生监督的。

④ 未取得"卫生许可证",擅自营业的。

(8) 违反本条例的规定造成严重危害人民健康的事故或中毒事故的单位或者个人,应当对受害人赔偿损失。构成犯罪的,追究责任人员的刑事责任。

(9) 对罚款、停业整顿及吊销"卫生许可证"的行政处罚不服的,可向法院起诉等。但对公共场所卫生质量控制的决定应立即执行。对处罚决定不履行又逾期不起诉的,由卫生检疫机构向人民法院申请强制执行。

课堂讨论

(1) 找出经营茶艺馆所需的选址要求(可以课后做市场调查,验证并分析城市中某些茶艺馆在选址时的优势和劣势)。

(2) 列举茶艺馆消费定位应注意的问题。

(3) 学会根据茶艺馆的装修风格,对不同类型的茶艺馆进行审美评价。

(4) 了解茶艺馆招聘与培训的基本知识。

单元小结

通过本单元的学习,使学生了解在茶艺馆整体设计中前期的准备工作,熟悉茶艺馆的市场定位,合适的经营场所的选择,了解茶艺馆的装饰设计要求,掌握人员招聘的原则及做好培训准备。

课堂小资料

茶艺馆如何才能留住员工

(1) 防止员工过度流动的第一步在"入口关",在招聘时就应该综合考评,选用对茶艺感兴趣、热爱服务业、踏实肯干的人。在招聘时一定给应聘者讲清楚,要告诉他们茶文化的内涵等其他有吸引力的方面,让应聘者在对茶艺馆全面了解的基础上,根据自身实际做出选择。这样可以避免一些员工仅因工作难找、一时兴起就进入茶艺馆工作,结果与期望的相去甚远而离开。

(2) 招入适合的员工后,还得用待遇留人。员工流动性比较小的茶艺馆给予员工的待遇中等偏上,而且更重要的是其待遇的结构比较合理。如大旗门茶艺馆,茶艺服务人员的工资由基本工资、奖金、效益提成等几部分组成,工资结构既体现了公平,又兼顾了效益,可以激发员工的积极性,在内部形成竞争的氛围。该茶艺馆的员工待遇在全国也是令人羡慕的。同时,该茶艺馆给员工宽松的成长空间,在一定的权限范围内,员工可以发挥其创造性,以主人翁的态度参与到茶艺馆的经营中。

(3) 要想员工一门心思地在茶艺馆里干,除了合适的待遇外,还必须关心员工的生活和心理。工作要与生活分开,要求员工不能将生活中的不良情绪带到工作中去,影响工作的质量。还可以通过意见箱、交流会、谈心室等沟通渠道,了解员工工作之外的思想状况,疏导他们的心理障碍,关心他们生活中的喜乐往往可以使员工更安心,工作更努力。关心员工还可以体现在支持员工进修、提供培训、给探亲假等诸多方面,通过这些无微不至的关怀,使员工对茶艺馆产生忠诚感、依赖性,茶艺馆员工的流动性就会降低。员工满意了,他们才能在工作中让客人满意;客人满意了,茶艺馆才能客人盈门,发展平稳。

考考你

(1) 茶艺馆经营选址要求有哪些?

(2) 试对铁观音茶系列产品进行营销策划。

(3) 对茶艺馆员工招聘有哪些具体要求?

(4) 如何对所招聘员工进行岗前培训?

【5.2知识测试】

学习单元三 了解茶艺馆的经营管理知识

学习内容

● 茶艺馆日常事务的管理

● 茶艺馆的现场管理

观看一段茶艺馆环境介绍的视频，按要求完成练习内容，具体要求参看"课堂讨论"。

深度学习

现代茶艺馆是服务领域中比较独特的一个行业，它以茶艺和品茗为载体，来满足顾客物质和精神方面的多种需要，具有品茶论艺、休闲娱乐、文化交流、艺术欣赏、商务洽谈、社会交往等多种功能，是一个综合性很强的服务场所。由于它适应了当前的消费趋势和潮流，所以发展迅速。一个茶艺馆要更好地发挥自己的功能，获得竞争优势，就必须结合茶艺行业的特点，加强经营管理，提高服务水平，以优质高效的服务赢得顾客。

5.3.1 日常事务管理

茶艺馆每天都要遇到大量的事务性问题，对这些问题要制定相应的管理制度和规范，有利于管理人员避开烦琐的杂务，提高管理的效率，同时也为有关人员提供了相应的行为标准。从茶艺馆的角度讲，日常管理的内容主要包括：物品管理、商品管理、采购管理、仓库管理、吧台管理、会议管理和财务管理。

1. 物品管理

这里的物品主要指除对外销售的商品之外的有关物品，如字画、工艺品、乐器、家具、电视机、音响、茶具、装饰品、报纸、杂志、书籍、空调、消防器具等。这些物品非常分散，分布在茶艺馆的各个区域，有的还是易损物品，如何使用、如何管理等都会影响茶艺馆的正常经营活动。对物品的管理和使用要制定出相应的规章制度，内容包括：负责人、使用的具体规定、损坏的处理规定、养护的规定与措施等。

2. 商品管理

商品是茶艺馆对顾客销售的有关物品，如茶叶、茶具、书籍等。商品一般都是集中陈列或展示，以便于客人选购。商品管理制度的内容主要包括：商品陈列的要求、商品定价的要求、调价的规定、损坏的处理、日常的维护、销售奖励等。

3. 采购管理

采购的质量和水平不仅影响到茶艺馆的经营水平，而且也会影响到茶艺馆的服务质量和信誉。因此，对采购工作也必须规范管理，严格要求。采购管理的内容主要包括：

(1) 采购人员的基本条件。

(2) 采购工作的程序。

(3) 缺货处理。

(4) 采购不合适物品的处理。

(5) 采购人员的责任与奖惩。

(6) 采购人员的账务、单据管理。

(7) 采购人员了解市场行情、开辟新货源渠道的要求。

(8) 采购人员与供应商关系的处理。

(9) 采购人员的职业道德要求。

4. 仓库管理

仓库管理制度的内容主要包括：

(1) 验收入库的具体规定，入库程序。

(2) 仓库单据的保管，台账的制作。

(3) 各种物品最低库存量的规定。

(4) 申购程序。

(5) 领料的程序与手续。

(6) 各种货物（如茶叶、茶具）存放的具体规定。

(7) 盘存的要求。

(8) 防潮、防蛀、防鼠、防变质的具体制度。

(9) 货物账实不符的处理。

(10) 仓库的卫生管理。

(11) 仓库的安全管理。

(12) 仓库保管员的职业道德要求。

5. 吧台管理

吧台是联系内外、交流信息、接待顾客、处理纠纷、接受意见和建议的重要场所，吧台管理的水平也直接关系到茶艺馆的服务水平和整体形象。吧台管理制度的内容主要包括：

(1) 顾客消费单据的管理规定。

(2) 发票填制的要求。

(3) 吧台物品的管理规定。

(4) 电话使用的规定。

(5) 顾客订位的处理。

(6) 顾客的意见、建议、留言的处理。

(7) 吧台卫生管理。

(8) 电话留言的处理。

(9) 吧台物品盘存，物品账实不符的处理。

(10) 顾客消费打折的处理。

6. 会议管理

茶艺馆要经常召开各种各样的员工会议，如例会、班前会、班后会等。为了提高会议质量，也要形成相应的会议管理制度，如例会的时间、请假及缺席的处理、纪律要求、会议决定的检查落实等，都要做出相应的规定。

7. 财务管理

财务管理主要涉及会计报表、税务、内部的会计制度、财务制度、工作流程、现金管理、资金运作等，可依据国家的会计准则、税务部门的具体要求，结合企业的实际情况，制定相应的管理制度。

5.3.2 现场管理

服务现场是指参与服务的各要素和谐而有机地组合。服务现场主要包括：服务者、服务活动、场所、设施、材料、用具。

服务者为顾客提供服务，是现场管理的中心；服务活动是顾客消费的主要内容，服务活动的质量影响到顾客对服务的认识和评价；场所提供了服务的空间；设施、材料、用具是服务场所必需的物质条件。这4个要素有机结合，使服务现场成为具有生机和活力的统一体。

服务离不开现场，服务质量取决于服务现场。服务现场是服务工作矛盾的焦点，是顾客评价的核心，是展示茶艺馆形象的窗口。因此，现场管理就成为茶艺馆管理的核心，而这个核心的"核心"就是人。现场管理也就是围绕为顾客创造良好的消费环境而对服务人员的服务活动和服务过程的管理。现场管理主要围绕3个方面进行，即人的管理、物的管理和环境管理。

1. 服务人员的管理

服务人员管理要求见表5－1。

表5－1 服务人员管理要求

管理方向	管理要求
仪容仪表	（1）服装。按季节规定统一着装，做到干净、整齐、笔挺，不得穿规定以外的服装上岗；常换洗内衣，保持内衣的干净、整洁；服装上不得佩戴规定以外的饰物；衣袋内不得多装物品；不得戴手链、大耳环等饰品；非工作需要，不得在茶艺馆外穿工装 （2）个人卫生。上岗前后，不准吃葱、蒜等带有异味的食物；饭后要刷牙，保持口腔清洁；勤理发、洗头；勤剪指甲，指甲内不得有污垢，不染指甲；保持自然发型，不得染发，不能留怪异发型；淡妆上岗，不得使用带有较明显刺激性的化妆品；手部不能涂抹化妆品；患有皮肤类疾病者，要选择用药；不准在服务区域剔牙、抠鼻、挖耳；不准随地吐痰；经常洗澡，保持身体清洁

续表

管理方向	管理要求
言谈举止	(1) 站立。站立迎送客人，要毕恭毕敬，收腹挺胸，颔首低眉，双目微俯，面带微笑，双腿不可叉开，身体不能扭斜，头部不可歪斜或高仰 (2) 坐姿。在需要坐下的场合，背挺直，不含胸，表情温馨，头部不可高仰或低俯，身体不得来回摆动，两腿不要抖动 (3) 行走。步履轻盈，和颜悦色；头不低，收腹挺胸，要从容，不显得匆匆忙忙；空手行走不得倒剪双手或袖手，手臂自然摆动；客人在先，其中女士在前 (4) 看。面向客人，目光间歇地投向客人；不能望天花板，不能直视地面，不能无目的地东张西望；禁止凝视、斜视、冷白眼，禁止对客人上下打量，长时间审视 (5) 听。认真倾听，平和地望着客人，视线间歇地与客人接触；对听到的内容，可用微笑、点头应对等做出反应；不能面无表情，心不在焉，不可似听非听，表示厌倦；不能摆手或敲台面来打断客人，更不得不自制地甩袖而去 (6) 交谈。对客人要热情礼貌，有问必答；顾客多时，要分清主次，恰当地进行交谈；说话声音要柔和、悦耳，控制好语调、语速，不得大声说话；不得表现出不愿与客人交谈，或不应答客人；对客人提出的要求，要尽可能地想办法予以满足；对客人的不满或刁难，要冷静处理，巧妙应对，不得与客人发生冲突，必要时可请领班或经理出面解决 (7) 服务。按茶艺服务的动作标准、程序、规定进行 (8) 其他。无客人时，不能扎堆聊天，不能梳妆打扮，不能大声喧哗；可以有组织地进行学习、讨论、练习等，并安排专人做好迎宾工作
礼仪礼节	(1) 在接待客人和服务过程中，恰当使用文明服务用语 (2) 不能使用服务禁忌语言 (3) 在服务区域碰到客人要主动打招呼，向客人问好 (4) 对顾客要热情服务，耐心周到，百挑不厌，百问不烦 (5) 递送物品要用双手，轻拿轻放，不急不躁 (6) 不能与客人发生争执、争吵 (7) 不能带情绪上岗，不能带着不悦的情绪接待顾客 (8) 对特殊客人要了解其禁忌，避免引起客人的不快或发生冲突 (9) 尊重客人的习惯，不得议论、模仿、嘲笑客人 (10) 保持愉快的情绪，微笑服务，态度和蔼、亲切 (11) 进入房间要先敲门，经许可方能入内 (12) 同事之间要和谐相处，团结互助，以礼相待
劳动纪律	(1) 员工必须按时上班，准时进入工作岗位；如有急事要向经理请假，经批准后方可离开 (2) 不准在服务现场吃东西、干私活 (3) 严禁酒后上岗 (4) 工作期间必须讲普通话，不得使用方言 (5) 严守工作岗位，不准随便离岗

5 茶艺馆的经营与管理

续表

管理方向	管理要求
劳动纪律	(6) 维护茶艺馆的形象，不得在服务现场聊天、打闹、嬉笑、大声交谈 (7) 不能因点货、收拾台面、结账等原因不理睬顾客 (8) 不得当面或背后议论客人，不得对客人评头论足 (9) 不得使用破损、有缺口、污渍的茶具 (10) 不准与顾客争吵 (11) 不准坐着接待顾客，对待顾客要礼貌、热情、主动 (12) 不得随地吐痰、乱扔杂物，要保持工作区域的清洁 (13) 不得表现出对客人的冷淡、不耐烦及轻视，对所有客人要一视同仁 (14) 保持良好的站立姿势，不可靠墙或服务台，不可袖手或倒背双手 (15) 与客人交谈时要掌握技巧，注意分寸，不得打听客人的隐私 (16) 全面了解茶艺馆的情况，不得对客人的问题一问三不知 (17) 收放物品时要小心，轻拿轻放，不能声音过大 (18) 不能不理会其他服务员招待的客人的招呼 (19) 不得当着客人的面打扫卫生 (20) 严禁向客人索取小费。客人付小费时要婉言谢绝
考勤制度	(1) 为保证正常的工作秩序，员工必须正常上班，不迟到，不早退，不旷工，不擅离职守，有事要请假，并按要求办理请假手续 (2) 经理或领班要如实记录所有人员的出勤情况。考勤作为对员工考核、奖惩的重要依据之一。考核记录不得涂改，记录错误需更改，当事人要签名并说明更改原因 (3) 请假要由员工本人填写请假条，写明请假的事由和起止时间，经理批准后方可离开。职工病假超过一天的，需出具市级以上的证明。一般情况下，不得电话请假，不得他人代请假 (4) 各种请假的管理，如事假、病假、婚假、丧假、探亲假、休假等，视具体情况做出相应的规定，内容包括请假手续的办理、工资、奖金的处理等 (5) 对违反考勤制度者，如迟到、早退、旷工、捏造理由请假、考勤弄虚作假等，要制定相应的处理措施，以保证考勤制度得以确切执行

2. 物品和设施的管理

茶艺馆的各种服务设施、用具、物品的维护、保管十分重要，必须建立相应的管理制度，具体要求见表5-2。

表5-2　物品与设施的管理要求

管理方向	管理要求
物品管理	(1) 设施和物品要由专人负责，专人专管，做到岗位清楚、职责分明 (2) 明确设施、用具的检查项目、检查方式，定期定时进行检查，发现问题及时处理 (3) 建立设施维护保养资料卡和用具账目及损坏情况登记卡，以便积累数据，掌握规律 (4) 对商品陈列做出明确规定，使陈列安全、有序，显示出美感，并方便顾客选购 (5) 对物品的人为损坏要有相应的处理方法

续表

管理方向	管理要求
环境管理	茶艺馆服务环境的要求：整洁、美观、舒适、方便、有序、安全、安静。好的服务环境，一方面可以满足顾客的需求，获得顾客的好感和信任，树立良好的企业形象；另一方面会使服务人员精神焕发，工作更有劲头
安全管理	(1) 有目的、有组织地分析服务全过程，尽可能抓住容易发生事故的关键环节，制定预防措施及对策 (2) 着眼于发生事故的苗头，以便采取相应的措施 (3) 制订应急计划和措施，避免措手不及，以减少事故发生时可能造成的损失 (4) 抓好安全教育，使所有员工树立牢固的安全防范意识。搞好安全培训，使员工熟悉安全措施和消防设施的使用方法 (5) 按照安全消防的要求，配置消防器材，并安排专人负责管理 (6) 经常巡视检查，排除安全隐患 (7) 明确每个员工的安全责任，动员全员参与，共同搞好安全工作 (8) 经理和领班在安全管理中要发挥主动作用，经常检查关键环节，抓好对员工的安全教育和培训工作
卫生管理	(1) 地面要求光、亮、净，不得有未清理的垃圾。顾客丢弃的废物要随时清理 (2) 地面无痰迹、烟头、烟灰、污水、纸片等 (3) 大厅、房间、卫生间墙面、墙角、窗台等处无积尘、浮土、蜘蛛网等 (4) 门窗、楼梯扶手无灰尘、污垢，玻璃要清澈透亮、无污点、无污痕 (5) 柜台、货架、灯架、音响、电视等凡看得见、摸得着的地方，不得有污物、灰尘、污渍。台面无杂物、灰尘、茶渍等 (6) 卫生间地面干净，无污水、废物。纸篓的垃圾及时清理，所存垃圾不得超过纸篓高度的1/2。管道上下水通畅，洗手池外壁、内壁、台面、水管把手无污迹、灰尘，便池干净、洁白、无明显污渍。室内经常通风，无异味。各种物品摆放整齐、有序，墙面无乱涂乱画 (7) 客用茶具无水痕、污渍、手纹、茶渍（紫砂壶、茶船除外） (8) 室内无蚊蝇，老鼠及腐烂变质的商品，食品无异味 (9) 宣传栏、装饰物无灰尘、污垢 (10) 客用茶具、餐具按规定进行消毒 (11) 吧台物品摆放整齐，卫生要求与室内的其他要求相同 (12) 每天上午开门接待顾客前，经理或领班要组织服务人员全面打扫卫生，对所有区域按标准进行清理，并逐项检查，不合格的地方要重新清理 (13) 营业期间，所有人员要随时注意卫生情况，发现问题要及时处理 (14) 晚上送客后，对地面、台面、墙面要彻底打扫一遍 (15) 所有员工不得乱扔杂物，不得随地吐痰 (16) 及时清理台面上的果皮、茶叶、水迹等，勤换烟缸，保持台面的干净、整洁 (17) 对出现问题的员工，领班和经理要随时提醒其注意个人行为。问题严重的要进行相应的处罚 (18) 对员工进行卫生知识和卫生法律制度的培训，帮助员工养成良好的卫生习惯，树立卫生意识，使其注意约束自己的行为，努力创造卫生、清洁、舒适的工作和服务环境 (19) 经理、领班要经常检查卫生制度的落实情况，对存在的问题要提出改进意见和要求

3. 营造安静的服务环境

（1）所有服务人员要注意自己的言谈举止，保持环境的安静。
（2）音乐要柔和，声音适度，不能太高。
（3）对声响较大的顾客，要以适当的方式提醒其注意，共同营造安静的环境。

课堂讨论

（1）播放茶艺馆介绍视频，请学习者仔细观看，由老师提出一些细节问题（如服务员站立位置、消防情况、卫生及物品摆放等信息）。
（2）通过导入，引出茶艺馆经营的特点，结合视频，总结茶艺馆经营中的注意事项。
（3）对现场突发事件，可由学者分组设计案例进行表演，并解决所提出的问题。
（4）模拟开例会，组织语言，按照茶艺馆经营管理的要求完成练习，理解理论知识要求。

单元小结

通过本单元的学习，使学生掌握茶艺馆经营中日常各部门的管理要求，熟悉茶艺馆现场管理的相关知识，从而培养管理观察员工服务过程，果断解决问题的能力。

课堂小资料

茶艺馆商品全方位立体结构

商品立体结构与品种齐全是有区别的。

（1）在品种齐全的基础上增加茶叶不同等级，如"黄山毛峰"有明前特级、特级、一级等；"牡丹绣球"有"头春""二春""三春"。
（2）经营茶叶同时经营与茶叶有关的商品，如茶具、茶书、茶点、茶水、茶保健品、茶字、茶画及文房四宝，茶具有紫砂、瓷器、玻璃、不锈钢等，而紫砂有高、中、低，有套壶、单壶、怪壶，有黑泥、白泥、红泥等，茶点有瓜子、开心果、牛肉干等。
（3）采取与众不同的包装与储存，如花茶锡箔袋包装，绿茶可以放在冰柜里保鲜出售等，茶叶的主体结构要根据不同地区不同消费者而定，须经市场调查，不能盲目模仿，盲目拼凑。
（4）商品陈列有序。商品的陈列好坏直接影响消费者对茶艺馆的感觉。种类不同的茶叶及与茶有关的商品一定要合理地陈列，首先是分类，如花茶区、绿茶区、红茶区、保健茶区、极品茶区、茶具区；再次是档次，为使消费者一目了然，最好在各个区内放上茶叶的简介（产地、品位、特点等）；然后是整体的布局，要根据经营点的整体环境，将茶叶、茶具等与店内店外结构结合起来，使陈列的商品协调一致，构成一幅赏心悦目、心旷神怡的立体画面，给顾客一种流连忘返的感觉，同时体现井然有序，繁多而不乱。

考考你

（1）茶艺馆日常管理包括哪几部分？
（2）茶艺馆现场管理中，如何对商品进行有序摆放？
（3）茶艺馆的招聘计划包括哪些内容？

【5.3知识测试】

学习单元四 学会茶单的设计与制作

学习内容

- 茶单设计的原则
- 茶单的内容选取
- 茶单的设计与制作
- 茶单设计者的基本要求

可以通过小故事或小品中的一些点菜、点单的故事,使学习者了解菜单、茶单设计的重要性。

深度学习

5.4.1 茶单的设计原则

1. 迎合目标顾客的需求

茶单上应列出多种茶品供顾客挑选,这些品种要体现茶艺馆的经营宗旨,迎合目标顾客的需求。如果茶艺馆的目标顾客是收入水平中等的群体,就应将茶单的茶位、茶品及茶食的价格进行调整;如果针对的客户群是以享受型为主的高收入顾客,在所提供的茶单、茶品及茶食的档次上要做一些精细、服务讲究的高级茶单;以商务洽谈为主要品饮人群的茶单设计,要突出便捷、周到的茶单及茶品。

2. 与总体环境相协调

茶单并非越精细越好,而是必须和总体的装饰环境相配套、相协调。一家设计美观、建筑成本高的豪华茶艺馆,人们指望那里提供高档次的茶品,如果茶单上只是一些低档次的、加工粗糙的普通茶品,人们便会大失所望,产生很坏的印象;相反,一家设计简单、布置具有文化底蕴及古典味道的茶艺馆,人们希望品饮到价廉且口感相对较好的普通茶,如果茶艺馆提供高价的茶品,人们会觉得茶品的价格不值。

3. 品种不宜过多

一家好的茶艺馆,应保证供应茶单上列出的品种不缺货,否则会引起顾客的不满。但茶单所列的品种不宜太多。品种过多意味着茶艺馆需要很大的原料库存,由此会占用大量资金和高额的库存管理费用;茶品品种太多还容易在销售和冲泡方法上出现差错;还会使顾客选茶决策困难,延长选茶时间,降低座位周转率,影响茶艺馆收入。因此,茶单上的品种应该适当添加,本着少而精的原则,为将来更换茶品留有余地。

4. 选择毛利额较大的品种

茶品计划应使茶艺馆获得可观的毛利,因此设计茶品时要重视原料成本。影响原料成本的因素不仅包括原料的进价,还包括加工和切配的折损和其他浪费等损耗因素。如果茶品原料成本高、价格贵而难以售出，则这类茶叶不宜多选。要选择一些能产生较大毛利额的茶叶和那些组合起来能使茶艺馆达到毛利指标的茶品。

5. 定期更换茶品

为了使顾客保持对茶单的兴趣，应适当定期更换茶单上的品种，防止顾客对茶单发生厌倦而易地。这对回头客较多的茶艺馆更为重要。

定期更换茶单中的茶品种，要注意尽量减少浪费，要检查库房有哪些茶叶贮存时间较长，哪些茶不能再继续贮存，要设法换上一些能用这些原料的茶品。定期更换茶单中的茶叶品种，留下盈利大、受顾客欢迎的茶品种，换去一些不受顾客欢迎且收入少的茶叶品种。更换茶品时要尽量补上新产品，即过去不存在的产品；过去虽有但又经过改进冲泡技巧的产品；曾有但被遗忘而又重新出售的产品。茶艺馆工作人员要注意学习其他茶艺馆的新品种及操作技巧，经过模仿和改进，补充到自己的茶单里去。

5.4.2 茶单的内容

茶单为顾客提供一目了然的价格与产品服务，而茶单内容的取舍和分类要方便库房提货和茶水服务员的备茶。茶单作为推销工具，一定要清楚、有逻辑地将信息正确而迅速地传递给顾客，同时，通过内容的编写、顺序的安排及艺术处理等吸引顾客购买。一张茶单若通常由以下内容组成。

1. 茶叶品种名称及价格

茶叶品种的名称会直接影响顾客的选择。顾客没有尝试过某种茶，往往会凭借茶品名称(后面简称品名)去挑选茶叶品种。茶单上的品名会在品茶顾客的头脑中产生一种联想。顾客对茶艺馆产品是否满意在很大程度上取决于看了茶单上的品名后对茶叶品种产生的期望能否得到满足。编写茶叶品名和价格要符合以下要求。

1) 茶品名称和价格应具有真实性

(1) 茶品名称真实。茶品名应好听，但必须真实，不能太离奇。中国茶叶协会对顾客进行调查发现，故弄玄虚而离奇的名字，以及不为顾客熟悉或名不副实的名字，不容易被顾客接受，只有小型的、以常客为主的茶艺馆可用不寻常的名字。通常大众茶艺馆应采用朴实并为顾客熟悉的茶品名称。

(2) 茶品的质量真实。茶品的质量真实包括原料的质量和规格要与茶单上的介绍相一致。

知识小链接

茶品名称为杭州狮峰龙井，茶艺馆就不能拿杭州其他地区所产龙井来代替。狮峰龙井已经过注册，未经允许擅自使用其名要追究其法律责任。茶品的份额必须准确，茶单上介绍份额为50克一筒或一小袋，其分量必须是50克。茶品的新鲜程度应一致，大多数茶品由于存放及其本身品种的原因，品饮是有一定期限的，所以在进货及平时点货或是推销过程中，要了解茶艺馆现有茶叶的全部情况，再向客人推销。

---

(3) 茶品价格真实。茶单上的价格应该与实际供应的一样。如果茶艺馆加收包房费或

是其他服务费,则必须在茶单上加以注明,若有价格变动要立即改动或更换茶单。

(4) 茶单上列出的茶叶品种应保证供应。有些茶艺馆管理人员认为凡茶艺馆能供应的茶叶品种应该全部列在茶单上,多给客人选择的余地,但是当产品原料不能保障供应,客人所点茶品无货时,就会使茶单不可靠、不严肃。

2) 茶品名称要文雅、引人深思

粗俗的名字往往会同茶艺馆场所不合拍。

2. 茶品介绍

茶单上要对茶叶品种予以简单的介绍,具体内容有:

(1) 茶品所属类别、冲泡水温、使用器具、茶叶产地。

(2) 香气类型、汤色、滋味、叶底、投茶量。

介绍茶叶品种有利于推销茶品。要引导顾客去消费那些茶艺馆希望销售的茶叶品种,同时还要介绍一些名称罕见、口感特殊的品种加以比较。

茶叶品种的介绍不宜过多,非信息性介绍会使顾客感到厌烦,而拒绝购买或不再光顾茶艺馆。但一张茶单若就像产品的目录那样刻板地列出茶叶品种名称及价格,也会因过于枯燥无法吸引顾客。

3. 告示性信息

告示性信息必须十分简洁,一般有以下内容。

(1) 茶艺馆的名字。通常安排在封面。

(2) 茶艺馆的特色。如果茶艺馆具有某些方面的特色,如茶与书画艺术、古董、现代棋牌及商业洽谈等联系较多,可以适当突出主题。

(3) 茶艺馆地址、电话和商标记号。一般列在茶单的封底。有的茶单还标注出在城市中的地理位置。

(4) 茶艺馆经营的时间。列在封面或封底。

(5) 茶艺馆加收的费用。如果茶艺馆加收服务费或包房费(按时间或按茶位等)要在茶单的内页上注明。

(6) 机构性信息。有的茶单上还介绍了茶艺馆的包房数或面积、历史背景及茶艺馆特点、代理茶叶品牌厂家介绍。

5.4.3 茶单的制作

1. 准备工作

1) 列出清单

在制作茶单前要拟制作一份茶单,需要联系设计师、撰稿人及印刷商。在这以前需要计划好茶艺馆主要经营方向及档次、提供什么服务和茶叶品种。提供的茶叶品种分类列出清单。其间,茶叶品种的项目和价格通常需要改动好几次。分类列出茶叶品种可以帮助人们权衡所选茶叶品种在贮存、冲泡方法、使用器具及价格方面是否搭配得当。

2) 选择设计师、撰稿人和印刷商

茶艺馆一定要认识到茶单对茶艺馆的点缀作用、推销作用和标记作用。设计茶单一定要选专业设计师，可以从广告代理公司聘用。另外要请一位善于文字写作的撰稿人，对茶叶品种名称、茶叶介绍或冲泡表演介绍等描述性的措辞进行推敲。由于茶单的印刷量一般不会太大，所以可聘用从事小量印刷并能在短期内交货的印刷商。

2．茶单的设计

1）纸张的选择

茶单设计应从选择纸张开始，因为纸张是设计的基础，一份精美的茶单的说明、印刷效果等都要通过纸张来体现。由于纸张成本约占印刷成本的 1/3，茶艺馆经营管理人员和茶单设计人员应重视纸张的选择。

2）茶单用纸和有关设计技术

（1）凹凸印刷。

（2）深色纸上采用淡色墨水。

（3）带色的纸上使用淡色和金属色。

（4）纸的立体使用。

（5）在透明的或半透明的纸上印刷。

（6）在同一茶单中使用不同种类的纸。

3．茶单的尺寸大小

茶单的式样和尺寸有一定的规律可循：一般单页茶单以 30cm×40cm 大小为宜；对折式的双页茶单，茶单合上时，其尺寸以 25cm×35cm 为宜，也可以根据茶艺馆的特色来制作相应尺寸的茶单。另外，茶单上应有一定的空白，这样会使字体突出、易读。如果茶单文字所占篇幅多于 50％，会使茶单看上去又挤又乱，影响顾客阅读和挑选茶叶品种。茶单四边的空白应宽度相等，给人以版面观赏的匀称感。

4．茶单的形状、式样

因为大部分茶单印在纸上，所以应考虑所用纸可以折叠，可以被切成各种形状，并有不同的造型。茶单的形状是根据茶艺馆经营需要，为迎合顾客心理而确定的。茶单可以切成各种几何图形和不规则的形状。总之，茶单的尺寸大小没有统一的规定，用什么尺寸合适主要从经营需要和方便顾客两个方面考虑。

5．文字和字体

1）文字

茶单必须借助文字向顾客传递信息。一份好的茶单，其文字介绍应详尽，令人读后增加品饮欲望，从而起到促销的作用。一份精美流畅的菜单其文字撰写的耗时费神程度并不亚于设计一份彩色广告。

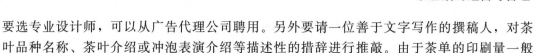

知识小链接

茶单的文字部分主要包括：①茶叶品种名称；②描述性介绍；③茶艺馆声誉宣传等。一般来说，一页纸上的字与空白应各占 50％为佳。字过多会使人眼花缭乱，前看后忘；空白过多则给人以茶叶品种不足、选择余地少的感觉。

茶单上的茶名一般采用中文的形式。字体印刷要端正，要使客人在茶艺馆的光线下很容易看清。多数茶叶品种和茶食品采用小号字体，以增加可读性；分类标题和小标题可用大号字体；慎用古怪字体和"翻白"（即黑底白字）印刷。

凡有可能，菜单一般是打印，当然某些茶艺馆为突出某主题特色也可手写，手写往往更能营造文化气氛，但字迹必须娟秀、清楚。龙飞凤舞的书法必须以宾客认得清楚为准，否则就会失去本来的意义。茶单内容和价格应避免涂改，要使菜单"眉清目秀"，容易辨读。

2）字体

要设计一份阅读方便和富有吸引力的茶单，使用正确的字体是非常重要的。假如不是用手写体的话，就一定要用印刷排版的方式。有的茶单字体太小，不便阅读；有的茶单字体排得太紧，而且每项茶叶品种或茶食之间间隔小，几乎连在一起，使宾客选择茶叶品种时很费劲。

6. 茶单的颜色和照片

1）茶单的颜色

茶单的颜色能起到推销茶品的作用，使茶单更具吸引力。不同的颜色还能起到突出某些部分的作用（如一些特殊推销的茶叶采用不同颜色）。

2）茶单上的彩色照片

彩色照片配上茶名及介绍文字是一种极好的推销方式。彩色照片能直接而真实地展示茶艺馆所提供的茶叶品种。尽管印制彩色照片成本高，比印单色或双色的印刷费用高出一些，但一张优质的彩色照片胜过千言文字说明，能最真实地呈现令人赏心悦目的茶叶品种。彩色照片的拍摄和印制质量很重要，若印制质量差，还不如不印。彩照实例能否激起客人的购买欲望取决于彩照是否逼真美观。

7. 茶单封面

封面是茶单的门面，一份设计精良、色彩丰富、漂亮又实惠的封面往往是一家经营有方的茶艺馆的点缀和醒目的标志。

封面的图案要体现茶艺馆经营特色，色彩要与茶艺馆的整体环境相匹配。如果经营的是古典式茶艺馆，茶单封面要反映出古典色彩。菜单封面要视作茶艺馆室内的点缀之一。茶单放在桌上，分散在顾客的手中，其颜色或者跟茶艺馆色彩相近，形成一个体系；或者互成反差，使之相映成趣，犹如万绿丛中的花朵。另外，茶单封面应使用塑料薄膜压膜的厚纸，或是设计茶单外套，这样可防水或防污。

5.4.4 茶单设计者的素质要求

茶单设计者要具备广泛的茶叶基础知识。熟悉茶叶的品种、产地、加工工艺、品质特征、茶与健康及其价格等。有深厚的茶叶冲泡知识和较长的工作经历，熟悉各种茶叶的冲泡方法、冲泡时间和需用的器具，掌握茶叶的色、香、味、形和营养成分。

（1）了解茶艺馆的冲泡方法及服务程序，工作人员的业务水平。

（2）了解顾客需求及茶叶发展的趋势，善于结合顾客的饮茶习惯，有创新意识和构思技巧。

（3）有一定的美学和艺术修养，善于对茶叶品种在茶单上的颜色及种类进行合理搭配。

（4）善于沟通技巧，虚心听取相关专业人员的建议，具备筹划带有竞争力茶单的能力。

总之，只有具备较高职业素质，并具有一定艺术性和责任感的茶艺工作者才能设计和制作出科学完美的茶单。

课堂讨论

（1）老师讲授点单小故事或是由学生讲述自己经历或看到的点单小故事，从中得到启发，引出茶单的设计是非常重要的。

（2）老师讲授茶单设计制作的基本要求。

（3）学生分组进行讨论，每小组设计两份不同风格的茶单，口述设计思路。

（4）课后完成茶单设计，下节课展示做好的茶单，并说明茶单的特点及小组制作过程。

（5）老师点评，小组间互评。

单元小结

通过本单元的学习，使学生具备一定的管理能力，能够运用茶单设计的基本原则，根据所调研的市场定位，合理设计茶单内容。

课堂小资料

茶艺馆经营注意事项

（1）做好广告、促销工作。广告、促销对商家的重要性是众所周知的，有条件的茶店完全可以利用电视、报纸等。条件不具备的也可利用服务人员、业务员印制一些小广告进行宣传。促销应该多做、形式多样，可以优惠，也可以按购买的金额赠送一些与茶叶有关的礼品，如茶具、茶书等，广告也好，促销也好，一定要取信顾客，不可欺骗顾客。

（2）做好长期作战的准备。茶叶作为一种特殊的消费品和艺术品，顾客对其口感、滋味、内质、品位要一个相当长的时间接受和评定过程，这样就要求经营者要有耐心，不要开张几个月或一年挣不到钱就不想干了，要不断地进行宣传，同时针对顾客的要求不断改善。

（3）逐步走向连锁化。因现代市场经营越来越规范，利润越来越平均，如果所经营一两个茶艺馆效益不错，同时又积累了许多无形资产，千万不能原地踏步，更不能将挣来的钱消费光，应该总结成功的经验，培训人才，将经营点在逐步稳健的基础上进行同步扩张，走向连锁化。这样可以节约成本，有利竞争，在茶叶界立于不败之地。开设连锁首先可以建立配货中心，建立健全各项规章制度，选拔人才。

考考你

（1）分析茶单用纸的选择？

（2）从哪些方面介绍茶单上的茶品？

（3）茶单设计者应具备哪些素质？

（4）举例说明茶单色彩的选择与品茗环境如何进行搭配。

学习单元五　掌握茶艺馆的营销方法

学习内容

- 茶艺馆营销活动策划的重要性
- 茶艺馆对外宣传渠道
- 茶艺馆的营销方法
- 降低茶艺馆营销成本的技巧

贴示导入

茶艺馆的营销就是通过客人参与服务并对服务满意来实现经营目的。营销的任务在于不断发现和跟踪顾客需求的变化，及时调整茶艺馆的整体经营活动，努力开发和满足顾客的需要，推动茶艺馆的不断发展。

深度学习

茶艺馆业被称为"绿色产业"，它的工作性质是直接为顾客提供以茶为主，集休闲、娱乐等为一体的综合性服务。在公司办公区、商店聚集区、行人往来众多的地区，人们进行商务洽谈和各种社交活动需要茶艺馆；人们工作之余忙里偷闲，约上三五知己休闲消遣时，茶艺馆是他们最佳的选择场所之一。茶艺馆在现代人们的工作中、生活中扮演着越来越重要的角色，成为人们工作、生活中的一部分。

5.5.1　茶艺馆营销活动的策划

茶艺馆营销管理的内容包括：营销战略、营销策略的制定，营销活动的策划和实施，宣传工作的开展，产品创新管理，顾客管理和会员管理，服务人员销售意识的培养等。

1. 营销战略和营销策略的制定

营销战略是从茶艺馆长远发展的角度对营销管理进行的总体规划，它是在茶艺馆的定位和对市场分析、预测的基础上制定出来的。营销战略不把眼光局限于茶艺馆目前的经营状况及狭小的市场范围，而是着眼于茶艺馆未来的发展方向，着眼于对营销系统的、整体的、有步骤地安排和推进，要求的是未来的结果和良好的局面。营销战略要对茶艺馆未来3~5年，甚至更长时期的营销管理进行统筹规划，以充分利用茶艺馆有限的资源，逐步实现企业发展的目标。

营销策略是在营销战略的指导下，结合目前茶艺馆的经营情况、市场状况，针对竞争对手的营销活动、营销措施，以及消费需求的变化，对茶艺馆营销进行的短期规划和安排。它涉及的时间较短，一般在1年以内。如适时制订的价格策略、服务策略、产品策略、宣传策略等，都具有较强的针对性和目的性，以便在一定时期内吸引顾客，扩大影响，

【户外饮茶活动】

提高销售额和企业的效益。

2. 营销活动的策划

营销活动是企业吸引顾客，提高销售额常用的一种手段。茶艺馆可以开展的营销活动多种多样，如价格优惠、推出新的服务、开展茶文化宣传等。为了增加活动的吸引力，扩大影响，一是对活动要精心策划，找到好的创意和方法；二是要认真组织，使活动能达到预期的效果。

3. 宣传工作

宣传工作对提高茶艺馆的知名度、扩大茶艺馆的社会影响、提高竞争力等有着重要的促进作用。对此，茶艺馆应有足够的认识。茶艺馆可以自己组织宣传，如利用自己的宣传资料、宣传册、茶艺表演、茶文化推广等形式来进行宣传，也可以利用各种新闻媒体进行宣传。

4. 产品创新管理

茶艺馆的产品创新主要体现在服务内容、服务方式的创新上。顾客不希望自己喜欢的茶艺馆的服务一成不变，各个茶艺馆的服务大同小异，它们希望茶艺与服务不断创新。因此，茶艺馆要根据消费心理及顾客需求的变化，有效利用自己的资源加强产品创新，适时推出新的服务产品，以不断扩大市场需求，提高茶艺馆的市场竞争能力。

5. 顾客管理

对新顾客，除了提供热情、优质的服务外，还要视情况主动介绍茶艺馆的全面情况，增加客人对茶艺馆的了解，使其对茶艺馆留下良好印象。

对于老顾客，可以建立顾客档案，记录客人姓氏、联系方式、消费习惯、特殊爱好等。加强与顾客感情的沟通与联络，以稳定客源。如果茶艺馆推出的酬宾活动、营销活动等，要及时通知老顾客。平时消费时可以提供一定的优惠，或奉送茶点、茶叶等。

6. 会员管理

有的茶艺馆实行会员制，一般来讲，在这种消费形式推出时，都要形成相应的会员制度，内容包括：会员的权利和义务、茶艺馆的权利和义务、纠纷的处理方式、会员的有效期、管理制度的解释权等。

7. 服务人员销售意识的培养

现代茶艺馆强调全员促销，并且服务人员处于第一线，直接与客人接触，服务员的销售技巧和销售意识直接影响到茶艺馆的经营状况。茶艺馆不仅要加强服务培训，提高服务员的服务技能和服务水平，还要加强销售技能培训，提高销售技能和销售技巧。更重要的是，要让每一个服务员都认识到销售的重要性，树立销售意识，这需要一定时间的训练，需要观念的转变，需要与服务员个人的利益联系在一起。值得注意的是，对销售意识的强调要适度，要帮助服务员树立正确的销售观念，如果过分强调销售，甚至是不讲策略与方式的销售，可能会引起顾客的反感。

5.5.2 茶艺馆的营销方法

（1）找准目标。在营销上便是通常所指的市场定位。此定位得根据产品本身的特点及实际情况做出精确的判断。一旦定位错误，就算是给你再强的火力支持也是白搭，可以说投入越大，损失也就越大。打个比方，你要将轿车卖给一个只能买一辆自行车的人，后果可想而知。具体来说，根据不同地理区域、人民生活水平等的差异来具体定位茶艺馆的消费群体；消费群体的消费能力大致在什么范围，都要做详细的调查分析，如是中档消费区域，也不必过多地顾及高端与低端的消费群体，不过可以保留中低端和中高端消费群体的消费定位。

（2）吸引眼球。这一步可以说是最讲究方式方法的，不但要体现个性化，还要体现差异化，同时还要借助事件，甚至策划事件来达到吸引眼球的目的。可以做一些POP广告放在显眼的位置，或是做一些小册子、卡片赠送给客人，以便更多的人知道该茶艺馆，甚至了解最近推出了什么样的新品或活动之类的。

（3）整合资源，集中推广。也就是近几年来常说的"整合营销"，除了产品本身的品质以外，在营销过程中还得借助其他一切可以利用的资源，比如销售渠道，人有你无，你就得想办法以委托或合作的方式进入人家的销售网络，借助对方的优势来弥补自身的不足。总之，要让消费者能够接触到你的产品，并能感受到产品的特点。这就要求我们的软件、硬件一定要好，缺一不可。比如，我们的服务好，赞美就会多起来，信誉和口碑也就会随之更好起来，那么就能够借别人的嘴来为自己说话了，这样的活广告的效果是其他广告类无法比拟的。

对于营销来说，将产品推销给对方只是营销追求的一个目标，但是并不代表是营销的全部。所以不要从一开始就抱着不达目的誓不罢休的心态。而是要让对方在你的营销行为当中感受到你是在处处为他着想，要让他获得快乐，感受到你的温暖和你对他的关注。这样，即使一时没成功，但以后长时间里，他能够感受到你所想的，那么你的营销也就算是成功了。

现代茶艺馆与传统茶艺馆之间的区别在于将茶叶、茶具、茶点、茶人、茶艺馆的环境、布局等融入现代的生活，让消费者享受到更加人性化的服务。但仅有这些硬件肯定还是不够的，软件方面，如茶人的服务、管理员的管理、决策者的经营理念，也都决定着一个茶艺馆的兴衰命运。

5.5.3 茶艺馆经营管理中需注意的问题

我国的茶艺馆主要集中在北京、上海、杭州、广州、成都等大中型城市，而且每年以较快的速度增长。近几年随着茶艺馆数量的增加，茶艺馆之间的竞争日益加剧，这对茶艺馆的内部管理提出了更高地挑战。

茶艺馆在经营管理中常见的问题如下。

（1）商品陈列不合理。根据实地走访各茶艺馆所得到的相关资料证实，大部分茶艺馆装饰陈列商品给人感觉是混乱不堪的，商品品种不清、档次不分，这样"一锅粥"式的陈列肯定会破坏顾客的购买心情。

（2）服务人员的整体素质差。经过市场调查，发现许多店员素质低下，茶叶知识缺乏、松散、懒惰、反应迟钝、言语不清，有的甚至浓妆艳抹、珠光宝气、言语粗俗。有人说："我宁愿花10 000元一个月请一个好服务人员，也不愿花3 000元一个月请一个不合格的服务人员。"这进一步证实了职业素质的重要性。这是一个非常重要的因素，一个店经营好坏关键在服务人员。

（3）财务管理混乱。有些茶艺馆根本没有健全的财务制度，管理十分混乱，往往凭感觉相信人。一个店的经营效益主要是开源与节流，经营得再好，如果不能节流，到头来还是一场空。财务是经营的中心，任何人都要按财务规则办事，不管是夫妻、兄弟还是朋友，都应该如此。

（4）广告、促销力度不强。店铺不论大小，都应该在能力范围内把广告、促销放在重要位置上。有些茶艺馆只顾眼前利益，斤斤计较，不考虑长远效益，这样顾客就会越来越少。

5.5.4 茶艺馆经营管理待解决的问题

各茶艺馆在经营中都有自己的经营理念和特色，形成了百花齐放的局面，但是茶艺馆经营管理上还有一些具有共性等待解决的问题。

（1）把握消费者心理。把握顾客心理，如何"黏住"回头客是茶艺馆经营管理的头等大事。

===== 知识小链接 =====

根据业内人士介绍，茶艺馆中平均每一位客人的消费在几十元到上百元不等，一次消费上千元的客人则少有人在。因此，一些茶艺馆用售卖打折卡或者提前存茶等类似"会员制"的方式试图吸引消费者回头的推广效果并不明显。

茶艺馆的经营是与人沟通的生意经，需要用科学的管理理念来协助，建立客户档案，了解客户饮茶喜好，习惯等。来到茶艺馆的客人大多是商务人士或白领阶层。这个群体的消费者往往有一种非常强烈的归属感觉。他们特别在意在一个地方的消费额度。"我是你们这里的老客户了""我在你们这里花了很多钱"是他们经常挂在嘴边的话，也是他们消费心理真实的写照。但是很多茶艺馆是用手工记录的方式完成记账管理的，这些记账单时间长了就成了废纸，完全没有利用的价值。茶艺馆要求生存求发展，就必须有一套适应茶艺馆发展的管理软件对客户进行全面的管理。

===== 知识小链接 =====

国内的美萍茶艺馆管理软件就能够非常清楚地显示客人的消费金额、存茶的状况、打折的幅度等信息，同时还可以清楚地记录客人以往的消费记录、不同的优惠折扣，让老客户有倍受重视的感觉。用这种方式能够把老客户牢牢黏住。

（2）抓好服务细节。来茶艺馆的客人有些是来洽谈生意的，更多的是来放松、享受和交流的。因此，他们对一些事情非常敏感，一些细小的管理上的疏忽往往会导致他们的不满意。比如，包间计费，他们往往担心商家多算时间。而一些茶艺馆由于只是手工记录客人进入包间的时间，在计费上、打折时间上容易引起客人的不快和争议。

在茶艺馆的经营管理中，除了服务员对客人提供主动、热情、周到的服务以外，在管理细节上提高客人的满意度也是非常必要的。而这些细节用管理软件管理起来可以起到事半功倍的效果。通过管理软件，能有效提升整个茶艺馆的现代管理水平，从前台到后台，从客人进茶艺馆到出茶艺馆，让客人感觉到茶艺馆不仅仅是休闲和放松的场所，更是一种完全贴心的全方位服务中心。

(3) 降低成本。茶艺馆如何降低管理成本也是茶艺馆经营管理中非常现实的问题。茶叶库存管理（进、销、存），在茶艺馆的经营管理中占有非常重要的地位，它的好坏直接关系到茶艺馆的盈利状况。先进的管理理念必须通过先进的手段落到实处才能给茶艺馆带来切实的好处。

降低管理成本是一个茶艺馆重要的经营理念。选用一些管理软件能够有效地提高内部的管理水平，从员工到茶叶库存都用计算机有效地进行管理，从而让管理者有更多的时间去干别的事情，不必为了处理日常的烦琐事务而浪费大量的时间及精力。所以，如果能将茶艺馆的管理成本控制落到实处，茶艺馆的管理就又上了一个台阶。

(4) 文化营销。茶艺馆要迎合顾客需求，做好文化营销。在装修上体现自然特色，突出人与自然的和谐相处，可以使用木质桌椅并种植竹子等；充分运用茶艺师给予顾客茶艺与茶文化方面的熏陶；通过音乐、灯光等手段渲染一种文化氛围。

总之，在茶艺馆经营中，不但要注重饮茶文化方面的设计，还要注重营销方面的设计，更要将两者很好地结合起来，凸显营销特色。

课堂讨论

(1) 分析茶艺馆营销活动策划的重要性。

(2) 列举出茶艺馆对外的宣传渠道。

(3) 学习茶艺馆的营销方法。

(4) 掌握降低茶艺馆营销成本的技巧。

单元小结

通过本单元的学习，使学生了解茶艺馆经营管理知识，了解茶艺馆从初期建设到营销策划的相关知识，掌握茶单设计的基本原则及经营特色，具备茶艺馆基本服务与管理能力。

茶艺馆经营中的错误管理方式

(1) 选址不合理。开店最重要的是选址，好多经营人员不经市场调查，随便选一个位置就去开店，有的盲目好高，片面追求繁华地段、大商场，这样就容易陷入盲目性，靠碰运气。

(2) 装饰不当。在装饰过程中没有考虑茶店的特殊性，纯粹按个人意志去做，某些茶艺馆的装饰模仿歌厅、饭店的装饰，使茶艺馆装饰不伦不类。茶叶是一种特殊的商品，它的特点在于它的品位、清心、高雅。

（3）茶叶的质量不行。好多茶艺馆经营人员由于本身对茶叶知识的了解不透，没有鉴别能力，为了图方便省事，大多数茶艺馆经营人员到初级市场去盲目进货，这样茶叶质量把关不严，坑了顾客，也丧失了自己的信誉。

（4）价格定位不合理。在"商品短缺"时代，市场不规范，大家为了眼前利益，追求暴利，随着市场经济的进一步成熟，商品过剩，薄利的时代已经来临，好多经营者没有从传统的经营思维中跳出来，还是沿袭过去"高价位"的老路子，可是顾客不买，你怎么办呢？

考考你

（1）茶艺馆营销策划的方法有哪些？
（2）如何进行茶艺馆的广告宣传？
（3）怎样实施全员营销？

【5.4知识测试】

学习小结

通过本部分的学习，使学生了解茶艺馆营销策划的具体内容，重点掌握对茶艺馆产品的营销方法，分析顾客的购买力，把握消费者心理，注意服务细节，完成营销任务。

【知识回顾】

（1）简述茶艺馆定位的要求。
（2）如何对所招聘员工进行岗前培训？
（3）分析茶单用纸的选择。
（4）从哪些方面介绍茶单上的茶品？
（5）茶艺馆营销策划的方法有哪些？
（6）茶艺馆的广告宣传应从哪几方面入手？
（7）怎样培训员工的全员营销意识？
（8）如果现在让你来经营一家茶艺馆，设计一套茶艺馆整体策划方案。
（9）茶艺馆经营筹备需要准备哪些条件？
（10）设计一个茶艺馆名称和图标，并说明设计思路。
（11）茶艺馆的现场管理包括哪几部分？
（12）对茶艺馆的成本控制，你有何建议？
（13）茶艺馆营业时对灯光有哪些要求？
（14）茶艺馆前台物品摆放应遵循什么原则？

【体验练习】

（1）要求：熟悉茶艺馆招聘工作的主要内容，掌握现场招聘的工作程序。
（2）工具准备：招聘工作所用的相关辅助用具。
（3）训练内容。
① 招聘的准备工作部分：设计"应聘人员登记表"。
② 确定初试、复试的内容和方式。

③ 确定员工的待遇。
④ 招聘负责人及测试人员的确定。
⑤ 测试标准与考核办法的确定。
⑥ 确定初试、复试时间及结果的公布方式。
⑦ 落实面试、考试、表演的场地及所需物品。
⑧ 确定要招聘员工的种类及人数。
⑨ 对招聘过程的设计。

6

休闲茶饮

 **学习任务**

通过本部分的学习：
- 掌握花草茶的起源知识
- 分析花草茶的主要成分
- 学会运用花草茶茶具冲泡时尚茶饮品
- 知晓茶叶调饮理论知识
- 学会几种常见叶茶的调饮方法
- 能够制作简单的茶点与茶膳

 **知识导读**

现代许多人都热衷于喝花草茶的主要原因是因为花草茶具有独特的美容护肤作用。营养学家认为，常喝花草茶可以调节神经，促进新陈代谢，提高机体免疫力，其中许多鲜花可以有效地淡化脸上的斑点，抑制脸上的暗疮，延缓皮肤衰老，因此花草茶受到越来越多人的喜爱。

学习单元一 掌握花草茶品饮知识

学习内容

- 花草茶的源流
- 花草茶成分分析
- 花草茶茶具介绍
- 花草茶的冲泡方法
- 常见花草分类

贴示导入

一般所谓的花草茶，其实不含"茶叶"成分。具体说，花草茶指的是将植物之根、茎、叶、花或果等部分加以煎煮或冲泡，而产生芳香味道的草本饮料。英文"Herb"一字是由拉丁文"erba"转变而成，源于地中海地区的古语，就是"草"的意思，中文翻译成"药草"或是"花草"。它们在人类生活中扮演着不可或缺的角色，并带来难以胜数的益处。

深度学习

6.1.1 花草茶的源流

【花草茶展示】

花草茶的历史，可以追溯到古埃及时代，当时人们已经开始懂得利用香草来熏香或治病，使用花草自然成为当时生活的一部分。在出土文献中也发现记载着香草治病的药方。希腊时代，西方医学之父希波克拉底（Hippocrates）开始以科学观察实证的方式建立医学知识，他曾在处方中写着"饮用药草煮出来的汁液"，这可以说是花草茶的起源。

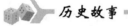历史故事

公元 1 世纪的希腊名医狄奥斯哥底在他的《草本经》里面就列举了 500 种植物疗方，记录植物的生长过程，并提到利用菩提木盒保存花草。16 世纪时妇女们会挂上装有香气的花草布袋来防止外面的细菌感染，并应用在烹饪食用上。公元 1597 年，英国约翰·杰洛引进地中海的花草植物到英国，根据他的亲身经验，指导并详述花草的实用价值，出版的《药草简史》在民间广为流传，成为英国最早的药草书籍之一。

18 世纪中期，就有专家建议饮用属性较温和的药草花茶来替代一般茶叶。而早期的英国移民至美洲大陆时，他们与当地的印第安人互相交换药草疗方知识，许多美洲土产药草后来还被带回欧洲大陆继续沿用。

东方人也有着自己的花草配方，只不过因为民族的不同，对花草的运用与诠释也有了迥然的差异。中国第一部较完整的药草志《神农本草经》，记载了 365 种药物，其中包括甘草、姜等。明朝李时珍的《本草纲目》，其内容以药草为主，包含了 1898 种药物，集以

往药草书之大成,并加以配图,可以说是近代中药的权威著作。追溯到唐宋时代,唐代陆羽的《茶经》、宋代蔡襄的《茶录》都有花茶制作的记载。

中国正式生产花茶,一般认为始于南宋。到了明清时代,花茶生产规模扩大,工艺更加精湛。特别是清朝咸丰年间,福建省福州市就已经成为花茶的窨制中心。唐代诗人李郢曾在诗篇《酬友人春暮寄枳花茶》中有美妙诗句"昨日东风吹枳花,酒醒春晚一瓯茶"。描写了花茶的饮用。

6.1.2　花草茶的成分

花草茶能拥有丰富的滋味及广泛的功效,主要是各种花草茶成分互补的结果。各花草茶的成分相当繁杂,其中比较常见的有以下几种。

(1) 芳香精油又称为挥发油或精油,虽然在花草茶中其成分比例并不高,但其极有价值。在不同种类的花草茶中,芳香精油的组成要素也相异,既赋予各种花草茶以独特香味,又具有独特的医用功效。一般来说,芳香精油具有防腐、抗微生物、消炎止痛、制止痉挛等作用,对人体的免疫系统也大有裨益。芳香精油疗法、蒸气吸入疗法中都可以利用这一成分。

(2) 单宁:也称为鞣质,它是花草茶涩味及苦味的来源,并具有收敛、止泻、防感染的效果。

(3) 维生素:花草茶的维生素含量不少且种类多样,是一种基础的营养成分。饮用花草茶,能吸收其中的水溶性维生素 A、维生素 C 等,不但能促进消化和养颜美容,也有助于从根本上改善体质。

(4) 矿物质:花草茶中含有多种矿物质,如镁、钙、铁等,都是人体保健的基本营养成分。

(5) 类黄酮:这是一种色素,常和维生素 C 并存于花草茶中,对花草茶的色泽极具影响。它除了利尿、强健循环系统之外,抗肿瘤、抑癌(防止自由基形成)的功能也渐受重视。

(6) 苦味素:部分花草茶带着苦味,但也使之拥有促进消化、消炎、抗菌等功能。

(7) 配糖体:通常以药用为主的植物中都含有它,是花草发挥疗效的主要成分之一,具有强心、防腐、镇咳、利尿等功能。

(8) 生物硅:它也是植物药用成分的主力之一,尤其对神经系统极具影响,但因为含有毒性而需小心使用。不过在一般常饮的花草茶中,这种成分微乎其微,并不具有中毒之虞。

由于花草茶拥有以上成分,因此能够增加营养、提升精力、调节机体、增强免疫力,从而发挥保健的功效。

6.1.3　花草茶茶具

透过器皿,可以欣赏到花开花谢的美景。选择合适的器皿,就能冲泡出味道恰到好处的花草茶,并且也使得冲泡一杯好茶的过程成为享受。

1. 花草茶的壶

花草茶的壶呈广腹近球形,以便进行沸水的热对流运动,使壶中花草释放出色、香、味来。

陶瓷茶壶的外形精致，且多绘有优美的花鸟鱼虫等图案，与自然风味的花草茶颇为契合。此外，陶瓷茶壶质地细密，不易起化学变化，又可保温，最能发挥并维持花草茶的色、香、味。在寒冷的季节，陶瓷茶壶更能维持水温。只是使用陶瓷茶壶时，无法欣赏到花草在壶中徐徐展开的美观过程。

玻璃壶是冲泡花草茶最普遍的工具，较陶瓷材质轻巧易执，更胜的是提供花草浮潜伸舒、鲜活如生的视觉享受。缺点是它不具保温功效，茶香较易流失。有的玻璃壶内附有杯状茶滤，将花草直接置于滤杯中，花草的浸汁经此渗入沸水中，斟茶时茶渣留存滤杯内，具有过滤茶叶的功能。用来冲泡花草茶的茶壶可以是陶瓷或耐热的玻璃制品，最好是透明的耐热制品。注入热水后，通过透明的玻璃壶可以欣赏到草叶或花朵在水中慢慢游移的过程，还可以看到真实的茶汤颜色。

2. 花草茶的杯

冲泡花草茶所使用的茶杯也十分重要，一般来讲，在选择茶杯时要考虑到如下几点。

（1）最好为透明玻璃制品，或者是内里为纯白色的陶瓷制品，这样的茶杯方便欣赏茶汤和茶花。

（2）选择玻璃茶杯时要注意选择耐热型的，造型要优雅，杯口要较宽。

由于花草茶的汤色多轻薄淡雅，斟在透明的玻璃杯中尤其澄亮，映衬着花草茶的热香，格外诱人遐思。无柄的玻璃杯易烫手，可以外加连柄的杯座。

3. 茶壶最好要有过滤的器具

选择的茶壶最好有过滤器。如薰衣草、迷迭香等，由于花叶细小，若不过滤的话，倒出时细渣会随着茶水流到茶杯中，而影响喝花茶的感觉，因此最好挑选有过滤器的茶壶。若冲泡综合花草茶，也可以将不耐泡的种类放在过滤器中。

冲泡好花草茶之后，需要用滤茶器将茶水倒进杯子。滤径的大小由茶叶和花朵的大小决定，小花朵就要使用滤径较小的。中国在很早以前就有附滤茶器的茶壶或是杯子专门用来冲泡花草茶。

此外，冲泡花茶的分量可以用手或茶匙来控制，用茶匙时以小量茶匙的分量为准。

4. 花草茶加温器

因为玻璃壶不保温，所以加温器是很适合的搭配器具。加温器是一个玻璃器皿、壶座板及蜡烛座的组合，饮茶时将玻璃壶置于器皿口的座板上，借由底下的烛火维持水温，座板可使玻璃壶受热均匀，而烛光映透玻璃器皿壁，也增添几许温馨的气氛。

5. 花草茶沙漏和计时器

花草茶各有最佳的焖泡时间，用花草茶沙漏和计时器这两种计时工具来掌握会更精确些。采用沙漏具有一种传统的乐趣，但有的花草茶焖泡时间较精确，沙漏不适使用，则以计时器设定所需时间，届时鸣响即可斟茶。

6. 蜂蜜罐、砂糖罐

花草茶虽有一股自然的甘甜味，但仍有许多人不习惯它的清淡少味，故可视个人口味添加蜂蜜或砂糖。清饮时，蜂蜜罐或砂糖罐也能当作桌上的装饰。

7. 花草茶密封罐

花草茶是易潮物质，散货尤其需要妥善地储藏于密封的罐子中，这样也避免香味散逸，还可防虫。

6.1.4 花草茶的冲泡方法

花草茶最简单也最普遍的饮用方式还是冲泡后的饮用。花草茶不含咖啡因，低单宁，低热量，又富含有益成分。就各种花草茶的色泽而言，由透明无色到近黑色之间，包含红、橙、黄、绿、蓝、靛、紫深浅不一的色彩（以浅色居多）。而它的香味，由于所含芳香精油的缘故，无论是温和清新，或是强烈扑鼻，都各具特色且闻后让人感觉非常愉快。

花草茶的滋味也各不相同，有的清香鲜爽，有的花香甘醇，有的香醇爽口，有的酸甜兼容。如薰衣草、锦葵等，都是色、香、味俱全的花草茶。很多花草茶能缓解压力、帮助睡眠或提神、助消化，使人身心愉快。长期饮用的益处则是温和调节生理机能，对于易感冒及患有慢性病的人，能从根本上改善体质。而且绝大多数花草茶不具有副作用。当然，花草茶的疗效不如药草茶，必须连续饮用几周才能发挥效果。

花草茶的种类繁多，其饮用方式也因每一种花草的属性与特质而各有不同，冲泡花草茶可以很简单，也可以很讲究。

1. 基本冲泡法

（1）水。以天然泉水为最佳，人工纯净水也是一个不错的选择，水温以100℃为宜。一般单一花草茶的用水比例为1∶50～1∶100，复方花草茶一般每种花草各取2～3克，然后再按以上比例进行泡制。

（2）火候。花草茶泡制的时间一般不宜超过10分钟，时间过长会挥发掉大量的香味。

（3）调味品。根据个人的喜好和口味，可以添加多种调味品，如鲜奶、柠檬汁、果汁、冰糖、蜂蜜或者不含热量的甜叶菊。理想的花草茶和调味品的比例掌握在3∶2比较好。投放调味品的时机不可过晚，这样味道才好。

（4）次序。先将壶或杯用热水烫过，趁热放入花草鲜叶或干叶，然后倒入刚开的沸水并加盖。焖3～5分钟，茶汁入味时再添加其他调味品。有些取自根、茎、皮部的花草茶料要先煮过以后才能发挥最大的香味，有些则冲泡以后马上饮用，泡久了会变苦而难以下咽，要根据具体情况来掌握。

（5）茶具。茶具以瓷器、陶具等为好。玻璃制品固然便于观察汤色，但是不易保持花香，也不利于保温。可以采用折中的方法，用瓷器、陶具来泡制，用玻璃器皿来饮用。

（6）茶点。通常配饮花草茶的茶点有曲奇、三明治、起酥，以及比较精美的饼干、蛋糕等，可以自制，也可以购买零售的成品。

2. 用茶杯冲泡花草茶

用来泡绿茶的滤杯也可以方便地冲泡花草茶，并且可以在办公室等场所使用。

（1）用汤匙盛装适量的花草茶，放入滤杯中。

（2）将滤杯放在茶杯上，再倒入开水冲泡。

(3) 等待约 5~7 分钟后,将滤杯取出,即可倒出饮用。

(4) 如果是细碎的花草茶,最好使用滤网或滤茶器冲泡,以方便饮用。

3. 花草茶煮饮法

很多花草茶可以用壶泡法也可用锅煮法,通常以壶泡居多。花、叶等原料因为比较容易释放出内含成分,可以采用壶泡法。如果原料是果实、树皮、根、茎等坚韧部分,采用锅煮法能够取得其中的精华,特别是以获得药效为目的时。

煮茶的锅用不锈锅、玻璃或陶瓷材质皆可,铁制或铝制品可能会引起化学变化,不适合使用。先将水煮沸,然后放入原料,继续转小火煮至原料舒展开来,茶汤颜色及味道释放出,即可熄火。如采用壶泡法,冲泡前先用热水温壶烫杯,加入沸水时才不致温差太大,影响茶香发挥。在煮茶和焖泡的过程中,锅及壶一定要加盖密闭,以免花草茶中的芳香精油随蒸汽散掉。

> **知识小链接**
>
> 花草茶煮饮的具体做法:先用小锅将水煮开,加入花草茶后转小火再煮约 1 分钟,再将花草茶倒入茶壶中,待茶色转浓后即可饮用。用此种煮泡法,释放的茶香最为浓郁,不过时间比较长而且繁杂。

4. 巧饮花草茶

1) 冰饮花草茶

花草茶无论冷饮还是热饮都非常好喝。要想制作一杯冰饮花草茶,可先冲泡 2~3 倍浓度的花草茶(冲泡时通常用 1/3~1/2 的水来冲泡同等分量的原料),倒入加冰的玻璃杯中即可。

此外,也可以直接将花草放入制冰机中冰冻,冰块能够为茶增添乐趣。新鲜花草所制的冰块会有非常漂亮的效果,新鲜薄荷制作的冰块可以与任何冰茶进行搭配。

2) 鲜花草的冲泡

冲泡新鲜的薄荷或玫瑰花等花草茶时由于整株薄荷或玫瑰花在冲泡过程中并不会散开,而会沉到壶底或杯底,因此可以不用过滤,直接将这些鲜花草放在壶中或杯中冲泡。

6.1.5 常见花草分类

花草的种类繁多,如果要将其进行分类,可以从花的形态特征入手,分析花草茶的功效。具体划分为干鲜花、花朵茶、香草茶、花果茶四大类。

1. 干鲜花

干鲜花是视觉与味觉的综合体,虽然它的外形干干瘪瘪,但是一旦入水,它就会抖擞开来,绽放出绝美的姿态。缓缓入口,决不强烈,留下的只是一丝幽幽的清新气息。常见的干鲜花有贡菊、玫瑰花、金银花、玳玳花、勿忘我、桃花等。

1) 贡菊

贡菊属菊科,主产于安徽歙县,原名"徽州贡菊",又名"徽菊"。贡菊是从菊花群体中选育出的优良品种。贡菊既有观赏价值,又有药用价值。因在清朝光绪年间被列为贡品

6 休闲茶饮

献给皇帝,故名"贡菊"。其与杭白菊、滁菊和亳菊并称为中国四大名菊,贡菊是一种名贵的中药材,疏风散热、平肝明目、清热解毒。它生长在得天独厚的自然生态环境中,品质优良,色、香、味、形集于一体,被誉为药用和饮用之佳品,是黄山著名特产,驰名中外。

历史故事

相传徽菊原是宋朝徽商从浙江德清县作为观赏艺菊引进的。在一个大旱之年,许多人害了红眼头痛病,有人采鲜菊花泡水降火,十分灵验。从此,这一带的农民家里屋前屋后都种有这种菊花。为了能久藏又特意烘制成菊花干,这个盛产菊花的小山村也就出了名。清光绪年间,北京紫禁城里也流传红眼病,皇帝下旨,遍访名医名药。徽州知府将金竹岭的菊花献到京都,很快治愈了大家的眼疾,于是名扬京城。从此,徽菊被冠以"贡"字,并规定了年年进贡的数量。

贡菊做药用可治目赤肝热、胆虚心燥、风热感冒、疔疮肿毒。常饮菊花茶或菊花酒能"清净五脏、排毒健身",起到延寿美容的作用。如果受风寒而引起头痛,冲泡菊花茶可以去头风。

知识小链接

冲泡方式:根据壶或杯大小,适量选用一匙干燥的菊花,用现沸水冲泡,焖约10分钟后,可以适当加入冰糖、红糖或蜂蜜饮用。

2)玫瑰花

玫瑰花属蔷薇科,原产于中国。

玫瑰花又称徘徊花、刺玫花,每年4~6月花蕾将开时采集,用文火迅速烘干,烘时将花摊成薄层,花冠向下,使其最先干燥,然后翻转烘干其余部分。如果是晒干,颜色和香气均较差。玫瑰花性温味大、瓣厚、色紫,鲜艳者为佳。

玫瑰花在冲泡时会散发香甜的气味,花萼含丰富的维生素A、B、E、K、P和C,特别是维生素C的含量最丰富,有非常好的养颜美容的功效。玫瑰花性温和,男女皆宜。可以缓和情绪、平衡内分泌、补血气、美颜护肤、对肝及胃有调理的作用,并可以消除疲劳、改善体质。玫瑰花可以调整内分泌,最适合因内分泌紊乱而肥胖的女孩儿,也可调气血、调理女性生理问题,但阴虚有火者尽量少喝。

知识小链接

取玫瑰花8~10克,倒入350~500毫升的沸水,浸泡3~5分钟即可饮用。依个人口味,可重复冲泡5~6次。

3)金银花

金银花为忍冬科忍冬属植物,原产于中国。

金银花别名忍冬花、金花、银花、二花、密二花、双花、双苞花、二宝花、金藤花、苏花等。金银花自古以来就以它的药用价值而著名。《本草纲目》中详细论述了金银花具有"久服轻身、延年益寿"的功效。金银花性甘、寒,可清热解毒、凉散风热。《神农本草经》记载:"金银花性寒味甘,具有清热解毒、凉血化瘀之功效,主治外感风热、瘟病初起、疮疡疔毒、红肿热痛、便脓血"等。芳香的金银花是我国古老的药物,享有"药铺

183

小神仙"的美誉。

传说故事

诸葛亮在七擒孟获的过程中，大部分将士水土不服，中了山岚瘴气。后经过一小村寨，看见村民面黄肌瘦，诸葛亮顿起恻隐之心，发放军粮施救。村民们十分感谢，一位当地的白发老人得知许多蜀兵患了"热毒病"时，便叫来自己的双胞胎孙女金花和银花，叫她们去山上采几筐草药为蜀军解难。然而3天后，姐妹仍未回来，大家到处寻找，在一处山崖，只见两只药筐中已装满了草药，筐边有野狼的足迹和被撕碎的衣服鞋子……蜀军将士吃了草药后得救了，而金花、银花却为此献出了生命，为了纪念她们，人们就将这种草药开的花叫作"金银花"。

20世纪80年代，国家卫生部对金银花进行了化学分析，结果表明：金银花含有多种人体必需的微量元素和化学成分，同时含有多种对人体有益的活性酶物质，具有抗衰老、抗癌变、强身健体的良好功效，但要注意的是，脾胃虚寒及气虚疮疡脓清者忌服。

知识小链接

金银花在冲泡方法上与贡菊相似，取一匙干燥的花草，用现沸水冲泡，焖泡约10分钟，饮用前可依据个人口味加入冰糖或蜂蜜。

4）玳玳花

玳玳花属双子叶药芸香科植物，主产于扬州、苏州。

玳玳花又称回青橙，芸香科，柑橘属，常绿灌木，枝楞细长，叶互生，椭圆形，春夏4～5月开白花，香气浓郁，果实为扁球形，当年冬季为橙红色，翌年夏季又变青，所以又叫"回青橙"。因有果实数代同生一树的习性，又叫"公孙橘"。

传说故事

传说一位意大利公主Neroli非常喜欢橙花的香味，为了纪念这位公主，橙花便命名为Neroli。从前欧洲传统婚宴中为了减轻新人的不安，新娘头上都会戴着玳玳花做成的花环。

玳玳花味甘、微苦，能疏肝和胃、理气解郁，主治胸中痞闷，呕吐少食。玳玳花是一种美容茶，是香科常绿灌木，头一年的果实留在树上过冬，次年开花结新果，陈果皮色由黄回青，两代果实在一棵树上，所以叫玳玳。玳玳花泡成茶喝时，会感觉到嘴里充满着花朵和水果的芳香，略带一点苦味，不妨在睡前饮用，可以少量搭配菩提或柠檬草，这样可以放松心情。需要注意的是，孕妇不宜饮用。

知识小链接

玳玳花冲泡方式：适量选用一匙干燥的花草，用现沸水冲泡，焖约10分钟后，可以适当加入冰糖、红糖或蜂蜜饮用。

5）勿忘我

勿忘我是紫草科勿忘草属，主产于云南。

勿忘我含维生素C，可消除赘肉，避免皱纹及黑斑的产生。能够清热解毒、清心明目、滋阴补肾、养颜美容、补血养血，并能促进机体新陈代谢，延缓细胞衰老，提高免疫能力；特别是对雀斑、粉刺有一定的消除作用；能抗病毒、抗癌防癌、有效调节女性的生理问题，是健康女性的首选饮品。

知识小链接

勿忘我在冲泡时取适量干燥的花瓣，用现沸水冲泡，焖泡约10分钟后饮用，可以酌情添加红糖或蜂蜜。

6）桃花

桃花是蔷薇科植物，全国大部分地区均有产出。

桃花农历三月盛开，姿态优美、花朵丰腴、色彩艳丽，常被誉为美人，盛开时明媚如画，犹如仙境。

桃花的花神最早相传是春秋时代楚国息侯的夫人，息侯在一场政变中，被楚文王所灭。楚文王贪图息夫人的美色而意欲强娶，息夫人不肯，乘机偷跑出宫去找息侯，而息侯自杀，息夫人也随之殉情。此时正是桃花盛开的三月，楚人感念息夫人的坚贞，就立祠祭拜，也称她为桃花神。

阳春三月，桃花吐妍。桃花的娇美常让人联想到生命的丰润。古人曾用"人面桃花相映红"来赞美女孩儿娇艳的姿容，其实桃花确实有美颜的作用。桃花味甘、辛，性微温，有活血利尿、化瘀止痛等功效。桃花含有山萘酚、胡萝卜素、维生素等成分，其中山萘酚有较好的美容护肤作用。桃花不但能美容养颜，也能调节经血，还能减肥瘦身、疏通经络、扩张末梢毛细血管、改善血液循环、促进皮肤营养滋润。

知识小链接

在冲泡时可取桃花5～8朵（或3～5朵配少许绿茶）置于杯中，先用少许开水温润后，再倒满即可饮用，需要注意的是桃花比较峻利，不能多喝。

2. 花朵茶

1）桂花

桂花属木犀科，原产我国西南部。

桂花又名九里香、月桂、木犀。常绿灌木或乔木，为温带树种。叶对生，多呈椭圆或长椭圆形，树叶叶面光滑，叶边缘有锯齿，树干粗糙呈灰白色。桂花味辛、性温、香味清新迷人，具有止咳化痰、养生润肺的功效，能解除口干舌燥、胀气、肠胃不适。经常饮用，对于口臭、视觉不明、荨麻疹、十二指肠溃疡、胃寒胃疼有预防治疗功效。桂花茶可以润肠通便、美白皮肤、解除体内毒素等。在冲泡时，可以用桂花3克，绿茶5克，加沸水冲泡。

传说很久以前，咸宁这个地方发生了一场瘟疫，人们用各种方法都不见效果。有一个勇敢的小伙子叫吴刚，梦见观音菩萨告诉他，说月宫中有一种叫木樨的树，也叫桂花树，开着一种金黄色的小花，用它泡水喝，可以治这种瘟疫，在某山的山顶上八月十五这一天可以爬天梯去月宫摘桂花。

吴刚摘得了桂花后生怕拿不了太多，就将桂花摇下，掉到人间的河中，人们喝着这河水，疫病全都好了。但桂花飘落的香气被天上的神仙发现，玉帝决定惩罚吴刚，吴刚请求玉帝让他带一棵桂花树回去，玉帝说："只要你把桂花树砍倒，你就拿去吧。"于是吴刚找来大斧大砍起来，但玉帝施了法术，砍一斧长一斧，就这样吴刚长年累月地砍，砍了几千年。吴刚见砍树不倒，思乡思母心切，于是他在每年的中秋之夜都丢下一枝桂花到小村庄的山上，以寄托思乡之情。年复一年，于是小村庄的山上都长满了桂花树，乡亲们就用这桂花泡茶喝，咸宁再也没有灾难了。

2）金盏菊

金盏菊属菊科，主产于南欧。

橙黄色花朵犹如太阳的金盏菊，又名金盏花、常春花，原产于南欧、地中海沿岸一带。

据说古罗马人看见金盏花在初一开花，于是依"Calends"（罗马古历初一）为它命名，这就是其属名的由来。至于英文名"Potmarigold"相传与圣母玛丽亚有关，由于圣母是童贞女，因此借金盏花解经痛及调经的功能帮助女孩儿们。

金盏菊性甘、清湿热、能清凉火气，具有止痛、促进伤口愈合的功效，有助于治疗胃痛及胃溃疡，消炎、杀菌、促进血液循环，解经痛，在重感冒时饮用可利尿、退烧。金盏菊还富含矿物质磷和维生素C，有助于治疗失眠，降低焦虑和神经衰弱。

金盏菊外用也是功效强大的药草，是很好的杀菌剂，用以治疗皮肤的疾病及创伤为主，具有消炎、杀菌抗霉、收敛、防溃烂的效果，并减轻晒伤、烧烫伤等。平时用来蒸脸、药草浴或手足浴，可以促进肌肤的清洁柔软。也可以缓和酒精中毒，故也有补肝的功效。但要注意的是孕妇不宜饮用。

知识小链接

金盏菊是以一大匙的干燥花瓣用沸水冲泡而成的，焖泡约3~5分钟即可，金黄色的茶映衬着漂浮的金黄花瓣，清香袅袅，饮来甘中微苦，可适当加入蜂蜜调味。

3）百合花

百合花为百合科百合属，主产于中国和日本。

《滇南本草》记载，百合花可以"止咳、利尿、安心、宁心、定心志"。中国医学认为，百合花性平、味甘、无副作用，清新安神，润肺清火，富含蛋白质、淀粉、糖、磷、铁及多种微量元素。根据药理研究，百合有良好的止咳作用，并可以增加肺脏内血液的灌流量，改善肺部功能。百合也有一定的镇静作用。中医将百合入药使用，主要也是用在慢性肺部疾病，如慢性支气管炎或肺气肿的经常咳嗽或久咳的人身上。在饮用时，可以与金银花、冰糖相搭配。每次冲泡时取百合花2~3克为宜。

在一个遥远的峡谷里，一颗百合花的种子落在了野草中，在那里发芽生长。百合花只知道自己是一朵花，一朵不同于其他野草的花，所以当百合花开出第一个花蕾的时候，其他野草都嘲笑它、孤立它，认为它是野草的异类，不认为它是一朵花。百合花总是默默地忍受着，相信总有一天自己会开出一朵漂亮的花。终于，百合花迎来了它生命中最重要的一刻，当它迎风怒放在峡谷中，怒放在野草丛中的时候，它证明了自己的价值，证明了自己的意义。在刚刚盛开的百合花瓣中，沾满了晶莹的露珠。当其他野草都以为这是早晨的水雾时，只有百合花知道，那是自己喜悦的泪水。从那一天开始，峡谷里出现了越来越多的百合花。

4）洋甘菊

洋甘菊属菊科，主产于罗马。

洋甘菊以清凉、镇定、安眠的作用著称。它的名字源自希腊文，意指"地上的苹果"。它名列欧洲人最常饮用的花草茶的排行榜前列，味微苦、甘香，可消除感冒所引起的肌肉酸痛及偏头痛，并且对胃及腹部神经有所帮助。

知识小链接

洋甘菊经常被人们与月亮联系在一起，是传说中的月亮之花。传说它的诞生跟月亮女神狄安娜有关。罗马神话中，月亮女神狄安娜爱上了牧羊人恩德里奥，于是温柔含蓄的月亮女神便在晚上让漫山遍野开满了洋甘菊，使得牧羊人在温柔的香味中安然入睡。

洋甘菊可有效治疗失眠、降低血压、增强记忆力，能止咳祛痰，可治疗支气管炎及气喘、提升睡眠质量、改善过敏皮肤。同时，可治疗长期便秘，能消除紧张、眼睛疲劳。在失眠或常发噩梦的晚上饮用，会有意想不到的帮助。它不仅可以舒展眼睛疲劳，将冲泡过的冷茶包敷眼睛，更可以帮助去除黑眼圈。

知识小链接

冲泡洋甘菊时取干燥的花草约两匙，以开水冲泡，焖泡约10分钟，可以适量加入蜂蜜，非常甜美可口。

5）千日红

中央种子目苋科千日红属，原产美洲热带，我国南北各省均有栽培。

千日红是一种很常见的野花，生性强健，此花在中国的某些省份很受欢迎，他们将"红"的发音象征着"吉祥"和"美满"。

传说故事

相传在美丽的大海边有一对真心相爱的恋人，虽然生活贫寒，但两人相濡以沫。突然有一天，海里突然掀起了几丈高的大浪，一条三头海蟒赶散了鱼群，撞翻了渔船，断了渔民的生计。小伙子挺身而出，决定带领渔民去除掉这个恶魔。

临行前小伙子交给姑娘一面镜子，告诉她："如果镜子里面的桅杆变白色，就是我胜利了；如果桅杆变红，又渐渐黑了，那就是我……"姑娘每天站在海边看着镜子，过了几天，镜子里忽然出现了一根红色的桅杆，随后渐渐变黑。姑娘知道恋人已经在与海蟒搏斗中失去了生命，不久便郁郁而终。

村民们把姑娘葬在了海边，第二天，坟上开出了又红又大的鲜花，在这枝花开放满100天的时候，小伙子兴冲冲地回来了，听到姑娘去世的噩耗，才明白原来是海蟒的血溅到了桅杆上，姑娘因误解而过世了。小伙子趴在坟上伤心地大哭起来。这时，整整开了100天的花却一瓣一瓣地凋零了。从此以后，人们就将这种不知名的花叫"百日红"，又叫"千日红"。

千日红别名火球花、百日红，是一年生草本，全株有灰色长毛，头状花序圆球形，基部有叶状苞片花，花期为7~10月。它性温、味辛，内含人体所需的氨基酸，维生素C、E及多种微量元素，具有清肝明目、止咳定喘、降压排毒、利尿、美容养颜等功效。但是它里面的千日红素会让没有哮喘病的人喝了有些精神麻木感。果实称白平子，含"红花子"油，能降胆固醇和高血脂，又能软化和扩张血管、防衰老、调节内分泌。在冲泡时不适宜与其他花草搭配，可以取3~4朵，用开水冲泡3分钟即可。

6）矢车菊

矢车菊属菊科，主产于欧洲东部至西地区。

矢车菊以清丽的色彩、美丽的花形、芬芳的气息、顽强的生命力博得了德国人民的赞美和喜爱，因此被奉为国花。此外，它还是马其顿的国花。矢车菊原产于欧洲东南部，耐寒性强、喜阳光、不耐阴湿。根系较发达，故在贫瘠地也能生长，花期在4~5月份。

矢车菊能养颜美容、放松心情、帮助消化、使小便顺畅。矢车菊是很温和的天然皮肤清洁剂，花水可用来保养头发与滋润肌肤；可帮助消化，舒缓风湿疼痛；有助于治疗胃痛、防治胃炎、胃肠不适、支气管炎。它是一种怕热不怕冷的花，所以只有在高冷地区才能找到它。

矢车菊适宜搭配绿茶，取4茶匙矢车菊，用开水冲泡即可。淡紫色的茶汁，添加少许蜂蜜更增风味。

传说故事

德国在一次内战中，王后路易斯被迫带着两个王子逃离柏林。半途之中，车子坏了，王后与两个王子下车，在路边看见大片大片蓝色的矢车菊，两个王子高兴极了，就在矢车菊花丛中玩耍。王后路易斯用矢车菊花编织了一个美丽的花环，给9岁的威廉带上，十分美丽。后来，威廉成了统一德国的第一个皇帝，但他总是忘不了童年逃难时，看到盛开的矢车菊的激情，忘不了母亲给他用矢车菊编成的美丽的花环，他深深地热爱着矢车菊，因此，矢车菊被推为德国国花。

3．香草茶

1）绞股蓝

绞股蓝属葫芦科植物，主产于湖北、广西、福建、云南、浙江、江苏等地。

绞股蓝为多年生宿根植物，广泛分布于亚热带和北亚热带地区，性寒、味甘，有益气、安神、降血压之功效，民间称其为"神奇"的"不老长寿药草"。1986年"星火计划"中将其列为待开发的"名贵中药材"之首位。

绞股蓝主要有效成分是绞股蓝皂苷、绞股蓝糖甙（多糖）、水溶性氨基酸、黄酮类、多种维生素、微量元素、矿物质等。全草都可入药，嫩叶的功效成分含量比根、茎高得多，药用价值最高。

不同种类的绞股蓝所含功效成分不同，其功效作用也有区别，味苦的，性寒，清热解毒功效更强，对病毒性肝炎、慢性胃肠炎、慢性气管、慢性支气管炎等效果更好，因太苦很难直接入口，一般用作绞股蓝皂甙的提取；味甘的，养心护肝，益气和血更甚，对高血脂、高血压、脂肪肝、失眠头痛等效果好一些，日本产的都为甘味，故名为甘茶蔓，甘味的药用价值很高。近代日本学者研究发现绞股蓝含有与人参皂甙化学结构相同的皂甙，并分离出80多种皂甙类化学物质，引起各国重视。冲泡时最好不与其他茶类同饮，冲泡时可以取一匙干燥的花草，用开水焖泡10分钟左右，依个人口味适量加入冰糖或蜂蜜。

6 休闲茶饮

 传说故事

相传,东北有个小山村,村边有条河,几十户人家世代依河而居,日出而作,日落而息,生活平静而安逸。忽然一年夏日,河水突然冒热气,不一会儿就翻滚起来。如此3日后,河水才恢复平静,谁知次日村民饮此河水,腹痛难当,重者卧床不起。村民四处求医,方圆百里无人能医治。一日,天边忽然飘来一朵彩云,云上有一位仙子,听见此处有人哭号,特来帮忙。仙子得知事情原委,从怀中取出种子一粒,神水一瓶,先将种子丢入土中,随即滴神水于土内,种子顷刻间破土发芽,长成一棵藤状树木,枝叶茂密,且每支皆为5叶,仙子说:"食此叶,病可去。"然后飘然而去。

村民们按照仙子说的细嚼其叶,顿时觉得神清气爽,病痛消失。众人病好后,为表示对仙子感激之情,就称仙子为"五叶仙子",称此树为"五叶神树",又称绞股蓝树。

2)迷迭香

迷迭香属唇形科,原产欧洲及北非地中海沿岸。

由于迷迭香最早被发现于地中海沿岸的断崖上,故又名"海洋之露"。叶子多线形长叶片,叶面多深色,背部较淡,花朵为淡蓝色、管状,结成轴状的花串,花与叶都有浓郁的香气,是最为人所知、最常用的草药之一。由于具有活化脑细胞的功能而受到人们的喜爱。同时兼有美容功效,可减少皱纹的产生,去除斑、纹。浓烈的芳香能刺激神经系统,促成注意力集中,记忆力集中,并且有能止痉挛、助消化的作用。用途非常广泛,可用于烹饪、烘焙西点、提炼精油或冲泡成茶、做菜、腌肉、烤肉的香料。但要注意怀孕妇女不宜饮用。冲泡时,先在壶或杯中注入开水,然后取3~5克迷迭香放入壶中,能够有效观看迷迭香的颜色,也比较耐泡。

 传说故事

相传迷迭香的花本来是白色的,在圣母玛利亚带着圣婴耶稣逃往埃及的途中,圣母曾将她的罩袍挂在迷迭香树上,从此以后,迷迭香的花就转为蓝色了。耶稣在前往埃及途中,将洗好的衣服也晾晒在迷迭香上,迷迭香因此被赋予许多药效。宗教传说加深了迷迭香神圣的力量,在欧洲,迷迭香被广植于教堂的四周,教徒将它视为神圣的供品,因此迷迭香又被称为"圣母玛利亚的玫瑰"。

3)薰衣草

薰衣草属唇形科,原产地中海地区。

薰衣草的香是人生中的某种半梦半醒的状态,淡到了极处,又刻在心底。其叶形、花色优美典雅,蓝紫色花序颖长秀丽,是庭院中一种新的多年生耐寒花卉,适宜花径丛植或条植,也可盆栽观赏。它还是当今世界重要的香精原料。薰衣草又可作药用,还是良好的蜜源植物。薰衣草在罗马时代就已是相当普遍的香草,因其功效最多,被称为"香草之后",同时还有"芳香药草"之美誉,适合任何皮肤,可促进细胞再生,加速伤口愈合,改善粉刺、脓肿、湿疹,平衡皮脂分泌,对烧伤、烫伤、晒伤有奇效,可抑制细菌,减少疤痕。

薰衣草自古就被广泛用于医疗上,其茎和叶都可入药,有健胃、发汗、止痛之功效,是治疗伤风感冒、腹痛、湿疹的良药。其疗效广,据说可以治疗至少70种以上的疾病;分布广,易获取,在古时医疗缺乏的年代,被称为"穷人的草药";全株都具有芳香气味,植株晾干后香气不变,花朵还可做香包,其香气能醒脑明目,使人舒适,还能驱除蚊蝇。

放几棵干草在衣柜、书柜里，能驱虫防蛀，香味几年不散。1999年薰衣草被国际香草协会选为年度香草。薰衣草几乎没有病虫害，不用喷洒农药。在药理上薰衣草具有安定神经、治疗失眠、促进食欲的功效，但一天食用的适用量在3～5克，精油则为1～4滴。

薰衣草茶初泡好时呈淡绿色，而后渐渐变成蓝或紫色，若在茶汤中加数滴柠檬汁则转为粉红色，十分赏心悦目。怀孕时应注意用量，不可连续饮用。单独冲泡时，浓度不可超过两倍；混合冲泡时也以少量为宜。冲茶时不宜用金属杯子，否则影响效果。

这道茶的浓香使人愉悦，不带副作用，并具有镇静、松弛消化道痉挛、清凉爽快、消除肠胃胀气、助消化、预防恶心晕眩、缓和焦虑及神经性偏头痛、预防感冒等众多益处，沙哑失声时饮用也有助于恢复，所以有"上班族最佳伙伴"的美名。

薰衣草除了可以冲泡成茶饮外，长久以来，欧洲人即知道薰衣草具健胃功能，故烹调时常加入薰衣草作为调味，或掺于醋、酒、果冻中增添芳香。以薰衣草调制成的酱汁尤具风味，据说英国女王伊丽莎白一世便是其忠实的爱好者。

 传说故事

传说普罗旺斯的村里有个女孩儿，一个人独自在寒冷的山中采着含苞待放的花朵，遇到了一位青年，很快就喜欢上了他，两人的恋情急速升温，已经到了难分难舍的地步。不久，青年向女孩儿告别，而女孩儿却坚持要随青年离去，虽然亲人们极力挽留，但她还是坚持要和青年一起到开满玫瑰花的故乡。就在女孩儿临走的一刻，村里的老太太给了她一束薰衣草，要她用这束薰衣草来试探青年的真心，因为传说薰衣草的香气能让不洁之物现形……

正当青年牵起她的手准备远行时，女孩儿便将藏在大衣里的薰衣草丢掷在青年的身上，没想到，青年的身上发出一阵紫色轻烟之后，就随着风烟消云散了，而留下了女孩儿一个人。

没过多久，女孩儿竟也不见踪影，有人认为她和青年一样幻化成轻烟消失在山谷中，也有人说，她沿着玫瑰花香去寻找青年了……无论如何，薰衣草的传奇故事就这么被流传了下来。所以，直到现在，薰衣草还是被人们认为是驱除不洁之物及薰香的重要工具之一。

4）薄荷

薄荷属唇形科，主产于德国。

薄荷又称野薄荷（各地）、夜息香、南薄荷（山东）、水薄荷（云南）、鱼香草（四川）、水益母、接骨草（云南昆明）。

薄荷产品（薄荷脑和薄荷素油）具有特殊的芳香、辛辣感和凉感，主要用于牙膏、食品、烟草、酒、清凉饮料、化妆品、香皂的加香；在医药上广泛用于祛风、防腐、消炎、镇痛、止痒、健胃等药品中。全草入药，辛，凉。归肺、肝经，有发散风热，清利咽喉，透疹解毒，疏肝解郁和止痒等功效，适用于感冒发热、头痛、咽喉肿痛、无汗、风火赤眼、风疹、皮肤发痒、疝痛、下痢及瘰疬等症，外用有轻微的止痛作用，可用于治疗神经痛等。

 传说故事

冥王哈迪斯爱上了美丽的精灵曼茜，冥王的妻子佩瑟芬妮十分嫉妒。为了使冥王忘记曼茜，佩瑟芬妮将她变成了一株不起眼的小草，长在路边任人踩踏。可是内心坚强善良的曼茜变成小草后，她身上却拥有了一股令人舒服的清凉迷人的芬芳，越是被摧折踩踏就越浓烈。虽然变成了小草，她却被越来越多的人喜爱。人们便将这种草叫薄荷。

4. 花果茶

1) 甘草

甘草为豆科植物，生于向阳、干燥的钙质草原及河岸沙质土处，主产于内蒙古、甘肃。春、秋季采挖，除去须根，晒干。

甘草又叫甜根子、甜草，顾名思义即是花草茶的天然甜味剂，甘草素的甜度是砂糖的50倍，可以轻易中和掉其他花草的苦味，有调整体质、滋补强身的作用，能减轻身体的疲劳感，消除紧张。甘草性味平、味甘，有补脾益气、清热解毒、祛痰止咳、调和诸药等功效，用于脾胃虚弱、倦怠乏力、心悸痰多、缓解药物素毒性等症。中医认为凡因湿所致的呕恶、痰饮、中满、水肿等皆可用甘草。现代药理研究也发现，甘草主要含甘草甜素，甘草甜素具有肾上腺皮质激素样作用，能够促进水、钠潴溜和排钾增加，长期大量饮用甘草，会出现水肿、血压增高、血钾降低、四肢无力等症。要注意的是，高血压、肾脏病、心血管疾病者及孕妇不适合饮用。冲泡时节，可以取一茶匙干燥的叶片，用一杯滚烫的开水冲泡，焖约10分钟即可，可以酌情加红糖或蜂蜜饮用。

传说故事

从前，在一个偏远的山村里有位草药郎中。有一天，郎中出门行医，家里来了许多的病人，郎中妻子看丈夫不回来，就暗自琢磨：丈夫替人看病，不就是那些草药嘛。于是她忽然想起灶前烧火的地方有一大堆草棍子，拿起一根咬上一口，觉得还有点甜。于是她就将这些小棍子切成小片，用小纸一包一包地包好，又一一发给那些来看病的人。

过了几天，好几个人拎了礼物来答谢草药郎中，说吃了他的草药，病就好了。郎中愣住了，他妻子心中有数，就将事情的经过告诉了他。郎中询问那几个人的病症，有的脾胃虚弱，有的咳嗽多痰，有的咽喉疼痛，有的中毒肿胀，但在吃了"干草"之后，他们的病就全部好了。从那时起，草药郎中就将这种"干草"当作中药使用，用以治疗脾胃虚弱、咳嗽多痰、咽喉疼痛。不单如此，郎中又让它调和百药，每贴药都加一两钱进去，并正式将"干草"命名为"甘草"。从此，甘草一直沿用下来。

2) 枸杞

枸杞的果实中药称枸杞子。枸杞用于虚劳精亏、腰膝酸痛、眩晕耳鸣、内热消渴、血虚萎黄、目昏不明。其茎叶有清热解渴功效，果实有滋养明目的功效。枸杞有滋肾水、益精气、润肺、清肝热、明目之功效，枸杞各部位的药用价值见表6-1。枸杞能预防动脉硬化及老化，能够治疗便秘、失眠、低血压、贫血、各种眼疾、掉发、口腔炎，还具有温暖身体的作用。由于枸杞温热身体的效果相当强，患有高血压、性情太过急躁的人，或平日大量摄取肉类导致面泛红光的人最好不要食用。相反，若是体质虚弱、常感冒、抵抗力差的人最好每天食用。

表6-1 枸杞各部位的药用价值

药　名	药用部位	性　味	功　效
枸杞子	以植物干燥成熟果实入药	味甘、性平	养肝、滋肾、润肺
枸杞叶	以植物的嫩茎叶入药	味苦、甘、性凉	补虚益精、清热明目
地骨皮	以植物干燥的根皮入药	味甘、性寒	凉血除蒸、清肺降火

枸杞八宝茶的做法：取贡菊2朵，金银花8朵，红枣1颗，胖大海1颗，莲子芯8粒，枸杞子5颗，西洋参1片，陈皮2片，冰糖适量，以沸水冲泡，当茶饮用。

 传说故事

盛唐时期，丝绸之路上的一队西域商人，傍晚在客栈住宿，见有少女斥责鞭打一老者。商人上前责问："你何故这般打骂老人？"那女子道："我责罚自己曾孙，与你何干？"闻者皆大吃一惊，一问才知道此女竟已三百多岁，老汉受责打是因为不愿意服用草药，弄得未老先衰，两眼昏花。商人惊奇不已，于是恭敬地鞠躬请教："敢问女寿星，不知服的是何种神草仙药？"女子告诉他们说："这草药有5个名称，不同的季节服用不同的部位，春天采其叶，名为天精草；夏天采其花，名叫长生草；秋天采其子，名为枸杞子；冬天采根皮，名为地骨皮，又称仙人杖。四季服用，可以使人与天地同寿。"后来，枸杞传入中东和西方，被那里的人誉为东方神草。

这当然只是个传说，不过近代还真有关于食枸杞长寿的故事。

3）柠檬片

柠檬属芸香科，主产于四川省、云南省。

柠檬中含有糖类、钙、磷、铁及维生素B1、B2、C等多种营养成分，此外，还有丰富的柠檬酸和黄酮类、挥发油、橙皮甙等。柠檬酸具有防止和消除皮肤色素沉着的作用。我国中医认为，柠檬性温、味苦、无毒，具有止渴生津、祛暑安胎、疏滞、健胃、止痛等功能，利尿，调剂血管通透性，适合浮肿虚胖的女士。吸烟者要多吃柠檬，因为他们需要的维生素C是不吸烟者的2倍，柠檬热量低，且具有很强的收缩性，因此有利于减少脂肪，是减肥良药。柠檬能防止心血管动脉硬化并减少血液黏稠度，且热柠檬汁加蜂蜜对治疗支气管炎和鼻咽炎十分有效。柠檬也可开胃解酒毒、美白、润肤、降低胆固醇。冲泡剩余，可涂在面部治疗面斑，粉刺。通常要将柠檬片放在室内阴凉干燥处，它适合和任何花草茶搭配。冲泡时取一匙干燥的花瓣，用一杯滚烫开水冲泡，焖约10分钟后可以酌情加红糖或蜂蜜饮用。

吃柠檬果或喝柠檬汁，可以化食、解酒、排毒。柠檬属于感光水果，饮用后如果立即受到日光照射容易出现晒斑或肤色变深，所以爱美的人士可以选择下班后或晚上喝，既可美容美体，经过一夜休息也不用担心光敏感。

4）罗汉果

罗汉果属葫芦科，广西、贵州、湖南、江西、广东均有分布。

罗汉果被人们誉为"神仙果"，主要产于桂林市临桂县和永福县的山区，是桂林名贵的土特产。果实营养价值很高，含丰富的维生素C（每100克鲜果中含400~500毫克），以及糖甙、果糖、葡萄糖、蛋白质、脂类等。

果实中含有丰富的葡萄糖、果糖及多种维生素等，用途广泛，畅销国内外市场，在国际市场上享有很高的声誉。用罗汉果少许，冲入开水浸泡，是一种极好的清凉饮料，既可提神生津，又可以预防呼吸道感染，常年服用能延年益寿。罗汉果果汁还可用于烹调，清香可口，具有清热解毒、化痰止咳、养声润肺、去除口臭的功效，可改善烟酒过度等引起的声音嘶哑、咽干口渴，可以降血糖值，改善糖尿病，适用于小儿百日咳（小儿风寒感冒咳嗽勿用）。冲泡时可以取两枚罗汉果，用开水冲泡，焖泡10分钟即可饮用。

课堂讨论

（1）阅读引导文，思考给我们带来哪些启示。

6 休闲茶饮

你命不如他

相传洪武初年，明太祖朱元璋晚宴后喜欢散步，一日信步游至国子监，刚坐定，厨人献上香茗，朱元璋酒后口渴，一饮而尽，倍觉此茶醇和可口，再饮一杯，更觉心旷神怡，飘飘欲仙。朱元璋一高兴就命人赏给厨子一副冠带。这事惊动了国子监生员，大家发开了牢骚，一人在院中故意高声吟诗："十载寒窗下，何如一盏茶！"朱元璋暗自发笑，诙谐地回了一句："他才不如你，你命不如他！"

（2）了解花草茶的源流知识。

（3）分析花草茶所含有的成分，列举这些成分对人体的有益作用。

（4）找出冲泡花草茶要使用的茶具及必备用品。

（5）掌握几种常见花草茶的冲泡方法。

（6）知晓花草茶的分类知识。

单元小结

通过本单元的学习，使学习者对花草茶的历史有了初步的认识，通过分析花草中的有益成分，使我们在饮用花草时能够有针对性地进行选择，学会选配合适的花草茶具，并能够掌握几种常见花草的冲泡方法。

 课堂小资料

花草茶的市场潜力分析

（1）花草茶不含咖啡因，又具有瘦身美容效果，受到年轻女孩的喜欢。

（2）花草、果粒茶冲泡后，五颜六色，色彩斑斓，香气四溢，比传统饮品更有新意。

（3）许多凉茶口感不如花草茶，年轻人选择后者可能性多一些。

（4）现在都市一些小资、白领女性中正流行一种花草、果粒茶，这种茶原本是跟调养SPA美容项目相联系的，一边听幽雅的音乐，一边悠然自得地细品花草茶，许多女士感觉喝花草茶很舒服，既美容养颜还具有排毒保健功能，和美容SPA保健相结合可达到内调外敷的双重功效，后来喝花草茶便从美容院里流传到办公室和家庭，还有一些大型化妆品公司都在开发销售自己品牌的花草茶。

学习单元二　学会茶叶的调饮

 学习内容

● 泡沫红茶

● 花草奶茶

贴示导入

泡沫红茶是一种使用不同的茶叶为基底，添加糖浆、可可粉、珍珠粉圆、蜂蜜、牛奶、豆类等各种不同材料，然后和冰块一同摇匀，创造出类似鸡尾酒的变化多端的冷饮。泡沫红茶既能保有中国茶的美味，又能营造出更丰富的多层次口感，喝起来风味绝佳，滋味口感令人十分难忘，很受大众的喜爱。

深度学习

6.2.1 泡沫红茶

【泡沫红茶】

很多年轻人都喜欢泡沫红茶,因为泡沫红茶能给人一种轻松自在的气氛。大家可以在泡沫红茶馆里无拘束地消费、用餐、聊天、打牌,使泡沫红茶馆成为聚会休闲的场所。它的优点是消费属于中低价位、开放空间,以茶类产品为主,附带小菜、点心,许多小小的附加食品,如珍珠粉圆、椰果、芦荟、卤味等,让餐饮更丰富、可口。

1. 泡沫红茶馆的分类

(1) 传统型:古色古香的木质装潢、木格窗台、原木桌椅、树根、竹编、传统乡村吊灯、石头等,还有山水造景、凉亭楼阁,营造出喝茶的气氛。昏黄的灯光、热闹的场景,可尽情舒展,坐得再久都没问题,加上茶点美味、卤味小吃,让人流连忘返而时常光临。

(2) 新潮时髦型:明亮、崭新的空间设计,有不少金属材质,前卫的装修凸显出"酷"的特色。设计感十足的桌椅、造型特殊的灯光、奇怪的店名,提供给消费者无限的想象空间和完全放松的环境,多以穿着流行打扮新潮的年轻人为主要客源。

(3) 个性化型:呈现出营业者在某方面的专长、嗜好及收藏,可以抓住特定族群的注目焦点,让前来消费的客人享受新鲜的感觉与独特的风情。例如,造型汽车、模型卡通玩具、铁轨火车头、老家具、古杂货店、非洲土著木刻、脸谱、南洋手工艺品等,烘托出店内的特色。

(4) 豪华型:广大宽广的空间、流行的餐饮、高级的建材、进口桌椅、摆饰等,追求气氛的环境,但价格中等、地点好,可吸引不同消费族群,满足客人对舒适的空间与享受高贵气氛的小小虚荣。

(5) 其他:除了以上的类型外,还有一些以其他附加价值吸引客人的泡沫红茶馆,各有特色与特点,例如,可上网,可举办歌迷球迷团体聚会,可以跳舞或是让客人上台表演歌舞才能,满足表演欲等。

2. 泡沫红茶实用配方

1) 梅子冰茶

【茶的调饮】

原料:热水 150 毫升,冰块适量,杭州梅子汁 60~90 毫升,蜂蜜 15 毫升,绿茶 10 克,梅子 2~3 颗,果汁杯(350 毫升)。

制法:

(1) 将绿茶以热水泡成绿茶汁,果汁杯中先加蜂蜜。

(2) 雪克壶中加入 4 分满的绿茶汁,再加冰块至 8 分满。

(3) 放入杭州梅子汁用力摇匀后倒入杯中。

知识小链接

选品质良好的梅子浓汁,酸甜适中,也可自己腌制梅子,效果也不错。

---

2) 茉香冰绿茶

原料:红砂糖 10 克,绿茶 30 克,果糖 15 毫升,绿茶蜜 5 毫升,茉莉花茶 10 克,碎冰适量(约30克左右,具体用量可根据个人口味调整)。

制法:

(1) 果汁杯中加入红砂糖(10克)、果糖(10克)、碎冰适量,搅拌均匀;绿茶和茉莉花茶倒入玻璃壶中,加入已凉汤后90℃左右浸泡3分钟将茶汤滤出待用。

(2) 加入绿茶蜜,用力摇后倒入杯中即可。

3) 柠檬冰茶

原料:热水150毫升,红茶30克,蜂蜜15毫升,果糖30毫升,冰块适量,柠檬片1片,柠檬浓汁15毫升,新鲜柠檬汁45毫升,果汁杯(350毫升)。

制法:

(1) 将红茶以热水泡成红茶汁。

(2) 取一个果汁杯,先加入10毫升蜂蜜。

(3) 雪克壶中加入4分满的红茶汁,再加冰块至8分满。

(4) 放入新鲜柠檬汁、柠檬浓汁、剩余的蜂蜜及果糖,用力摇匀后倒入杯中。

(5) 可放入柠檬片装饰。

知识小链接

柠檬可用压或榨取来取汁,有一些果肉更好。选品质好、无化学味的浓缩汁较适合。红茶要泡得够香,若希望颜色淡一些可少加一点。

4) 阿里山冰茶

原料:红砂糖20克,薄荷蜜24毫升,柠檬汁15毫升,果糖15毫升,绿薄荷酒10毫升,乌龙茶8克(泡成茶汤备用),冰块适量,果汁杯(350毫升),雪克壶(350毫升)。

制法:

(1) 杯中先加红砂糖。

(2) 薄荷蜜、柠檬汁、果糖、绿薄荷酒倒入雪克壶中,加3~5块冰摇匀倒入杯中。

(3) 再加冰块到5分满,再将4分满的乌龙茶茶汤加5块冰用力摇,慢慢倒入,上面有泡沫。

知识小链接

注意:薄荷蜜或薄荷香蜜、果露皆可,价格各不相同,成本也不同。乌龙茶要选用味浓的,冲泡适当浓度,是令人回味的茶饮。

5) 铁达尼冰茶

原料:蜂蜜15毫升,水蜜桃浓汁30毫升,柠檬汁30毫升,果糖15毫升,威士忌15毫升,红茶10克(冲泡好茶汤备用),冰块适量,果汁杯(350毫升)。

制法:

(1) 杯中先加蜂蜜,加至杯子的三分之一。

(2) 水蜜桃浓汁、柠檬汁、果糖、威士忌倒入雪克壶中,加5块冰摇匀倒入杯中,再加冰到杯子的二分之一。

(3) 再将200毫升的红茶茶汤加5块冰块用力摇匀,缓缓倒入杯中。

> **知识小链接**
>
> 注意：杯中可放一些切丁的水蜜桃罐头，选用苏格兰威士忌，红茶要够浓，可用阿萨姆红茶或伯爵大红茶包。

6.2.2 花草茶与奶茶

1) 桂圆莲枣热茶

原料：开水 500 毫升，糖莲子 5 个，红枣 8 个，桂圆干 5 个，红茶 10 克，桂圆浓汁 15～30 毫升，果汁杯(350 毫升)。

制法：

(1) 用玻璃壶装满水，倒入手提锅中煮开，放入红枣煮 5 分钟(红枣用刀割开)。

(2) 再加入桂圆干、糖莲子煮，直到味道出来。

(3) 将红茶茶叶放入调料球中加热约煮 1～2 分钟。

(4) 加入桂圆浓汁拌匀，倒入壶中即可上桌。

> **知识小链接**
>
> 红枣、糖莲子较不易出味，应先煮，使之出味，再加入其他材料，这是一道冬季畅销的饮品。

2) 普洱菊花茶

原料：陈年普洱茶 10 克，菊花 5 朵，蜂蜜 15 毫升，红冰糖 20 克，白砂糖 10 克，瓷壶一个（350 毫升）。

制法：

(1) 沸水煮普洱茶，汤 200 毫升，煮 5 分钟。

(2) 向壶中放入菊花（5 朵），加红冰糖（20 克）。

(3) 煮 3 分钟，凉汤 2 分钟后，加入蜂蜜 10～15 毫升（依据个人口味调整）。

> **知识小链接**
>
> 普洱茶请选用品质好的茶块或茶球，没有杂味、异味，清凉温和，比较适合大众口味。

3) 杏仁奶茶

原料：鲜奶 90 毫升，砂糖包 10 克，锡兰红茶 15 克，杏仁粉 20 克（或杏仁糖浆 30 毫升），鲜奶油 15 毫升，瓷壶一个（350 毫升）。

制法：

(1) 锡兰红茶，加水 200 毫升，煮 2 分钟。

(2) 加入鲜奶、鲜奶油、杏仁粉（或杏仁糖浆），煮 5 分钟即可。

> **知识小链接**
>
> 请选用品质好的川贝杏仁粉及进口的杏糖糖浆，杏仁粉要搅拌均匀，溶入水中。

4) 罗汉果陈皮热茶

原料：罗汉果 1 个，陈皮 5 片，甘草 2 片，罗汉果浓汁 30 毫升，蜂蜜 10 毫升、川贝陈皮 5 个，玻璃茶壶或瓷杯(500 毫升)。

制法：

(1) 热水 10 分满玻璃壶，罗汉果压碎先煮 3 分钟。

(2) 陈皮、甘草再煮 2 分钟，再加罗汉果浓汁，加一些热水、蜂蜜。

知识小链接

这是保护喉咙、温凉的饮品，也可以预防感冒，陈皮如果可以加 2 种最好，并可选择加几粒胖大海，更增疗效。

5）薰衣草奶茶

原料：薰衣草 2 匙，鲜奶油 15 毫升，鲜奶 150 毫升，糖浆或花酿浓汁 30 毫升，瓷壶（500 毫升）。

制法：

(1) 热水 8 分满倒入雪平锅，薰衣草煮 3 分钟。

(2) 再加入鲜奶、鲜奶油、薰衣草糖浆或花酿浓汁，全部倒入茶壶中，附冰糖包。

知识小链接

薰衣草请选用品质好的，香味清新迷人，喜欢奶味重的再多加奶精粉 2 大匙，还可多加薰衣草奶精粉增添风味。

课堂讨论

(1) 找出泡沫红茶馆的类型，描述所见过或是听过的这类花草茶馆的经营类型。

(2) 学会制作几种简单的泡沫红茶。

(3) 运用各种花草茶的特点，制作常见花草奶茶。

单元小结

通过本单元的学习，能够掌握人们对花草茶的需求信息，学会利用花草茶的特点，动手制作自己喜欢的花草茶，为生活增添无限乐趣。

课堂小资料

茶餐厅服务人员服装分类

(1) 主管：黑色西服、领带、黑色皮鞋、白衬衫。

(2) 厨师：白色工作服、工作帽、围裙、黑色皮鞋。

(3) 男服务员：黑色西裤、领结、背心、黑色皮鞋、白色衬衫。

(4) 女服务员：深蓝色窄裙、背心、红色领结、白色衬衫、黑色皮鞋。

学习单元三　了解茶点与茶膳的制作

学习内容

● 茶点的种类

- 花草茶点的制作
- 花草茶膳

贴示导入

茶点是用于茶道过程中分量较小的精雅的食物。饮茶佐以点心,在唐代就有记载。有史料记载,唐代茶宴中的茶点较为丰富。

深度学习

6.3.1 茶点的种类

1. 根据地域特点划分

现在国内的茶点也是品种繁多,根据地域性的不同而有所不同。

福建省的闽南地区和广东省的潮汕地区喜饮工夫茶的人很多,泡工夫茶讲究浓、香,所以都要佐以小点心。这些小点心颇为讲究,味道可口,外形精雅,大的不过如小月饼一般。有带甜味的绿豆茸馅饼;有椰茸做的椰饼;有金黄如月的绿豆糕;有中国台湾地区产的肉脯、肉干;还有具有闽南特色的芋枣,它是将芋头先制成泥,而后添加一些调料,用油炸成的,外脆内松,香甜可口。另外还有各种膨化食品及蜜饯。平时家人在一起品饮茶点和茶水,其乐融融。客人来时,端上茶水和茶点,气氛十分融洽,主客交谈,也增进了友谊。

老北京也有许多茶馆。与南方茶馆有所不同,老北京的清茶馆较少,而书茶馆却很流行,品茶只是辅助性的,听评书才是主要的,所以品茶时的茶点多为瓜子等零食,很是随意。在北京有一种茶馆叫"红炉馆",其茶点就比较系统,主要是受清朝宫廷文化所影响,茶馆设有烤饽饽的红炉,做的全是满汉点心,小巧玲珑,有大八件、小八件,有北京的艾窝窝、蜂糕、排叉、盆糕、烧饼,顾客可边品茶,边品尝糕点。老北京还有一种叫"二荤铺"的,是一种既卖清茶,又卖酒饭的铺子,其菜可由店铺出,也可由顾客自带,所以取作"二荤",如果那菜也能叫茶点的话,也算别有一番风味。

2. 根据品饮时间划分

现在广东的早茶风靡全国各地,广东早茶其实是以品尝美味为主,以品茶为辅的一种品饮习俗的延伸。早茶中茶点之多,让人数不胜数,口味有甜有咸,客人各取所好,非常随意。每一份茶点都小巧精致,如虾饺、烧麦、七彩蛋卷及各式小菜都以色、香、味俱全而受到各层人士的欢迎。

【英式下午茶】

下午茶这个概念大约形成在公元 18 世纪中叶的英国,刚开始的时候只是一种晚餐之前的止饥方法。英国贵族的晚餐吃得晚,通常都要到晚上八点之后。所以在中餐与晚餐之间,耐不了饥饿的人,就开始找些东西来果腹,香浓的温热红茶加上糖,或者牛奶(这就成了奶茶),再配上可口的茶点,久而久之,便成了一种惯例。而这样的下午茶惯例,到底都会吃哪些美食呢?传统英式午茶是在 3 层银盘上摆满了令人食指大动的佐茶点心,一般而言,有 3 道精美的茶点:最下层,是佐以熏鲑鱼、火腿、小黄瓜、美乃滋的条形三明治;第二层则放英式圆形松饼搭配果酱或奶油;最上层则是季节性的水果塔。

6 休闲茶饮

下午茶时间最适合的茶点,除有众所皆知的松饼、三明治、水果塔之外,像欧式小点中以细致爽口著名的玛德莲蛋糕、醇厚香郁的吉士蛋糕、苏格兰蛋糕、法式猫舌饼、可丽饼、手制饼干、千层派、巴黎圈,等都很适合在下午茶时间品尝。

6.3.2 花草茶点制作

以花草为主要原料的茶点以它清新可人的外貌、甜美的口味和健康的理念在茶点领域颇受欢迎。工作之余,泡杯茶、吃点东西,可以驱赶倦意,吃的意义不仅仅在于填饱肚子,茶点即是如此。

1. 茶酥

1) 茶酥介绍

茶酥以面粉、猪油、菜油、菠菜汁、绿茶汁(以龙井茶为主)外加调料烘烤而成,色泽金黄、内层松软、层层落花、油而不腻、口味香酥。

茶酥其名实为"嚓酥",由外嚓里酥而来("嚓"为宝鸡方言,形容茶酥入口时脆酥的声音),食用时,可配以香茶,品茶带酥,别具风味,故"嚓酥"又称"茶酥"。随着制作工艺的改进,现如今也有将韭黄炒鸡蛋或香椿炒鸡蛋加入刚出锅的茶酥内做馅,真香味更加浓郁可口。

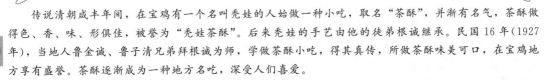

传说清朝咸丰年间,在宝鸡有一个名叫秃娃的人始做一种小吃,取名"茶酥",并渐有名气,茶酥做得色、香、味、形俱佳,被誉为"秃娃茶酥"。后来秃娃的手艺由他的徒弟根诚继承。民国16年(1927年),当地人鲁金诚、鲁子清兄弟拜根诚为师,学做茶酥小吃,得其真传,所做茶酥味美可口,在宝鸡地方享有盛誉。茶酥逐渐成为一种地方名吃,深受人们喜爱。

2) 茶酥的制法

原料:龙井茶汤525克,面粉1950克,猪油600克,牛油375克、薯粉300克,泡打粉3.75,白萝卜500克,瑶柱50克,精盐5克,味精5克,白糖10克,胡椒粉3克,生粉10克,鸡蛋蛋清液50克。

制法:

(1) 先将面粉750克、猪油375克、牛油375克、薯粉、泡打粉拌匀成酥皮,用方盘装上放冰柜。

(2) 用面粉1200克、猪油225克、龙井茶汤525克拌匀并搓至纯滑,成水皮。

(3) 取出冰柜内已雪硬的酥心,将水皮压上酥心面,再次放入冰柜。待雪硬后用酥棍压薄,叠三次变成四叠,即成萝卜酥皮。

(4) 萝卜馅的制法。将萝卜去皮切丝,洗净,将干瑶柱用水炖至软烂并将其用手撕开,用中火将萝卜丝与瑶柱丝一起煮调味勾芡即成萝卜馅。

(5) 切件用酥棒压薄,扫蛋上萝卜馅,用中火炸至金黄色。

2. 杭菊西米盏

1) 杭菊西米盏介绍

杭菊西米盏主要原料是西米。西米又叫西谷米,是印度尼西亚特产,是用木薯粉、麦淀粉、苞谷粉或棕榈科植物提取的淀粉制成，是一种加工米，形状像珍珠。杭白菊是我国传统的茶用菊，也是菊花茶中最好的一个品种，具有止痢、消炎、明目、降压、降脂、强身的功效。

2）杭菊西米盏制法

原料：西米250克，杭白菊30克，蜂蜜100克，白砂糖100克，生粉50克，清水750克。

制法：

（1）先用清水将250克西米煮熟备用。

（2）将500克清水煮菊花至沸腾，关火焖泡3～5分钟，加入白砂糖。

（3）将生粉煮稀后慢慢加进已煮好的菊花水内拌匀，将已煮熟的西米倒进菊花糊内搅匀，逐个放入锡纸盏内，放进冰柜冷冻15分钟后即成。

3. 桂花绿豆糕

1）桂花绿豆糕介绍

桂花绿豆糕中含丰富的蛋白质、钙、铁、胡萝卜素、维生素、磷脂等营养成分，是很好的清热解毒，保肝益肾的消夏小吃。

2）桂花绿豆糕制法

原料：绿豆粉1500克，黄砂糖150克，干桂花50克，糖桂花50克、豌豆粉500克。

制法：

（1）将绿豆粉、豌豆粉、黄砂糖、糖桂花，加适量清水混合拌匀。

（2）在蒸笼内衬蒸笼专用纸，然后将揉好的绿豆粉平铺，厚度约3.5厘米，上面再盖上蒸布或专用纸，稍按实。

（3）用旺火蒸约30分钟取出，待冷却后切块，抹上少量桂花酱，洒少量干桂花。

（4）注意不要蒸制时间过长，否则糕上会有水气，影响口感。

4. 薰衣草蜜冰淇淋

1）薰衣草介绍

薰衣草蜂蜜冰激凌是一道清凉可口的美食，由两杯奶油、食用的薰衣草花干等原料制作而成。薰衣草的迷人香气，可以治疗神经性疲劳、紧张性头痛、消化不良等症状，还可以预防感冒，与舒缓咳嗽、喉咙痛等不适。

2）薰衣草蜜冰激凌制法

原料：糯米粉500克，籼米粉（干、细）120克，桂花酱6克，白砂糖300克，香油15克，花生油25克。

制法：

① 将奶油打发，加入薰衣草花干，蜂蜜用中温煮8分钟，不停地搅拌，然后用盖盖住30分钟。（目的是让薰衣草的香味能够进入雪糕汁中。如冲花茶的道理一样）

② 搅拌机中速，将鸡蛋和盐打发2分钟。

③ 将①中的混合物冲入②内，搅拌均匀。

④ 低温略煮5分钟，不要煮开。

放入家用冰激凌机内，开启开关，做好后，拔掉电源。将内胆放入冰箱3～4个小时即可。

5. 大红袍双色卷

1) 大红袍双色卷介绍

大红袍性味甘淡、凉。大红袍是武夷岩茶之王,是乌龙茶中的极品。它在武夷山栽培已有350多年的历史。大红袍双色卷外形美观,味道甜醇,是传统的佐茶餐食。

2) 大红袍双色卷制法

原料:小麦澄面(面粉加工洗去面筋后晒干的粉料)50克,糯米粉200克,马蹄粉(由水马蹄加工而成)500克,白糖1000克,水1250克,炼奶50克,椰蓉50克,大红袍茶汤1250克。

制法:

(1) 将原料全部搅匀,用高火蒸熟。

(2) 分别将马蹄粉对半用两个容器盛装,各放250克的茶汤稀释,其余750克茶汤用来煮糖水直到成为糊状。清水糊加炼奶和匀。

(3) 用方盘或其他容器分两次将马蹄糊蒸5分钟,然后洒上另一种糊蒸15分钟,冷却成冻后便可用。

(4) 将蒸熟的糯米皮卷上双色糕,再沾上椰蓉切块即可食用。

6.3.3 花草茶膳

花草茶膳是将花草茶作为菜肴和饭食的烹制与食用方法的总称。

1. 茶膳的形式

茶膳的形式,按消费方式划分,有家庭茶膳、旅行休闲茶膳和餐厅茶膳3种。通常餐厅茶膳内容比较丰富。

(1) 茶膳早茶。一般供应热饮和冷饮,主要有绿茶、乌龙茶、花茶、红茶、茶粥、皮蛋粥、八宝粥、茶饺、虾饺、炸元宵、炸春卷等。

(2) 茶膳快餐或套餐。主要供应茶饺、茶面等,再配上一碗汤,或一杯茶,一听茶饮料。

(3) 茶膳自助餐。可供应各种茶菜、茶饭、茶点、热茶、茶饮料、茶冰淇淋,还可自制香茶沙拉、茶酒等。

(4) 家常茶菜茶饭。如茶笋、茶香排骨、春芽龙须、茶粥、龙须茶面等。

(5) 特色茶宴。如婚礼茶宴、生辰茶宴、庆功茶宴、春茶宴等。

2. 茶膳的特点

茶膳在普通中餐的基础上,采用优质茶叶烹制茶肴和主食,具有以下特点。

(1) 讲求精巧、口感清淡。茶膳以精为贵,以清淡为要。比如春芽龙须这道菜,选用质量较好的绿豆芽,掐头去尾,掺以当年采摘的水发春茶芽(去掉茶梗及杂叶),微咸、清香、白绿相间,用精致容器上菜,能提高菜品的档次,受到顾客的喜爱。茶膳口味多酥脆型、滑爽型、清淡型,每道菜都加以点饰。

(2) 有益健康。茶膳选用春茶入饭,茶菜中不少原材料来自山野。春茶和山野茶的种植都不施用化肥,而且富含对人体有益的多种维生素。

(3) 融餐饮、文化于一体。比如,"怡红快绿"这道菜的主料是青、红椒、鸡胸脯肉和红茶,此茶的创意源于古典名著《红楼梦》;"银针庆有余"这道菜的主料是鳜鱼和银针茶,以菜将茶名与中国民间"年年有余"的说法合二为一,并以"庆"字相连。菜本身则赏心悦目,清香可口。

知识小链接

茶膳一般使用八仙桌椅、木制餐具,在用传统茶艺表演为客人品尝茶膳助兴时,可以播放专门编配的茶曲,使客人在传统民族文化形式与现代艺术形式相结合的氛围中,既饱口福,又饱耳福,将餐饮消费上升到文化消费的层次。

(4)雅俗共赏,老少皆宜。茶膳能够结合人们日益增强的返璞归真、注重保健、崇尚文化品位等消费新需求。从几元钱的茶粥、茶面到上千元的茶宴都能供应,又有新意,因而适应面较广。

3. 经典花草茶膳介绍

1)玫瑰百合鸡汤

原料:鲜玫瑰几朵,百合1两,鸡腿1只,盐少许。

制法:

(1)玫瑰和百合放入清水中反复漂洗,冲净沥干。

(2)鸡腿洗净切块,放入热水中汆烫,捞起沥干。

(3)将(1)和(2)的成品放入煮锅中,加4碗水熬汤,大火煮开后转小火约煮20分钟后熄火,喝汤吃肉,可以改善因高血压而引起的头痛。

【荷叶粥】

2)荷叶粥

原料:荷叶半张(干品),白米1杯,盐少许。

制法:

(1)白米清水淘净,加4碗水煮粥,大火煮开后转小火约煮15分钟。

(2)荷叶用清水洗净,擦干,待粥快熟时,将荷叶覆盖在粥上,盖紧锅盖,约焖5分钟,即可取开荷叶喝粥。荷叶粥可以清凉解暑、利湿气,最适宜夏日服食,可生津解渴。

【桂花糯米藕】

3)桂花糯米藕

原料:莲藕1节,糯米适量,红糖45克,桂花蜂蜜30毫升,红枣6粒。

制法:

(1)莲藕洗净,切去一端藕节(但不要扔掉,留着待用),使藕孔露出,再将孔内泥沙洗净,沥干水分,冰糖砸碎待用。

(2)糯米淘洗干净,晾干水分,由藕的切开处将糯米灌入,用竹筷子将末端塞紧,然后在切开处,将切下的藕节合上,再用小竹扦扎紧,以防漏米。

(3)用砂锅或铜锅,先放灌好米的藕,再放入清水,以水没过藕为限,在旺火上烧开后转用小火煮制,待藕煮到五成熟时,加入少许碱,继续煮到藕变成红色时取出晾凉。

(4)取一只空碗和一块网布,将藕削去外皮,切去两头部分,切成1.5厘米厚的圆饼扣入碗内,放入白糖、冰糖、桂花糖,盖上网布放入蒸屉,蒸到冰糖完全溶化时取出,去掉布块上的油渣和桂花渣,翻扣盘内,然后去掉面上的油渣即可。

4）玉兰花拌海蜇

原料：海蜇皮两张，黄瓜1根，胡萝卜1段，蒜5粒，玉兰花5朵，白醋，香油，酱油，盐，糖。

制法：

（1）海蜇皮入清水中反复浸泡冲洗，去腥味。

（2）黄瓜洗净后，去头蒂及尾须，切细丝。

（3）胡萝卜削去外皮，切细丝。

（4）玉兰花入盐水中冲洗，剥瓣切细丝。

（5）先将上述成品加入调味料搅匀，装盘后再洒上4朵玉兰花丝即可，玉兰花有止咳化痰、利尿等功效。

5）野姜花排骨汤

原料：野姜花5朵，排骨半斤，姜十段，盐少许。

制法：

（1）野姜花清水冲净，沥干。姜洗净，拍碎。

（2）排骨洗净入热水中氽烫，捞起洗净沥干。

（3）将上述成品加5碗水熬汤，大火煮开后转小火约煮10分钟，加盐调味即可。此汤可以去风邪、预防感冒。

 课堂小资料

茶食与茗宴

茶食与茗宴的形成和发展，可以说是古代吃茶法的延伸和拓展，其历史颇为久远，大致经历了5个阶段。

（1）先秦时期的原始阶段，以茶茗原汁原味的煮羹为食用特征。

（2）汉魏晋与南北朝时期的发育阶段，以茶茗掺加佐料调味共煮饮用为特征。

（3）隋唐宋时期的成熟阶段，以茶为调味品，制作各种茶之风味食品为特征。

（4）元明清时期的兴盛阶段，以茶为调味品，制作各种茶之风味食品为特征。

（5）现代社会的黄金时期，以讲究茶食与茗宴品味的科学性、追求丰富多样化的艺术情调为特征。

考考你

（1）花草茶的种类有哪些？

（2）如何鉴别干花？

（3）怎样选择合适的花草做茶点、茶膳？

学习小结

通过本部分的学习，使学生了解饮茶中花草对人体的好处，通过分析花草的种类，认识各种常见花草并学会运用这些知识制作常见花草饮品。在此基础上，了解茶点与茶膳的制作过程，学习茶叶的调饮知识，为茶品的开发奠定良好的基础。

【知识回顾】

(1) 老人饮茶的原则是什么？
(2) 女性饮花草茶的注意事项有哪些？
(3) 提高免疫力应选择哪种花草茶？
(4) 你会制作玫瑰花奶茶吗？具体步骤有哪些？
(5) 茶点的种类有哪些？
(6) 要想治疗失眠，应选择哪类花草？
(7) 迷迭香对人体有哪些好处？
(8) 茶膳的形式有哪些？
(9) 枸杞的药用价值有哪些？
(10) 简述"甘草"名字的由来。
(11) 试分析茶草茶的成分。
(12) 说出5种常见的花朵茶。
(13) 泡沫红茶馆有哪些类型？
(14) 简述"茶酥"名字的由来。

【体验练习】

试研发一种新型调饮茶，建议可以与咖啡、洋酒相结合，调出个性口味来，为这种茶起个好听的名字，总结它的口感并将此茶饮推广给你身边的人。

附录一

中国茶叶博物馆介绍

中国茶叶博物馆介绍(西湖馆区)

中国茶叶博物馆 1991 年 4 月正式对外开放，是国家旅游局（现文化和旅游部）、浙江省、杭州市共同兴建的国家级专业博物馆，建筑面积为 8000 m²，展览面积为 2244 m²。由于在文化遗产保护事业的改革与发展中做出了突出贡献，2007 年 5 月 24 日，中国茶叶博物馆被国家人事部和国家文物局授予全国文物系统先进集体的光荣称号。

中国茶叶博物馆作为展示茶文化为主题的博物馆，建筑选址在杭州西湖龙井茶的产地双峰一带，从而设计出了茶史、茶萃、茶俗、茶事、茶缘、茶具六大相对独立而又相互联系的展示空间，从不同的角度对茶文化进行诠释，起到了很好的展示效果。

一号楼为陈列大楼，设 5 个展厅。茶史厅介绍中国茶叶生产、茶文化的发展史；茶萃厅展出中国名茶和国外茶叶的样品；茶具厅展示中国各历史时期茶具的演变和发展；茶事厅介绍种、制茶，品茶的科学知识；茶俗厅介绍云南、四川、西藏、福建、广东，以及明清时期的饮茶方法和礼仪，反映出中国丰富多彩的茶文化。

二号楼用作外宾接待和学术交流。

三号楼设 6 个不同风格的茶室，供参观者品尝各茶系的饮茶风味。

在四号楼，参观者可以欣赏到古今中外的茶艺和茶道表演。馆内建筑具江南园林特色，曲径假山和周围茶园相映衬，将参观者带入丰富多彩的茶文化氛围之中。

一、茶史厅

茶是中国对人类、对世界文明所作的重要贡献之一。中国是茶树的原产地，是最早发现和利用茶叶的国家。

茶业和茶文化是由茶的饮用开始的。几千年来，随着饮茶风习不断深入中国人民的生活，茶文化在我国悠久的民族文化长河中不断丰厚和发展起来，成为东方传统文化的瑰宝。近代茶文化又以其独特的风采，丰富了世界文化。今天，茶作为一种世界性的饮料，维系着中国人民和世界各国人民深厚的情感。

二、茶萃厅

中国产茶历史悠久，产茶区域辽阔，在漫长的生活实践中，中国茶人积累了丰富的茶叶采制经验。历经数千年的发展，产生了花样繁多，品类各异的名茶，以至茶人常说："茶叶学到老，茶名记不了。"且制法之精、质量之优、风味之佳令人叹为观止。时至今日，其工艺日臻完美、精湛，品种更是争奇斗艳、芳香四溢。根据制造方法的不同和品质上的差异，系统和合理地分为六大茶类——绿茶、红茶、青茶（乌龙茶）、黄茶、白茶、黑茶，及再加工茶类——花茶、紧压茶、萃取茶等。

三、茶俗厅

中国地域辽阔，历史悠久，民族众多，每一历史阶段、每一地域，有关于茶的风俗习惯都是中国文化的重要组成部分，它的形成和民族经济文化的发展密切相关，影响着各民族生活习俗的许多方面。

四、茶事厅

茶，自神农最初发现和利用以来，在中国历史上已吟咏了几千年之久。"开门七件事，柴米油盐酱醋茶"这句古老的俗语，道出了茶与中国人民的不解之缘。

关于茶事，历代茶人进行了无数次探索和尝试。自陆羽《茶经》问世，茶事方大行其道。古往今来，茶之种、之制、之器、之藏、之饮、之用各有其术，各有其道，各有其情。

五、茶缘厅

中国茶叶博物馆是我国目前唯一的茶专题博物馆，从中央到地方各级政府、领导都十分关心该馆的建设，重视弘扬茶文化，并将它与精神文明建设紧密结合起来。开馆以来，党和国家领导人、知名人士、国外元首和国际友人先后视察、访问过。世界各地，社会各阶层的参观者为茶博留下了墨宝。中国茶叶博物馆以茶会友，以茶联谊，茶结情缘，甘传天下。

六、茶具厅

古人云："人无贵贱，家无贫富，饮食器具皆所必需。"自从茶进入中国人的生活领域以来，茶无论是药用、食用、饮用，都离不开茶具。在人们利用茶叶的漫长岁月中，作为器物文化体系，茶具的演变发展无不与其保持着相依和承继的关系。不同的历史阶段，不同的地区，不同的民族，由于饮茶习惯和饮茶方式的差异，所使用的茶具其材料、造型、工艺和称谓皆有所不同，但使用起来无不得心应手，视觉上也无不尽善尽美。正如常人所说："美食不如美器"。精美的茶具令人赏心悦目，其艺术价值往往会点化品茗给中国人所带来的人生享受。

中国茶叶博物馆倚山而筑，背倚吉庆山，面对五老峰，东毗新西湖，四周茶园簇拥，举目四望，粉墙、黛瓦、绿树与逶迤连绵、碧绿青翠的茶园相映成趣。博物馆主体由几组错落有致的建筑组成,以花廊、曲径、假山、池沼、水榭等相勾连,营造出富有江南园林的独特韵味和淳朴清新、回归自然的田园风光。

七、没有围墙的博物馆

走进博物馆,首先带给人的是震惊:它没有围墙。一般博物馆给人的感觉都是庄严肃穆的,有一种泱泱经典文化的架子。但茶叶博物馆整个地打通了围栏和围墙,仅在需要阻隔的地带,密植带刺植物,既通透又有效阻拦,营造出一个"馆在茶间、茶在馆内"的生态型无围墙博物馆,它仿佛在告诉人们:我们没有门槛,我们欢迎每位客人的到来。

没有围墙的博物馆,却是一个茶文化氛围相当浓淳的休闲景区,处处彰显了人文主题和茶文化韵味,以独具江南风味的园林艺术和博大精深的茶文化专题展示吸引着广大茶文化爱好者和中外游客。

以天然石材铺就的路面上出人意料地镶嵌了来源于历代碑石、拓片、名帖、名人书法、绘画作品、陶瓷题记、摩崖石刻中的100个"茶"字或"茶"的别称(如荈、诧、荼、茗等),或行云流水,或浑厚苍劲,或奔放不羁,或古趣盎然,人们不禁陶醉于这书法篆刻的艺术天堂里,既有书香墨韵,也闻到了浓浓的茶香,茶未至,香先到。

不知不觉走完这条名为"双香径"的茶道,来到了茶博西北角,一条横贯茶博,颇具茶韵的水系,成为茶博游览的景观轴,恰到好处地表现了"水为茶之母"的主题,力现"茶"与"水"的交融关系。水系利用山势,引进钱塘江活水,从茶博的西北角一直贯通到东南角,与馆外山涧溪流相汇合,以经天然瀑布长年冲刷的天然大岩石驳岸,并在溪底铺就一层鹅卵石,采用深潭蓄水、分层筑坝、涌泉、山涧、溪滩等处理手法,让水流逐级而下,恰似九溪十八涧,形成叠水效应。

八、博物馆特色

顺水而下,水系两旁是特色茶楼和室外品茗专区,出东南,则来到了茶博文化的精粹——陈列大楼,这里有着源远流长的中华茶文化,水景到此渐至收尾,整一条游览线路既显通畅连续,又寓意深远。

走进陈列大楼的序厅,顿时被淙淙水声吸引,只见一面水幕从十米高处徐徐而下,一潮春水浸润着偌大一个绿色的"茶"字,显得格外清亮醒目。真是"精茗蕴香,借水而发,无水不可与论茶也"。水幕之下,假山盆景郁郁葱葱。这动静结合的设计,象征着中华茶文化之源远流长,诠释了茶与水、自然与人的亲和关系,突出了展览的主题。

茶叶博物馆的文化展示是吸引人的,这里是博物馆的精华所在。整个展览分茶史、茶萃、茶缘、茶事、茶具、茶俗6个部分,多方位、多层次、立体地展示了茶文化的无穷魅力。

附录一　中国茶叶博物馆介绍

徜徉在展厅，最让观众流连的是缤纷再现的各地茶俗。一个个生动的场景，叙述着各民族人民饮茶、爱茶的日常生活。藏民家的酥油茶，观众可以亲自动手打制；仿真的大茶树下，"竹炉汤沸火初红"的是云南傣家的烤茶；临江而设的茶摊七星灶正旺，拾阶而上，遥望巫山云雨初霁；斜阳下回眸徽商茶庄前迎风飘曳的"茶"幌，宛若回到19世纪末20世纪初的那个年代。茶庄的一侧，福建的工夫茶道正在上演，庄重典雅的茶艺师正在泡制一壶酽酽的铁观音，而驻足观赏的人早已成为别人眼中的风景了。

从原始森林的野生大茶树切片到各种栽培茶树标本，从良渚时期粗朴简陋的饮器到明清精美绝伦的宫廷茶具，从茶籽化石到民族风格浓郁的茶俗场景，一件件珍贵的文物，辅以精心设计的文字、图片、图表，制作精良的模型、惟妙惟肖的雕像，以及优雅动人的音乐，演绎了数千年的文明进程。

茶博馆的陈列有许多独特的创意，它努力增加直观感，提高观众的感性认识，一改传统博物馆只准看、不准动手的规矩，尽可能地为观众提供参与的机会，提高观众的参观兴趣。

有的展厅设开放陈列区。茶萃厅陈列了绿茶、红茶、乌龙茶、白茶、黄茶、黑茶六大茶类及再加工茶等共300余个茶样实物，被分门别类地安放在圆柱状茶树形台面上，同时配有相应按钮。只要观众戴上耳机，点击标本旁的按钮，就会有一个娓娓动听的声音介绍相关的茶叶知识。同时在开放区还陈列着各种紧压茶，有金瓜茶、笋壳茶、七子饼茶、方砖茶、茯砖茶等，小的直径不过一两厘米，大的直径竟超过1米。只要观众有兴趣，就可以用手去触摸，甚至可以用嗅觉去感受它的香味。

在茶事厅，开放的陈列再一次让观众有机会去感觉茶叶的全部，从茶树的种子、枝干到果实；从一片叶子到可口的茶饮料……只要转动转盘，各类茶叶适宜的冲泡时间、茶叶用量、茶与水的比例等知识一目了然。"三沸图"形象地说明了茶圣陆羽在《茶经》里提出的"鱼眼、蟹眼、腾波鼓浪"的"三沸"之说。

多媒体的使用，使有限的展示得到无限延伸。整个展览共设置了5台多媒体触摸屏，将与茶文化有关的社会政治、经济、音乐、诗歌、绘画、舞蹈、宗教等元素被有机地串合起来，编入计算机程序，只要用手轻轻一点，大量的茶文化信息源源传来。有奖竞猜的多媒体系统更加吸引观众，点击鼠标，就可以获得一份知识的喜悦。

在茶叶博物馆除了能欣赏到专业的茶文化展示外，还能在视野范围中不断地加深和拓宽知识，感受到浓浓的文化氛围。

九、周边植物配置

公园般的博物馆，对周边植物配置进行了精心的处理，不遗余力地利用植物的特色配置凸显主题，将茶文化不断向周边环境延伸。有品种各异属山茶科植物的茶花，能与茶树进行性状比较；有观赏性强且可供泡饮的植物，如绞股蓝、玳玳、大叶冬青、六月霜、枸

杞、茶条槭、薄荷、茉莉、鱼腥草、野山楂、玫瑰、桂花、金银花、杭白菊等。既增加科普性和趣味性，营造出特色植物景观，同时在配置上有层次，又有茶文化特色。徜徉于博物馆，不经意地看去，是个不露人工痕迹的生态公园，但细细观察，每座桥，每个水池都有着诗意般的名字，都蕴含生动的文化故事，就连一草一木都具名目，都有文化韵味。

茶博还有一个独特的、开放性的茶树品种资源圃——嘉木苑，这是一个生动的专题性茶树园，展示了100多种千姿百态的茶树品种。许多品种间差异明显，除了寻常所见的灌木型茶树外，还可见到乔木型大茶树，如乌牛早、黄叶早、肉桂、毛蟹、云南大叶等。资源圃还对各种茶树品种的产地、名称、适制茶类等立牌说明，营造出一处鲜活的室外展区。坐落于嘉木苑下的焙香簃在茶叶采摘季节还向观众表演炒茶，展示炒茶技艺和茶叶加工的重要工序，加深游客对茶叶制作工序的了解，是对展厅陈列的生动补充。

精心的植物配置和品种园，大大充实了茶博茶文化的内涵，并成功地将茶文化从单一的视觉展示中解放了出来，向周边环境延伸，能给游客以可观、可触、可感的新体验。

十、长廊柱础

茶叶博物馆的环境小品也非常吸引人们的眼球。300多个形态各异、雕刻精美的柱础，或安置于玻璃长廊柱子下，或作为环境装饰，或供游人小憩。柱础石质不同、大小不等、形状各异，显示了它们有着各自不同的身世，包含丰富的人文和古代建筑艺术的信息。

在博物馆中，总能看到不少游客对道路两边的柱础发出啧啧的赞叹声，这些精巧玲珑的石墩子，尽管经历年代久远的风雨剥蚀，仍是依稀可辨，面面都有寓意祥瑞的石刻图画，寓意丰富，风采传神。有了这些柱础的参与，茶博的文化氛围更显浓郁，是茶文化的开枝散叶之地，还是一座琳琅满目的石刻艺术收藏所。茶圣陆羽的仙风道骨让人驻足不前，远眺群山的陆羽，激发了人们对先贤的缅怀。茶博陆羽像为青铜制，高约2.5米，并配有低矮的茶桌，置茶炉、茶杯等品茗用具于上，陆羽则站立于旁，衣袂飘然，左手持一茶碗，右手持一茶书，回味着唇齿之间的茶香余韵，神态自若，气势生动。

十一、圭表和日晷

安置于吉庆台附近的圭表和日晷也引起了人们格外的注目。虽为小品设置，其实是可以使用的。圭表和日晷均属于我国流传最古老的天文仪器，是以太阳为观测目标，根据测定日影长度来确定时间的计时仪器。

圭表是根据正午时表影长度的变化来测定节气、定年长的，由圭和表两部分组成，圭表基座一周分别装饰"宋代审安老人十二茶具图赞"及"二十四节气歌诀"。

日晷则是利用一日之表影的方向变化来定出时刻，由盘和针两部分组成，日晷一侧装饰"与日俱进"，另一侧装饰"一寸光阴一寸金，寸金难买寸光阴"。日晷所指的时间是本

附录一 中国茶叶博物馆介绍

地实际的太阳时,即真太阳时,与常用的北京时间存在不等时时差。

圭表和日晷对我国古代的农事生产极有帮助,而茶叶生产也属于农耕文化的一部分,需要利用圭表和日晷来测定茶叶采摘的节气和时间,体现了茶事的季节性要求。圭表和日晷的设置既有助于人们了解更多的天文知识,可以根据提示亲自动手测定时间和节气,同时也将茶事活动纳入一个完整的农耕文化中,显现了茶文化与农耕文化的亲密关系。

带着轻松愉悦的休闲情绪,在茶叶博物馆观摩品味,累了,随意地拣一处坐下,深深地呼吸空气里桂花的甜香;渴了,挑一处有水声鸟语的地方坐下,叫上一壶茶,细细地品,慢慢地让茶香弥漫唇齿之间,便也就品出了一种闲情逸致、一种别样的风雅来了。

这样的风雅,是会被记取的,记取的一半在于茶博风情,一半在于人文。走进了这龙井茶乡,品出了另一番西湖烟月味,这种味道,正如杯中的茶,虽浓酽,却也回甘久久。

十二、茶艺表演

茶博的茶艺表演经多年挖掘、整理,独创了禅茶、西湖茶礼、文士茶、擂茶、工夫茶、农家茶、日本茶道等近10个表演内容,这些表演除接待前来参观的游人外,几年来多次前往北京、上海、广州、福州、苏州、山东及省内市、县地区表演,受到了广泛的好评。中央电视台、中央教育台、日本、法国、澳大利亚等国家级电视台及北京、上海、天津、

广州、浙江、武汉、山东等省市电视台也都多次拍摄介绍了茶博的陈列及其他有关内容,为国内外的茶叶和茶文化的研究与交流提供了广阔的舞台。

中国茶叶博物馆介绍(龙井馆区)

在龙井村,位于龙井路的中国茶叶博物馆(龙井馆区),新馆区将原龙井山园景区改造成为中国茶叶博物馆龙井馆区,于2015年5月1日正式开放。

作为中国茶叶博物馆三期的龙井馆区总面积约113亩,山林覆盖率达70%,包含17.52亩龙井茶园,馆区规划建筑面积5000平方米,为江南民居建筑风格。既是博物馆,又是一座休息浏览的园林公园。

中国茶叶博物馆介绍(龙井馆区)

附录二

茶艺师国家职业标准

1. 职业概况

1.1 职业名称
茶艺师

1.2 职业定义
在茶艺馆里、茶室、宾馆等场所专职从事茶饮艺术服务的人员。

1.3 职业等级
本职业共设5个等级，分别为初级（国家职业资格五级）、中级（国家职业资格四级）、高级（国家职业资格三级）、技师（国家职业资格二级）、高级技师（国家职业资格一级）。

1.4 职业环境
室内、常温。

1.5 职业能力特征
具有较强的语言表达能力，一定的人际交往能力、形体知觉能力，较敏锐的嗅觉、色觉和味觉，有一定的美学鉴赏能力。

1.6 基本文化程度
初中毕业。

1.7 培训要求

1.7.1 培训期限
全日制职业学校教育，根据其培养目标和教学计划确定。晋级培训期限：初级不少于160标准学时；中级不少于140学时；高级不少于120标准学时；技师、高级技师不少于100标准学时。

1.7.2 培训教师
各等级的培训教师应具备茶艺专业知识和相应的教学经验。培训初级、中级茶艺师的教师应具有本职业高级以上职业资格证书；培训高级茶艺师的教师应具有本职业技师以上职业资格证书或相关专业中级以上专业技术职务任职资格；培训技师的教师应具有本职业高级技师职业资格证书或相关专业技术职务任职资格；培训高级技师的教师应具有本职业高级技师职业资格证书2年以上或相关专业高级专业技术职务任职资格。

1.7.3 培训场地设备
满足教学需要的标准教室及实际操作的品茗室。教学培训场地应分别具有讲台、品茗台及必要的教学设备和品茗设备；有实际操作训练所需的茶叶、茶具、装饰物，采光及通风条件良好。

1.8 鉴定要求

1.8.1 适用对象
从事或准备从事本职业的人员。

1.8.2 申报条件
——初级（具备以下条件之一者）
(1) 经本职业初级正规培训达规定标准学时数，并取得毕（结）业证书。
(2) 在本职业连续见习工作2年以上。
——中级（具备以下条件之一者）
(1) 取得本职业初级资格证书后，连续从事本职业工作3年以上，经本职业中级正规培训达规定标准学时数，并取得毕（结）业证书。

（2）取得本职业初级资格证书后，连续从事本职业工作5年以上。

（3）取得经劳动保障行政部门审核认顶的，以中级技能为培养目标的中等以上职业学校本职业（专业）毕业证书。

——高级（具备以下条件之一者）

（1）取得本职业中级资格证书后，连续从事本职业工作3年以上，经本职业高级正规培训达规定标准学时数，并取得毕（结）业证书。

（2）取得本职业中级职业资格证书后，连续从事本职业工作7年以上。

（3）取得高级技工学校或经劳动保障行政部门审核认证的，以高级技能为培养目标的高等职业学校本职业（专业）毕业证书。

（4）取得本职业中级职业资格证书的大专以上本专业或相关专业毕业生，连续从事本职业工作2年以上。

——技师（具备以下条件之一者）

（1）取得本职业高级资格证书后，连续从事本职业工作5年以上，经本职业技师正规培训达规定标准学时数，并取得毕（结）业证书。

（2）取得本职业高级职业资格证书后，连续从事本职业工作7年以上。

（3）取得本职业高级职业资格证书后的高级技工学校本（职业）专业毕业生，连续从事本职业工作满3年。

——高级技师（具备以下条件之一者）

（1）取得本职业技师资格证书后，连续从事本职业工作4年以上，经本职业高级技师正规培训达规定标准学时数，并取得毕（结）业证书。

（2）取得本职业技师职业资格证书后，连续从事本职业工作5年以上。

1.8.3 鉴定方式

分为理论知识考试和技能操作考核。理论知识考试采用闭卷笔试方式；技能操作考核采用实际操作、现场问答等方式，由2~3名考评员组成考评小组，考评员按照技能考核规定各自分别打分，取平均分为考核得分。理论知识考核和技能操作考核均实行百分制，成绩皆达60分以上者为合格。技师和高级技师鉴定还需进行综合评审。

1.8.4 考评人员与考生配备比例

理论知识考试考评员与考生配比为1∶15，每个标准教室不少于2考评员；技能操作考核考评员与考生配比为1∶3，且不少于3名考评员。综合评审委员不少于5人。

1.8.5 鉴定时间

各等级理论知识考试时间不超过120分钟。初、中、高级技能操作考核时间不超过50min，技师、高级技师技能操作考核时间不超过120min；综合评审时间不少于30min。

1.8.6 鉴定场所设备

理论知识考试在标准教室内进行。技能操作考核在品茗室进行。品茗室设备及用具应包括：品茗台、泡茶、饮茶主要用具；辅助用品，备水器；备茶器，盛运器，泡茶席；茶室用品、泡茶用水、冲泡用茶及相关用品，茶艺师用品。鉴定场所设备可根据不同等级的考核需要增减。

2. 基本要求

2.1 职业道德

2.1.1 职业道德基础知识

2.1.2 职业守则

(1) 热爱专业，忠于职守。

(2) 遵纪守法，文明经营。

(3) 礼貌待客，热情服务。

(4) 真诚守信，一丝不苟。

(5) 钻研业务，精益求精。

2.2 基础知识

2.2.1 茶文化基础知识

(1) 中国用茶的源流。

(2) 饮茶方法的演变。

(3) 茶文化的精神。

(4) 中外饮茶风俗。

2.2.2 茶叶知识

(1) 茶树基础知识。

(2) 茶叶种类。

(3) 名茶及其产地。

(4) 茶叶品质鉴别知识。

(5) 茶叶保管方法。

2.2.3 茶具知识

(1) 茶具的种类及产地。

(2) 瓷器茶具。

(3) 紫砂茶具。

(4) 其他茶具。

2.2.4 品茗用水知识

(1) 品茶与用水的关系。

(2) 品茗用水的分类。

(3) 品茗用水的选择方法。

2.2.5 茶艺基础知识

(1) 品饮要义。

(2) 冲泡技巧。

(3) 茶点选配。

2.2.6 科学饮茶

(1) 茶叶主要成分。

(2) 科学饮茶常识。

2.2.7 食品与茶叶营养卫生

(1) 食品与茶叶卫生基础知识。

(2) 饮食业食品卫生制度。
2.2.8 相关法律、法规知识
(1) 劳动法相关知识。
(2) 食品卫生法相关知识。
(3) 消费者权益保障法相关知识。
(4) 公共场所卫生管理条例相关知识。
(5) 劳动安全基础知识。

3. 工作要求

本标准对初级、中级、高级、技师及高级技师的技能要求依次递进，高级别包括低级别的要求。

3.1 初级

职业功能	工作内容	技能要求	相关知识
一、接待	（一）礼仪	1. 能够做到个人仪容仪表整洁大方 2. 能够正确使用礼貌服务用语	1. 仪容仪表仪态常识 2. 语言应用基本常识
	（二）接待	1. 能够做好营业环境准备 2. 能够做好营业用具准备 3. 能够做好茶艺人员准备 4. 能够主动、热情地接待客人	1. 环境美常识 2. 营业用具准备的注意事项 3. 茶艺人员准备的基本要求 4. 接待程序基本常识
二、准备与演示	（一）茶艺准备	1. 能够识别主要茶叶品类并根据泡茶要求准备茶叶品种 2. 能够完成泡茶用具的准备 3. 能够完成泡茶用水的准备 4. 能够完成冲泡用茶相关用品的准备	1. 茶叶分类、品种、名称 2. 茶具的种类和特征 3. 泡茶用水的知识 4. 茶叶、茶具和水质鉴定知识
	（二）茶艺演示	1. 能够在茶叶冲泡时选择合适的水质、水量、水温和冲泡器具 2. 能够正确演示绿茶、红茶、乌龙茶、和花茶的冲泡 3. 能够正确解说上述茶艺的每一步骤 4. 能够介绍茶汤的品饮方法	1. 茶艺器具应用知识 2. 不同茶艺演示要求及注意事项
三、服务与销售	（一）茶事服务	1. 根据顾客状况和季节不同推荐相应的茶饮 2. 能够适时介绍茶的典故、艺文，激发顾客品茗的兴趣	1. 人际交流基本技巧 2. 有关茶的典故和艺文
	（二）销售	1. 能够揣摩顾客心理，适时推荐茶叶与茶具 2. 能够正确使用茶单 3. 能够熟练使用茶叶茶具的包装 4. 能够完成茶艺馆的结账工作 5. 能够指导顾客进行茶叶的储存和保管 6. 能够指导顾客进行茶具的养护	1. 茶叶茶具的包装知识 2. 结账的基本程序知识 3. 茶具的养护知识

3.2 中级

职业功能	工作内容	技 能 要 求	相 关 知 识
一、接待	（一）礼仪	1. 能保持良好的仪容仪表 2. 能有效地与顾客沟通	1. 仪容仪表知识 2. 服务礼仪中的语言表达艺术 3. 服务礼仪中的接待艺术
	（二）接待	能够根据顾客特点，进行针对性的接待服务	
二、准备与演示	（一）茶艺准备	1. 能够识别主要茶叶品级 2. 能够识别常用茶具的质量 3. 能够正确配置茶艺茶具和布置表演台	1. 茶叶质量分级知识 2. 茶具质量知识 3. 茶艺茶具配备基本知识
	（二）茶艺演示	1. 能够按照不同茶艺要求，选择和配置相应的音乐、服饰、插花、薰香、茶挂 2. 能够担任3种以上茶艺表演的主泡	1. 茶艺表演场所布置知识 2. 茶艺表演基本知识
三、服务与销售	（一）茶事服务	1. 能够介绍清饮法和调饮法的不同特点 2. 能够向顾客介绍中国各地名茶、名泉 3. 能够解答顾客有关茶艺的问题	艺术品茗知识
	（二）销售	够根据茶叶、茶具销售情况，提出货品调配建议	品调配知识

3.3 高级

职业功能	工作内容	技 能 要 求	相 关 知 识
一、接待	（一）礼仪	保持形象自然、得体、高雅，并能正确运用国际礼仪	1. 人体美学基本知识及交际原则 2. 外宾接待注意事项 3. 茶艺专用外语基本知识
	（二）接待	外语说出主要茶叶、茶具品种的名称，并能用外语对外宾进行简单的问候	
二、准备与演示	（一）茶艺准备	1. 够介绍主要名优茶产地及品质特征 2. 能够介绍主要瓷器茶具的款式及特点 3. 能够介绍紫砂壶主要制作名家及其特色 4. 能够正确选用少数民族茶饮的器具、服饰 5. 能够准备饮茶的器物	1. 茶叶品质知识 2. 茶叶产地知识
	（二）茶艺演示	1. 能够掌握各地风味茶饮和少数民族茶饮的操作（3种以上） 2. 能够独立组织茶艺表演并介绍其文化内涵 3. 能够配制调饮茶（3种以上）	1. 茶艺表演美学特征知识 2. 地方风味茶饮和少数民族茶饮基本知识

续表

职业功能	工作内容	技能要求	相关知识
三、服务与销售	(一) 茶事服务	1. 够掌握茶艺消费者需求特点，适时营造和谐的经营气氛 2. 能够掌握茶艺消费者的消费	1. 顾客消费心理学基本知识 2. 茶文化旅游基本知识
	(二) 销售	够根据季节变化、节假日等特点，制定茶艺馆消费品调配计划	茶事展示活动常识

3.4 技师

职业功能	工作内容	技能要求	相关知识
一、茶艺馆布局、设计	(一) 提出茶艺馆设计要求	1. 提出茶艺馆选址的基本要求 2. 能够提出茶艺馆的设计建议 3. 能够提出茶艺馆装饰的不同特色	1. 艺馆选址基本知识 2. 茶艺馆设计基本知识
	(二) 茶艺馆布置	1. 根据茶艺馆的风格，布置陈列柜和服务台 2. 能够主持茶艺馆的主题设计，布置不同风格的品茗室	1. 艺馆布置风格基本知识 2. 茶艺馆氛围营造基本知识
二、茶艺表演与茶会组织	(一) 茶艺表演	1. 担任仿古茶艺表演的主泡 2. 能够掌握一种外国茶艺的表演 3. 能够熟练运用一门外语介绍茶艺 4. 能够策划组织茶艺表演活动	1. 艺表演美学特征基本知识 2. 茶艺表演器具配套基本知识 3. 茶艺表演动作内涵基本知识 4. 茶艺专用外语知识
	(二) 茶会组织	能够设计、组织各类中小型茶会	茶会基本知识
三、茶艺培训	(一) 茶事服务	1. 编制茶艺服务程序 2. 能够制定茶艺服务项目 3. 能够组织实施茶艺服务 4. 能够对茶艺馆的茶叶、茶具进行质量检查 5. 能够正确处理顾客投诉	1. 艺服务管理知识 2. 有关法律知识
	(二) 茶艺培训	能够制订并实施茶艺人员培训计划	培训计划和教案的编制方法

3.5 高级技师

职业功能	工作内容	技能要求	相关知识
一、茶艺服务	(一)茶饮服务	1. 根据顾客要求和经营需要设计茶饮 2. 能够品评茶叶的等级	1. 饮创新基本原理 2. 茶叶品评基本知识
	(二)茶叶保健服务	1. 能够掌握茶叶的保健的主要技法 2. 能够根据顾客的健康状况和疾病配置保健茶	茶叶保健基本知识
二、茶艺创新	(一)茶艺编制	1. 能够根据需要编创不同茶艺表演,并达到茶艺美学要求 2. 能够根据茶艺主题,配置新的茶具组合 3. 能够根据茶艺特色,选配新的茶艺音乐 4. 能够根据茶艺需要,安排新的服饰布景 5. 能够用文字阐释新编创的茶艺表演的文化内涵 6. 能够组织和训练茶艺表演队	1. 艺表演编创基本原理 2. 茶艺队组织训练基本知识
	(二)茶会创新	能够设计并组织大型茶会	大型茶会创意设计基本知识
三、管理与培训	(一)技术管理	1. 制定茶艺馆经营管理计划 2. 能够制订茶艺馆营销计划并组织实施 3. 能够进行成本核算,对茶饮合理定价	1. 茶艺馆经营管理知识 2. 茶艺馆营销基本法则 3. 茶艺馆成本核算知识
	(二)人员培训	1. 主持茶艺培训工作并编写培训讲义 2. 能够对初、中、高级茶艺师进行培训 3. 能够对茶艺技师进行指导	1. 培训讲义的编写要求 2. 技能培训教学法基本知识 3. 茶艺馆人员培训知识

4. 比重表

4.1 理论知识

项 目		初级/(%)	中级/(%)	高级/(%)	技师/(%)	高级技师/(%)
基本要求	职业道德	5	5	5	3	3
	基础知识	45	35	25	22	12

续表

项　　目			初级/(%)	中级/(%)	高级/(%)	技师/(%)	高级技师/(%)
相关知识	接待	礼仪	5	5	5	—	—
		接待	10	10	10	—	—
	准备演示	茶艺准备	5	5	10	—	—
		茶艺演示	20	25	30	—	—
	服务销售	茶事服务	5	10	10	—	—
		销售	5	5	5	—	—
	茶艺馆布局设计	茶艺馆设计要求	—	—	—	10	—
		茶艺馆布置	—	—	—	10	—
	茶饮服务	茶饮服务	—	—	—	—	10
		茶叶保健服务	—	—	—	—	10
	茶艺表演与茶会组织	茶艺表演	—	—	—	30	—
		茶会组织	—	—	—	25	—
	茶艺创新	茶艺创编	—	—	—	—	30
		茶会创新	—	—	—	—	25
	管理与培训	服务管理（技术管理）	—	—	—	10	10
		茶艺培训（人员培训）	—	—	—	10	10
合　　计			100	100	100	100	100

4.2　技能操作

项　　目			初级/(%)	中级/(%)	高级/(%)	技师/(%)	高级技师/(%)
技能要求	接待	礼仪	5	5	5	—	—
		接待	10	10	15	—	—
	准备与演示	茶艺准备	20	20	20	—	—
		茶艺演示	50	50	45	—	—
	服务与销售	茶事服务	10	10	10	—	—
		销售	5	5	5	—	—
	茶艺馆布局与设计	茶艺馆设计要求	—	—	—	10	—
		茶艺馆布置	—	—	—	10	—

续表

项	目		初级/(%)	中级/(%)	高级/(%)	技师/(%)	高级技师/(%)
技能要求	茶饮服务	茶饮服务	—	—	—	—	10
		茶叶保健服务	—	—	—	—	10
	茶艺表演与茶会组织	茶艺表演	—	—	—	30	—
		茶会组织	—	—	—	25	—
	茶艺创新	茶艺创编	—	—	—	—	30
		茶会创新	—	—	—	—	25
	管理与培训	服务管理（技术管理）	—	—	—	15	15
		茶艺培训（人员管理）	—	—	—	10	10
合 计			100	100	100	100	100

中级茶艺师理论知识模拟试卷

附录三 中级茶艺师理论知识模拟试卷

	一	二	总 分
得 分			

得 分	

一、单项选择题(每题1分,共80分)

1. 职业道德是人们在职业工作和劳动中应遵循的与( )紧密相连的道德原则和规范总和。
   A. 法律法规　　B. 文化修养　　C. 职业活动　　D. 政策规定

2. 职业道德品质的含义包括( )。
   A. 职业观念、职业良心和个人信念　　B. 职业观念、职业修养和理论水平
   C. 职业观念、文化修养和职业良心　　D. 职业观念、职业良心和职业自豪感

3. 遵守职业道德的必要性和作用体现在( )。
   A. 促进茶艺从业人员发展,与提高道德修养无关
   B. 促进个人道德修养的提高,与促进行风建设无关
   C. 促进行业良好风尚建设,与个人修养无关
   D. 促进个人道德修养、行风建设和事业发展

4. 茶艺师职业道德的基本准则,是指( )。
   A. 遵守职业道德原则,热爱茶艺工作,不断提高服务质量
   B. 精通业务,不断提高技能水平
   C. 努力钻研业务,追求经济效益第一
   D. 提高自身修养,实现自我提高

5. 开展道德评价具体体现在茶艺人员之间( )。
   A. 相互批评和监督　　B. 批评与自我批评
   C. 监督和揭发　　D. 学习和攀比

6. 下列选项中,( )不属于培养职业道德修养的主要途径。
   A. 努力提高自身技能　　B. 理论联系实际
   C. 努力做到"慎独"　　D. 检点自己的言行

7. 茶艺服务中与品茶客人交流时要( )。
   A. 态度温和、说话缓慢　　B. 严肃认真、有问必答
   C. 快速问答、简单明了　　D. 语气平和、热情友好

8. 尽心尽职具体体现在茶艺师在茶艺服务中充分( ),用自己最大的努力尽到自己的职业责任。
   A. 发挥主观能动性　B. 表现自己　　C. 表达个人愿望　　D. 推销产品

9. 清代茶叶已齐全( )。
   A. 三大茶类　　B. 四大茶类　　C. 五大茶类　　D. 六大茶类

10. 唐代饮茶风盛的主要原因是( )。

A. 社会鼎盛　　　　B. 文人推崇　　　　C. 朝廷诏令　　　　D. 茶叶发展
11. 茶艺服务中与品茶客人交流时要（　　）。
　　A. 态度温和、说话缓慢　　　　　　B. 严肃认真、有问必答
　　C. 快速问答、简单明了　　　　　　D. 语气平和、热情友好
12. （　　）茶叶的种类有粗、散、末、饼茶。
　　A. 汉代　　　　B. 元代　　　　C. 宋代　　　　D. 唐代
13. 茶艺师与宾客交谈时，应（　　）。
　　A. 保持与对方交流，随时插话
　　B. 尽可能多地与宾客聊天交谈
　　C. 在听顾客说话时，随时做出一些反应
　　D. 对宾客礼貌，避免目光正视对方
14. 接待印度宾客，敬茶时应用（　　）提供服务。
　　A. 右手　　　　B. 左手　　　　C. 单手　　　　D. 双手
15. 六大类成品茶的分类依据是（　　）。
　　A. 茶树品种　　B. 生长地带　　C. 采摘季度　　D. 加工工艺
16. 接待蒙古族宾客，敬茶时应用（　　），以示尊重。
　　A. 右手　　　　B. 左手　　　　C. 单手　　　　D. 双手
17. 净杯时，要求将水均匀地从茶杯洗过，而且无处不到，宁红太子茶艺将这种洗法称为（　　）。
　　A. 洗尘净杯　　B. 热壶烫杯　　C. 春风拂面　　D. 流云拂月
18. 茉莉花茶艺使用的（　　）是三才杯。
　　A. 看汤杯　　　B. 鉴叶杯　　　C. 品茶杯　　　D. 闻香杯
19. 茉莉花茶艺的"落英缤纷"的含义是（　　）。
　　A. 冲水　　　　B. 烧水　　　　C. 烫杯　　　　D. 投茶
20. 茉莉花茶艺品茶是指三品花茶的最后一品，称为（　　）。
　　A. 眼观　　　　B. 手触　　　　C. 鼻品　　　　D. 口品
21. 黄山毛峰外形的品质特点是（　　）。
　　A. 芽头肥壮，紧实挺直，芽身金黄，满披白毫
　　B. 形似雀舌，匀齐壮实，锋显毫露，色如象牙，鱼叶金黄
　　C. 条索紧结，肥硕雄壮，色泽乌润，金毫特显
　　D. 形似瓜子的单片，自然平展，叶缘微翘，大小均匀，色泽绿中带霜（宝绿）
22. 明代以后，茶挂中内容主要含义有（　　）。
　　A. 季节、茶品、价码　　　　　　　B. 季节、时间、客人
　　C. 工艺、茶类、用水　　　　　　　D. 茶类、茶具、客人
23. 香油、香花是（　　）的香品。
　　A. 自然散发　　B. 燃烧散发　　C. 熏炙散发　　D. 烤焙散发
24. 茶艺表演者的服饰要与（　　）相配套。
　　A. 表演场所　　B. 观看对象　　C. 茶叶品质　　D. 茶艺内容
25. 《幽谷清风》是反映（　　）的古典名曲。

A. 月下美景　　　B. 思念之情　　　C. 山水之音　　　D. 旷野苍茫
26. 反映月下美景的古典名曲有（　　）。
A.《远方的思念》　　　　　　　　B.《霓裳曲》
C.《潇湘水云》　　　　　　　　　D.《空山鸟语》
27.（　　）在宋代的名称叫茗粥。
A. 饼茶　　　　B. 豆茶　　　　C. 擂茶　　　　D. 末茶
28. 宋代（　　）的产地是当时的福建建安。
A. 龙井茶　　　B. 武夷茶　　　C. 蜡面茶　　　D. 北苑贡茶
29. 宋代（　　）的主要内容是看汤色、汤花。
A. 泡茶　　　　B. 鉴茶　　　　C. 分茶　　　　D. 斗茶
30. 在秦汉时期出现了（　　）。
A. 焚香　　　　B. 烧纸　　　　C. 祭祀　　　　D. 拜神
31. 音乐是我国古代（　　）的必修课。
A. 为官人　　　B. 文化人　　　C. 行伍人　　　D. 隐逸人
32. 新茶的主要特点是（　　）。
A. 香气清鲜　　B. 色泽暗晦　　C. 汤色昏暗　　D. 茶汤浑浊
33. 优质红茶香气的特点是（　　）。
A. 馥郁带鲜花香　　　　　　　　B. 板栗香奶油香
C. 甜香或焦糖香　　　　　　　　D. 清香带海藻味
34. 老年人讲究茶的韵味，要求茶叶香高味浓，重在物质享受，因此多用（　　）泡茶。
A. 茶杯　　　　B. 茶壶　　　　C. 茶碗　　　　D. 茶盅
35. 龙井茶艺的（　　）是寓意向嘉宾三致意。
A. 金狮三呈祥　B. 祥龙三叩首　C. 凤凰三点头　D. 孔雀三清声
36. 女性茶艺表演者如有条件可以（　　），可平添不少风韵。
A. 佩带十字架　B. 戴条金手链　C. 戴一只玉镯　D. 戴一双手套
37. 鲜爽、醇厚、鲜浓是评茶术语中关于（　　）的褒义术语。
A. 香气　　　　B. 滋味　　　　C. 外形　　　　D. 嫩度
38. 陆羽《茶经》指出：其水，用（　　）上，江水中，井水下。
A. 蒸馏水　　　B. 纯净水　　　C. 山水　　　　D. 雨水
39. 青花瓷是在（　　）上缀以青色文饰、清丽恬静，既典雅又丰富。
A. 玻璃　　　　B. 黑釉瓷　　　C. 白瓷　　　　D. 青瓷
40. 引发茶叶变质的主要因素有（　　）等。
A. 磁线　　　　B. 射线　　　　C. 红外线　　　D. 光线
41. 基本茶类分为不发酵的绿茶类及（　　）的黑茶类等，共六大茶类。
A. 重发酵　　　B. 后发酵　　　C. 轻发酵　　　D. 全发酵
42. 时兴乌龙茶艺的地点是（　　）。
A. 潮汕和漳泉　B. 沪苏和京津　C. 绍杭和温宁　D. 莆仙和榕延
43. 乌龙茶类中茶汤色泽显橙黄型的是（　　）。

A. 闽南青茶　　　　B. 武夷岩茶　　　　C. 广东青茶　　　　D. 白毫乌龙

44. 茶艺的三种形态是（　　）。
   A. 营业、表演、议事　　　　　B. 品茗、营业、表演
   C. 营业、学艺、聚会　　　　　D. 品茗、调解、息事

45. 茶具这一概念最早出现于西汉时期（　　）中"武阳买茶，烹茶尽具"。
   A. 王褒《茶谱》　　　　　　　B. 陆羽《茶经》
   C. 陆羽《茶谱》　　　　　　　D. 王褒《僮约》

46. 城市茶艺馆泡茶用水可选择（　　）。
   A. 纯净水　　　B. 鱼塘水　　　C. 消防水　　　D. 自来水

47. 在茶叶不同类型的滋味中，（　　）型的代表茶是碧螺春、蒙顶甘露、南京雨花茶等。
   A. 清香　　　　B. 清鲜　　　　C. 鲜浓　　　　D. 板栗香

48. 由于乌龙茶制作时选用的是较成熟的芽叶做原料，属半发酵茶，冲泡时需用（　　）的沸水。
   A. 70～80℃　　B. 90℃左右　　C. 95℃以上　　D. 80～90℃

49. 贸易标准样是茶叶对外贸易中（　　）和货物交接验收的实物依据。
   A. 成交计价　　B. 毛茶收购　　C. 对样加工　　D. 茶叶销售

50. 宾客进入茶艺室，茶艺师要笑脸相迎，并致亲切问候，通过（　　）和可亲的面容使宾客进门就感到心情舒畅。
   A. 轻松的音乐　B. 美好的语言　C. 热情的握手　D. 严肃的礼节

51. 在为 VIP 宾客提供服务时，应提前（　　）将茶品、茶食、茶具摆好，确保茶食的新鲜、洁净、卫生。
   A. 3 分钟　　　B. 5 分钟　　　C. 10 分钟　　　D. 20 分钟

52. 品茗焚香时使用的最佳香具是（　　）。
   A. 蒌篓　　　　B. 木桶　　　　C. 香炉　　　　D. 竹筒

53. 明代以后，茶馆（室）的茶挂主要是（　　）。
   A. 国画图轴　　B. 书法字轴　　C. 油画挂图　　D. 年画挂图

54. 明代以后，茶挂中内容主要含义有（　　）。
   A. 季节、茶品、价码　　　　　B. 季节、时间、客人
   C. 工艺、茶类、用水　　　　　D. 茶类、茶具、客人

55. （　　）茶艺的表演程序共为 12 道。
   A. 桂花茶艺　　B. 毛尖茶艺　　C. 龙井茶艺　　D. 婺绿茶艺

56. 乌龙茶艺"春风拂面"意指（　　）。
   A. 赏茶　　　　B. 刮沫　　　　C. 洗杯　　　　D. 啜茶

57. 清香幽雅、浓郁甘醇、鲜爽甜润是（　　）茶的品质特点。
   A. 信阳毛尖　　B. 西湖龙井　　C. 皖南屯绿　　D. 洞庭碧螺春

58. 内质清香，汤绿味浓是（　　）的品质特点。
   A. 信阳毛尖　　B. 西湖龙井　　C. 皖南屯绿　　D. 洞庭碧螺春

59. 云南沱茶内质的品质特点是（　　）。

A. 汤色清澈，馥郁清香，醇爽甘甜
B. 香气清雅，滋味甘醇，汤色黄亮悦目，保持了金银花固有的外形和内涵
C. 汤色艳亮，香气鲜郁高长，滋味浓厚鲜爽，富有刺激性，叶底红匀嫩亮
D. 香气馥郁，滋味醇厚回甜，具有独特的清香。茶性温和，有较好的药理作用

60. 陆羽泉水清味甘，陆羽以自凿泉水，烹自种之茶，在唐代被誉为（　　）。
    A. 樵山第一瀑　　B. 华夏第一瀑　　C. 吴中第一水　　D. 天下第四泉

61. （　　）水无色透明，无悬浮物，其味颇似汽水，用以和面烙饼、蒸馒头既不用发酵，也不必用碱中和的奇特功效。
    A. 神堂泉　　B. 神泉　　C. 雪银泉　　D. 熏冶泉

62. 品饮（　　）时，茶水的比例以1∶50为宜。
    A. 铁观音　　B. 青茶　　C. 凤凰水仙　　D. 绿茶

63. 安溪乌龙茶艺品茶使用的茶具是（　　）。
    A. 竹器杯　　B. 紫砂杯　　C. 铜器杯　　D. 小瓷杯

64. "茶室四宝"是指（　　）。
    A. 杯、盏、泡壶、炭炉　　　　B. 炉、壶、瓯杯、托盘
    C. 炉、壶、园桌、木凳　　　　D. 杯、盏、托盘、炭炉

65. "茶味人生细品悟"喻指茉莉花茶艺的（　　）。
    A. 回味　　B. 赏茶　　C. 论茶　　D. 鉴茶

66. 闽、粤、台流行的"姜茶饮方"是用茶叶、姜和（　　）调配用水煎熬的调饮茶。
    A. 花生　　B. 芝麻　　C. 莞椒　　D. 蔗糖

67. "香气馥郁持久，汤色金黄，滋味醇厚甘鲜，入口回甘带蜜味"是（　　）的品质特点。
    A. 安溪铁观音　　B. 云南普洱茶　　C. 祁门红茶　　D. 太平猴魁

68. 茶叶保存应注意水分的控制，当茶叶水分含量（　　）时，就会加速茶叶的变质。
    A. 超过4%　　B. 达到5%　　C. 不足5%　　D. 超过5%

69. 审评茶叶应包括外形与内质两个项目。但大部分茶类都比较注重（　　）两因子。
    A. 汤色与滋味　　B. 香气与滋味　　C. 外形与滋味　　D. 色泽与香气

70. 乌龙茶类中（　　）叶底不显绿叶红镶边。
    A. 武夷水仙　　B. 闽南青茶　　C. 白毫乌龙　　D. 凤凰单枞

71. 按干燥方式不同，绿茶有（　　）3种。
    A. 炒青、烘青、晒青　　　　B. 蒸青、闷青、凉青
    C. 炒青、蒸青、闷青　　　　D. 闷青、晒青、渥青

72. "色绿、形美、香郁、味醇"是（　　）茶的品质特征。
    A. 信阳毛尖　　B. 君山银针　　C. 龙井　　D. 奇兰

73. 外形扁平光滑，形如"碗钉"是（　　）的品质特点。
    A. 皖南屯绿　　B. 信阳毛尖　　C. 洞庭碧螺春　　D. 西湖龙井

74. 按照国家卫生标准规定，（　　）中的六六六、滴滴涕残留量不得高于0.05mg/kg。
    A. 绿色食品茶　　B. 有机茶　　C. 普通茶　　D. 边销茶

75. 茶叶中的维生素（　　）是著名的搞氧化剂，具有防衰老的作用。
   A. 维生素 A   B. 维生素 C   C. 维生素 E   D. 维生素 D

76. 下列选项中，（　　）不符合茶室插花的一般要求。
   A. 以鉴赏为主，摆设位置应较低
   B. 用平实技法，进行自由型插花
   C. 花取素色半开，枝叶取单支为好
   D. 一花一叶过于单调，花枝繁茂为佳

77. 传颂千古《走笔谢孟谏议寄新茶》诗的作者是（　　）。
   A. 陆羽   B. 徐夤   C. 卢仝   D. 皎然

78. 相传苏东坡非常喜欢杭州玉女泉的泉水，每天派人打水，又怕人偷懒将水调包，特意用竹子制作了标记，交给寺里僧人作为取水的凭证，后人称之为（　　）。
   A. "取水证"   B. "调水符"   C. "防伪标志"   D. "防伪标签"

79. 制作乌龙茶对鲜叶原料和采摘两叶一芽，大都为（　　），芽叶已成熟。
   A. 对生叶   B. 互生叶   C. 对口叶   D. 对夹叶

80. 乌龙茶审评的杯碗规格，杯呈倒钟形，高52mm，容量（　　）。
   A. 95mL   B. 100mL   C. 105mL   D. 110mL

二、判断对错题（每小题1分，共20分）

81.（　）绿茶类属轻发酵茶。故其茶叶颜色翠绿、汤色黄。

82.（　）茶艺职业道德的基本准则，应包含这几方面主要内容：遵守职业道德原则，热爱茶艺工作，不断提高服务质量等。

83.（　）金属茶具按质地不同可分为：金银茶具、锡茶具、镶锡茶具、铜茶具、景泰蓝茶具、不锈钢茶具等。

84.（　）茶叶的植物学特征，应是芽和嫩叶背面有灰色茸毛，叶齿疏浅，嫩茎成扁形，叶片侧脉离叶缘 2/3 处向上弯，连接上一条侧脉。

85.（　）唐宋时期茶具是和其他食物公用木制或陶制的碗，一器多用，没有专用茶具。

86.（　）防止茶叶陈化变质，应避免存放时间太长，含水量过高，储存于高温高湿和阳光直射。

87.（　）陆羽认为二沸的水适宜泡茶。

88.（　）品茶只要从茶的色、香来欣赏。

89.（　）茶叶中的维生素 A、E、K 属于脂溶性维生素。

90.（　）一般绿茶中多酚类的含量高于红茶。

91.（　）劳动者的权益包含：享有平等就业和选择就业的权利、取得劳动报酬的权利、休息休假的权利、获得劳动安全卫生保护的权利、接受职业技能培训、享受社会保险和福利的权利。

92.（　）在顾客消费结束买单时，茶艺师说明消费细则是符合《消费者权益保护法》的。

93.（　）在为宾客引路指示方向时，应用手明确指向方向，面带微笑，眼睛看着目标，并兼顾宾客是否意会到目标。

94.（　）土耳其人不喜欢品饮加糖红茶。
95.（　）巴基斯坦西北地区流行饮绿茶，多数会在茶汤中加糖。
96.（　）藏族喝茶有一定礼节，边喝边添，三杯后当宾客将添满的茶汤一饮而尽，这才符合藏族的习惯和礼貌。
97.（　）茶艺师在为信奉佛教宾客服务时，可行握手礼，以示敬意。
98.（　）乌龙茶艺"三龙护鼎"指取杯方法。
99.（　）"山后涓涓涌圣泉，盈虚消长景堪传"。此诗是对神泉泉水景观的赞美。
100.（　）女人爱用小巧精致的金银玉器茶具冲茶。

中级茶艺师操作技能考核模拟试卷

中级茶艺师操作技能考核模拟考卷

中级茶艺师操作技能考核准备通知单(考场)

试题

(1) 化妆间、化妆镜准备。

(2) 考核场所:茶艺室 40 平方米左右,茶艺表演操作台 6 套(考试分为口试和实际操作两部分),在对考生进行仪表及礼貌、茶类推介、茶艺程序介绍考试后,考生以 6 人为一个小组再进行实际操作部分的考核)。

(3) 普洱茶较有代表性的品牌茗茶样品共 4 个,每个样品重量为 350g。

(4) 按下表所列种类及数量准备茶具(每次同时考核 6 人),如数准备 6 套。

紫砂壶冲泡普洱茶茶艺每位考生所需配套茶具列表

序 号	名 称	规 格	单 位	数 量	备 注
1	操作台				
2	茶盘				
3	随手泡				
4	紫砂壶				
5	壶垫				
6	品茗杯				
7	杯托				
8	茶叶罐				
9	茶荷				
10	茶则				
11	普洱茶刀				
12	茶海				
13	双层废水缸				
14	茶巾				
15	七子饼茶				
16	饮用水				

参 考 文 献

[1] 吴彦柏,林芳如.泡沫红茶馆[M].北京:科学出版社,2005.
[2] 张景琛.茶饮养生事典[M].汕头:汕头大学出版社,2007.
[3] 李沛.女性饮茶[M].北京:农村读物出版社,2006.
[4] 中国就业培训技术指导中心.国家职业资格培训教程——茶艺师(初级、中级、高级)[M].北京:中国劳动社会保障出版社,2007.
[5] 唐译.图说花草茶[M].北京:北京燕山出版社,2009.
[6] 唐译.图说绿茶[M].北京:北京燕山出版社,2009.
[7] 唐译.图说茶经[M].北京:北京燕山出版社,2009.
[8] 唐译.图说茶道[M].北京:北京燕山出版社,2009.
[9] 唐译.图说茶艺[M].北京:北京燕山出版社,2009.
[10] 唐译.图说养生茶[M].北京:北京燕山出版社,2009.
[11] 唐译.图说茶具[M].北京:北京燕山出版社,2009.
[12] 唐译.图说普洱茶[M].北京:北京燕山出版社,2009.
[13] 唐译.图说乌龙茶[M].北京:北京燕山出版社,2009.
[14] 韩明绪.生活茶艺[M].延吉:延边大学出版社,2005.
[15] 黄志根.中华茶文化[M].杭州:浙江大学出版社,2002.
[16] 叶羽.茶事服务指南[M].北京:中国轻工业出版社,2004.
[17] [日]工藤佳治.轻松泡茶茶更香[M].王玮,译.北京:中国轻工业出版社,2004.
[18] 孙占伟,王君.茶艺服务与管理[M].长春:吉林教育出版社,2010.
[19] 杨涌.茶艺服务与管理[M].南京:东南大学出版社,2007.
[20] 李浩.中国茶道[M].海口:南海出版社,2007.
[21] 阮浩耕,江万绪.茶艺[M].杭州:浙江科学技术出版社,2005.
[22] 栗书河.茶艺服务训练手册[M].北京:旅游教育出版社,2006.
[23] 刘铭忠,郑宏峰.中华茶道[M].北京:线装书局,2008.
[24] 郑春英.茶艺概论[M].北京:高等教育出版社,2002.
[25] 吕玫,詹皓.喝遍好茶[M].上海:上海科学普及出版社,2005.
[26] 夏涛.中国绿茶[M].北京:中国轻工业出版社,2006.
[27] 宋伯胤,吴光荣.紫砂收藏鉴赏全集[M].上海:上海古籍出版社,2010.
[28] 中国就业培训技术指导中心.国家职业资格培训教程——评茶员[M].北京:新华出版社,2004.
[29] 陈宗懋.中国茶经[M].上海:上海文化出版社,1992.
[30] 王镇恒,王广智.中国名茶志[M].北京:中国农业出版社,2000.
[31] 乔木森.茶席设计[M].上海:上海文化出版社,2005.
[32] 谢红勇.茶艺基础[M].上海:上海交通出版社,2011.
[33] 姜文宏.茶艺[M].北京:高等教育出版社,2010.